高 等 学 校 规 划 教 材

Organic Chemistry Experiment

有机化学实验

（第二版）

胡昱 吕小兰 郭瑛 主编

化学工业出版社

·北京·

内容简介

《有机化学实验》(第二版)共9个部分,依次介绍了有机化学实验基本常识,有机化学实验基本操作,有机化合物的分离和提纯,有机化合物物理常数的测定方法,基础有机合成实验,多步骤有机合成实验,天然有机化合物的提取与合成,有机化合物官能团鉴定,有机化合物的波谱分析,共64个实验项目。为了提升学习效果,本书实验基本操作大多附有操作训练实验,基本操作都配有视频讲解和操作演示,读者可扫码观看。除了传统经典实验,本书同时设置了手性拆分、不对称合成、微波合成、光化学反应、相转移催化合成等实验项目,体现了科教融合的成果。

本书可作为高等院校化学类、化工类、材料类、生物类、环境类、药学类、食品类等专业的教材,也可供科研工作者参考。

图书在版编目(CIP)数据

有机化学实验 / 胡昱,吕小兰,郭瑛主编 . —2 版 .
—北京:化学工业出版社,2021.8(2024.11重印)
高等学校规划教材
ISBN 978-7-122-39389-0

Ⅰ.①有⋯ Ⅱ.①胡⋯ ②吕⋯ ③郭⋯ Ⅲ.①有机化
学-化学实验-高等学校-教材 Ⅳ.①O62-33

中国版本图书馆 CIP 数据核字(2021)第 120567 号

责任编辑:宋林青   文字编辑:刘志茹
责任校对:宋 夏   装帧设计:史利平

出版发行:化学工业出版社(北京市东城区青年湖南街13号 邮政编码100011)
印   装:高教社(天津)印务有限公司
787mm×1092mm 1/16 印张17¼ 字数419千字 2024年11月北京第2版第4次印刷

购书咨询:010-64518888   售后服务:010-64518899
网   址:http://www.cip.com.cn
凡购买本书,如有缺损质量问题,本社销售中心负责调换。

定   价:45.00元

前　言

  有机化学实验是传统化学实践课程中的重要环节，科学技术和交叉学科的不断发展促进了有机化学实验技术的进步。作为传统的实验学科之一，虽然基础实验知识和操作没有较大变化，但更多交叉学科的应用使其内涵更加丰富，特别是近几年网络慕课、虚拟仿真实验等教学形式的不断涌现，促进了实验教学改革的进行。本书自第一版出版以来已接近十载，近十年来，兄弟院校给本书反馈的许多宝贵意见与建议，促使我们下定决心对本书进行更新，希望能满足时代发展对本书的要求，也希望适应更多学校和同学们的需要。

  本次更新版的指导思想是：①继续强化夯实基本实验操作的知识内容及规范性；②进一步强调化学实验安全知识和相关技能；③根据课堂教学反馈和教学经验，对原有实验内容进行修订和增删，以满足有机化学理论知识学习及学科发展的需求；④体现理论指导实验的教学理念，扩充实验教学的背景知识，提高实验教学效果和锻炼学生综合实验能力。

  基于以上指导思想，第二版的主要改进在于：①以二维码形式引入多样化的教学形式及拓展知识，包括实验理论讲解和操作演示视频，特别在基本实验操作和常规物理常数测定部分扩充了大量视频资料，便于学生自主学习，以更全面了解相关实验知识，提高学习效率；②从实验安全预防到应急，从实验防护到急救，多角度对实验安全知识进一步扩充，同时每个实验中强调相关实验安全信息，强化实验安全理念；③增补更多类别的有机化学实验。如增加了手性拆分、不对称合成、微波合成、光化学反应、相转移催化合成、全合成等代表性实验；④对结构鉴定部分章节进行整合，以满足不同层次学生的需求。

  本书的更新与增补主要由南昌大学胡昱教授、吕小兰副教授、郭瑛副教授、胡满根副教授、庹浔高级实验师合力承担，其中胡昱教授负责第1部分、第2部分和第9部分；吕小兰副教授负责第5部分、第7部分和第8部分；郭瑛副教授负责第3部分、第4部分和第6部分；胡满根副教授负责第4部分和全书审核工作；庹浔高级实验师负责附录部分。教学团队全体教师参与了教学视频拍摄工作，南昌大学化学学院星尘工作室庄汉昭、林世杰、赵妍、周小月、黄毓浩同学参与了视频后期编辑和剪辑工作，化学学院龚靖文同学参与了部分二维码资料的收集工作。本书由南昌大学化学学科教学督导办戴延凤教授审阅。

本书获得南昌大学教材出版资助。对南昌大学化学学院基础化学实验中心和有机化学实验教研室同仁的建言献策与支持，在此致以衷心感谢！对所有使用本书、提出宝贵意见和建议的同志们表示感谢！感谢化学工业出版社编辑老师们的辛勤工作！

由于编者水平有限，纰漏和不当之处恳请读者批评指正。

编者

2021 年初夏于江西南昌

第一版前言

有机化学实验是化学、应用化学、高分子、化工、生物、环境、材料、药学、临床药学等多学科的必修课程之一，是培养高素质、高技能新型人才的主体教学环节。为了适应21世纪高等教育的改革和现代科学技术发展的需要，我们在总结多年的教学经验并参考近年来国内外出版的同类教材的基础上编写了本书。

全书分8个部分：第1部分为有机化学实验基本常识；第2部分为有机化学实验基本操作；第3部分为有机化合物物理常数的测定方法；第4部分为基础有机合成实验；第5部分为天然有机化合物的提取；第6部分为综合有机化学实验；第7部分为有机化合物官能团鉴定；第8部分为有机化合物的波谱分析简介。

有机化学实验基本常识中详细介绍了有机化学网络文献资料，附录中附有常用有机试剂的纯化方法、常用试剂的恒沸物表及本书主要合成产物的红外特征吸收峰等内容，可供相关化学工作者参考和查阅。

有机化学实验的基本操作是有机化学实验的重要组成部分。为了加强基本操作训练，加深学生对操作要点的理解和实践，本书在基本操作章节后单独编写了相应的操作实验，既可单独进行基本操作训练，又可安排在相应的合成实验中进行。

基础有机合成实验，采用经典的、有代表性的有机化学反应类型为主线，在加强合成实验训练，强化分离和纯化操作的指导思想下，根据无毒化、绿色化和实用化选编了22个实验，其中大多数实验是我们在多年来的教学实践和实验教学改革的基础上形成的较为成熟的实验。每个实验都将反应、合成、分离、提纯、物理性质的测定等环节连成一体。在介绍各类重要反应的同时，注重实验通法的引入，意在引导学生作发散性思维，学会举一反三，从而增强其独立从事有机合成工作的能力。

综合有机化学实验中选编了几组多步骤系列反应，供学生在完成基础有机合成实验之后进行综合训练。这样不仅节省了药品的消耗，减少了单元合成产物对环境的污染，缩短了教学时间，更增添了实验内容的研究性和探索性，是培养学生实践能力和综合能力的重要一环。文献实验应在具备基础和综合性实验技能的基础上展开，以学生为主体，要求学生能综合应用所学知识及多种实验技能解决有一定难度的实验问题。这有利于学生个性的全面发展和充分发挥学生的潜能，是实现素质教育的良好途径。

合成实验后的安全提示、对实验的难点和关键之处的注释及实验后附的思考题有助于学生更好、更安全地完成每个实验。

"有机化学实验"作为单独的一门课程，不仅可以使学生通过实验验证、巩固和加深课堂所学的基础理论知识，更重要的是可以培养学生的实验操作能力、综合分析问题和解决问题的能力，培养学生自主设计实验的基本能力，从而逐步养成严肃认真、实事求是的科学态度和严谨的工作作风。本书的编写，遵循循序渐进的学习规律，编排从简单到复杂，由浅至深，立足基础，面向综合性，加强了实用性。

本书由胡昱、吕小兰、戴延凤主编，其中，胡昱负责编写第4部分和第6部分，吕小兰负责编写第2部分，胡满根负责编写第3部分和第7部分，彭雪萍负责编写第5部分，庹浔负责编写第1部分、第8部分和附录。同时，南昌大学化学学院杨金元、郭瑛、姚华、卢爱军、徐俊英、田建文、张秋兰、张和安、杨淑玲、王奋英、郭芳林、刘艳珠、魏俊超、郭惠参与部分编写工作。全书由南昌大学化学学院陈义旺教授和戴延凤教授负责审核。感谢化学工业出版社为本书提出的宝贵意见！

由于编者水平有限，不当之处在所难免，恳请读者多提宝贵意见。

编者

2012 年 3 月

目　　录

第1部分 有机化学实验基本常识

1.1 有机化学实验须知

有机化学实验是化学、材料、生物、食品、化工、环境、医学、药学等多学科的重要基础课程，其教学目的是使学生通过实验操作、现象观察、化合物制备、分离提纯、鉴别和鉴定等实验训练，掌握有机化学实验的基本技能和基础知识，进一步验证和加深对有机化学的基本理论、化合物性质和有机反应的理解，使得这些认识在实验中反复检验，并得以升华。同时，也是有效培养学生创新思维和创新能力，理论联系实际、实事求是、细致严谨的科学态度与良好的工作作风的重要教学环节。

有机化学实验中所学习的实验技术理论和知识，仅仅是基础化学实验技术理论和方法在有机化学分支学科中的具体应用。由于其适用的对象主要是有机化合物，所以又使有机化学实验具有和其他化学实验明显不同的特点。

（1）有机化学制备实验的特点

有机化学实验研究的对象主要是有机化合物。有机化合物的性质具有与无机化合物和高分子化合物不同的特点，有机化学反应也与无机化合物的反应特点迥然不同，如反应时间长、副产物多、产率低、反应条件要求严格等，这些特点也就是有机化学制备实验的特点。

（2）有机化合物分离纯化和结构鉴定的实验特点

尽管有机物的构成元素种类很少，但由于同分异构现象和同系物的存在，使得有机物的结构十分复杂和多样。物质之间的分离纯化和鉴别主要根据组分之间结构和性质上的差异进行。同系物和同分异构体之间，由于结构的相似性和相近性，其理化性质差异很小。因此这样的有机物之间的分离纯化和结构鉴别十分复杂和困难，常常成为实验成败的关键。在通常情况下对于结构和性质上差别较大的有机物的分离纯化，可以考虑采用蒸馏、萃取、升华、重结晶、过滤等经典实验技术。对于结构性质相近、很难用经典技术分离的有机物，则要依靠色谱和电泳等近现代化学技术才能达到较好的分离纯化效果，而且大多数情况下需要综合运用这些实验技术，才能获得理想的分离纯化效果。

鉴于有机物结构的多样性以及结构间的相似性和复杂性，有机物的结构鉴定和鉴别也十分困难和复杂，不但要依据元素分析、物理常数测定和化学性质鉴别，还要综合运用色谱分析、质谱分析和光学分析等多种近现代技术，才能最终得到比较确切的实验结论。

因此各种分离纯化技术和结构鉴定技术也是有机化学实验中重要的一部分，在科研和工业生产中也有十分广泛和深入的应用。

（3）有机化学实验环境和实验条件的特点

有机化学反应存在着反应速率慢、历程复杂、副产物多等特点，许多有机物又具有沸点低、易挥发、易燃、易爆、剧毒、有腐蚀性等特性，有机物的化学性质也易受光、热、磁、空气、微生物等外界因素的影响而发生变化。与无机化学实验相比，其明显特点是：①实验条件和环境的控制要求更加严格，否则很容易导致实验失败；②实验反应装置往往更加复杂，以达到对反应的有效控制；③用到的实验设备和仪器更多；④要随时注意实验安全和环保。因此，有机化学实验的环境和条件常需要进行严格的操控，才能保证实验的正常进行。

根据有机化学实验特点，实验安全是有机化学实验的基本要求。实验前，学生必须认真阅读本书第 1 部分 1.2 节"实验室安全知识和事故预防与急救"，掌握实验室安全及急救常识；熟悉实验室水、电、气的阀门，消防器材及急救设施的位置和使用方法；熟悉实验室安全出口和紧急状况出现时候的逃生路线。实验过程中，要严格遵守下列有机化学实验室规则，以确保实验的正常进行，同时培养良好的实验习惯。

有机化学实验室规则：

① 学生必须按照规定的时间参加实验课，不迟到、不早退。

② 实验前必须认真预习实验内容，明确实验目的、原理、方法和步骤。

③ 学生进入有机实验室必须穿实验服，不得穿拖鞋、短裤及裸露皮肤过多的服装。保持安静，遵守实验室各项规章制度，严禁高声喧哗、吸烟，不得将食品和饮品带入实验室。

④ 做好实验前的准备工作。找全所需仪器和试剂药品，并检查仪器是否完好无损，装置是否正确。实验台面保持清洁和有序，不需立即使用的仪器应放置在实验柜中。

⑤ 遵守指导教师和实验室工作人员的指导，严格按照操作规程和要求进行实验；不得随意更改实验；有异臭或有毒物质的操作必须在通风橱中进行。了解消防器材及急救设施的位置和使用方法，若发生意外事故，保持镇静，及时正确处理并立即报告老师。

⑥ 实验时要保持安静，精力要集中。要仔细操作，认真观察和分析现象，如实记录实验数据，独立分析实验结果，认真完成实验报告，不得抄袭他人实验结果。

⑦ 实验中要爱护实验仪器设备和工具，如有损坏，应报告教师并登记办理换领手续。注意安全，节约水、电、药品、试剂等消耗材料，公共仪器、药品及工具用完后回归原处。保持实验室的整洁，废弃物及时处理，分类放至指定地点。

⑧ 实验完毕后，应及时切断电源，关好水、电、气阀门。将所用仪器设备、工具和实验台整理好，做好清洁工作，经指导教师检查同意，关好实验室门窗后，方可离开实验室。

1.2　实验室安全知识和事故预防与急救

化学是一门是实用的学科，它与数学、物理等学科共同成为自然科学迅猛发展的基础。化学的核心知识已经应用于自然科学的各个领域，化学是创造自然、改造自然强大力量的重要支柱。化学品创造了绚丽多彩的美好世界，使食品变得更美味，创制出越来越多抵御疾病和死亡的合成药物、多彩的服装、更多的特性材料……生活因此更加舒适和多彩！在创造美好生活的同时，因化学品特殊的酸、碱、氧化或还原等性质，在生产、使用和保存中若处置不当，将会对人类和环境带来安全隐患甚至灾难。可见，我们对待化学物质的正确态度应该是"正确使用化学品，在享受化学带来美好生活的同时，避免它们可能带来的伤害"。

有机化学实验使用的药品和试剂种类繁多，多数易燃、易爆、剧毒或具有腐蚀性，使用不当就有可能发生火灾、爆炸、中毒、腐蚀、辐射等事故。如乙醚、乙醇、丙酮和甲苯等属于易燃试剂；氢气、乙炔和金属有机试剂等属于易燃易爆的气体和药品；氰化钠、硝基苯、甲醇和某些有机磷化合物等为有毒药品；氯磺酸、浓硫酸、浓硝酸、浓盐酸、烧碱及溴等为强腐蚀性试剂。此外，实验中所用仪器大部分为玻璃制品，加之煤气、电器设备等，增加了潜在的危险性。认真了解所做实验中用到的物品和仪器的性能、用途、可能出现的问题及预防措施，并严格执行操作规程，就能有效地维护人身和实验室的安全，确保实验的顺利进行。

1.2.1　化学品安全信息获取

化学品安全
信息获取

　　进到实验室，面对众多化学品，该如何去了解这么多化学品的性质和安全信息，并做好安全防护呢？

　　首先，每一个化学品外包装上都有标签和图标。在化学品商品标签中提供了以下基本信息和安全信息：

　　① 基本商品的信息：如生产厂家、生产批号、商品名称（即需要用的试剂名称）以及化学试剂分子式和分子量等基本信息。当遇到名称没有标记或因标签老化脱落无法识别的化学试剂，一定要慎用，否则会因为误用而引起安全事故。

　　② 化学试剂的质量标准、规格和基本性质：试剂标签上有诸如纯度标准、化学品的量等信息，大部分还会标明性状等详细信息。当使用时发现和外包装标签中描述不一致的时候，也应该引起注意，需要考虑该化学品是否变质、变性，是否需要在使用前进行纯化，以免变质、变性物质所带来的不可知危险。

　　③ 化学试剂（药品）特别是危险化学品的标签上，还会给出警告或安全措施等使用安全防护提示信息，如该如何正确存储运输该物质，出现意外操作如何紧急处理等信息。其中危险品图标需要特别注意，它是警告该化学品最容易产生的安全事故种类，因此使用到具有这类图标的化学试剂和化学药品的时候，就需防范此类危险的发生，同时做好相关防护措施。

　　按照化学品的"爆炸、易燃、毒害、腐蚀、放射性等危险特性"，国家公布法规和标准将危险化学品分为八大类：爆炸品，压缩气体和液化气体，易燃液体，易燃固体、自燃物品和遇湿易燃物品，氧化剂和有机过氧化物，毒害品，放射品，腐蚀品。在有些危险化学品标志下面会标记数字，表明化学品属于哪一类危险品，让使用者从图标中快捷获取该类化学品的危险性质与信息。常见化学危险品标志见图1.1。

图 1.1　常见化学危险品标识

第一次使用具有以上标识的化学品时，单单从化学品外包装的标签上获取安全信息是完全不够的。那如何获取一个化学品的详细安全信息呢？通常的办法是查询化学品安全技术说明书（MSDS，Material Safety Data Sheet）。MSDS是化学品生产或销售企业按法律要求向客户提供的有关化学品特征的一份综合性法律文件。它提供化学品的理化参数、燃爆性能、对使用者的健康可能产生的危害、安全使用贮存、泄漏处置、急救措施以及有关的法律法规等十六项内容。我国《危险化学品安全管理条例》已经从法律层面规定MSDS及安全标签的强制性使用要求。

因此，通过MSDS数据库查询或向化学品生产厂商索取MSDS，可以详细了解该化学品性质和安全信息，正确使用，并做好相关防护措施和急救准备。

1.2.2 化学实验室中的防护设备和应急设备

化学实验室中
的防护设备

化学实验室使用的防护设备一般分为两大类：第一大类属于个人的防护器材，如实验服、防护眼镜、防护手套等；第二大类属于实验室的防护器材，如通风橱、手套箱，以及实验室中紧急救护处理装置洗眼器和冲淋装置等。

1.2.2.1 个人防护器材

（1）实验服（防护服）

实验服是进入实验室时必须穿着的工作服，它会给予实验人员最直接的保护。一旦实验过程中不小心将腐蚀性的化学试剂溅到身上，记住第一时间将实验服脱去，这将能方便快捷地保护好我们，有效避免化学试剂渗透、腐蚀对身体带来的伤害。实验室中最便捷有效的防护设备就是实验服。在无特殊说明的实验场所，穿戴常规的实验服就可以。

如果进入腐蚀性较强的实验室中，或特殊化学品使用场所，就需要穿戴特殊的全封闭或半封闭防护服。

如果有特殊要求，穿的鞋也需要专门的防护鞋。但在一般化学实验室中，只需穿戴全包围、无金属底的鞋子即可。因为金属底容易与地面摩擦引起火花，极有可能点燃实验室中未及时排散的化学品蒸气，从而产生着火和爆炸等危险，因此金属底鞋是严禁穿入化学实验室的。

（2）实验手套

当使用有腐蚀性、毒害性的化学品时，实验手套是必须佩戴的个人防护用品。它和实验服一样能有效避免化学物质直接接触皮肤，最大限度地降低意外带来的创伤。手套有很多种，可以根据处理化学品危险特性来选择合适的手套。

一般而言，手部在化学实验室中容易遇到的危害主要有三类。

第一类，化学物质以及对皮肤有刺激性的药剂在开启和使用时易对手部造成伤害。如强酸、强碱落到皮肤上即产生烧伤，且有强烈的疼痛。接触氢氟酸类似的气体，可出现皮肤发痒、疼痛、湿疹和各种皮炎，石油烃类如汽油会对皮肤有脂溶性和刺激性，使皮肤干燥、龟裂，个别人会起红斑、水疱。因为实验过程中不能降低实验操作者的手指触感，可以选择乳胶、丁腈橡胶或PVC手套等实验室常用手套；如果可能接触腐蚀性较大的液体（如浓硫酸等物质），可选择较厚的氯丁橡胶手套。

第二类，高温或低温物体在取用时会对手部造成烫伤或冻伤，这时要选择防热手套。该类手套常使用厚皮革、特殊合成涂层、绝缘布、玻璃棉等材料制成，可隔热，常用于高温工作环境。

第三类，在装配或拆卸玻璃仪器装置时，出现破损会对手部造成割伤。这种情况必要时可以选择防割伤手套。

为了有效保护我们的双手，手套选择合适与否，使用正确与否，都直接关系到手及使用者的健康和安全。在选择与使用防护手套的过程中还要注意以下几点：

① 根据即将使用化学品的性质，选用的手套要具有足够的防护作用；

② 手套使用前，尤其是一次性手套，要检查手套有无小孔或破损、磨蚀的地方，尤其是指缝；

③ 使用中不要将污染的手套任意丢放；

④ 摘取手套一定要注意正确的方法，防止手套上沾染的有害物质接触到皮肤和衣服上，造成二次污染；

⑤ 戴手套前要洗净双手，摘掉手套后也要及时洗净双手；

⑥ 如果手上有伤口的话，在戴手套前要治愈或罩住伤口，阻止细菌和化学物质进入血液。

以上就是化学实验中最普通最常见的防护穿着——实验服、鞋和手套，当然有时候根据实验情况还要选择防护眼镜等个人防护用品。

1.2.2.2　实验室防护器材

（1）通风橱

有机实验室中接触的有机物质大多沸点较低、易挥发且具有易燃和毒害性。因此通风橱是化学实验室，特别是有机实验室中最常见的防护器材，见图 1.2(a)。

通风橱有很多款式，它们的作用都是将实验过程中产生的易燃蒸气和毒害气体及时排出到室外或经过净化装置后排出室外。这样有机气体不会残留在室内，当然也就不会累积到危险的浓度。为了确保通风橱起到作用，就需要让玻璃窗处于正确高度以下，如果打开太大，通风橱将无法有效地把实验中产生的所有气体都吸走，有些气体会逸散到室内带来隐患。通风橱使用完毕，要及时将玻璃窗关闭，这样才能最大限度发挥其功效。

（2）手套箱

如果使用的化学品遇氧、遇水容易变质的话，此时需将化学品与空气完全隔绝。可以选择里面充满惰性保护气体，避免化学品变质产生危害的密封箱子，即手套箱，见图 1.2(b)。

(a) 通风橱　　　　　　　　　　　　　　　(b) 手套箱

图 1.2　通风橱与手套箱

1.2.2.3　实验室安全应急器材

（1）紧急冲淋装置

实验过程中如果不小心碰溅化学品到身上或者眼睛中，一定要及时冲洗。一般水槽不方便直接冲洗，将实验室安置的紧急冲淋装置闸门拉下，能够快速便捷地冲淋污染腐蚀部位，关键时候的有效防护可将损伤降到最低，甚至保护我们的生命。

（2）急救药箱

为了应对实验室常出现的事故，实验室配备急救药品。可根据实验室开设的实验所使用试剂（药品）选择配备。常规实验室应配备以下常用急救药品：

① 医用酒精、红药水、止血粉、创可贴、凡士林、玉树油或鞣酸油膏、烫伤膏、硼酸溶液（1%）、碳酸氢钠溶液（1%）、硫代硫酸钠溶液（2%）等。

② 医用镊子、剪刀、纱布、药棉、绷带等。

（3）灭火器材

化学实验室常见的安全事故是火灾，第一时间发现和扑灭着火将能够保护实验室财产和实验人员的人身安全。根据具体情况可以使用二氧化碳灭火器、干粉灭火器和泡沫灭火器等灭火器材。

二氧化碳灭火器：钢筒内装有压缩的液态二氧化碳，使用时打开开关，二氧化碳气体即会喷出。这种灭火器的特点是不含水分，不导电，不损害物品，可用于扑灭有机物及精密仪器设备上的火，是有机实验室最常用的一种灭火器。

干粉灭火器：是用压缩氮气和碳酸氢钠等物质作为灭火剂，使用时拔出销钉，将出口对准着火点，把上手柄压下，干粉即可喷出。干粉灭火器可用于扑灭普通火灾，还可用于扑灭油、气燃烧形成的火灾。

泡沫灭火器：内部分别装有含发泡剂的碳酸氢钠溶液和硫酸铝溶液，使用时将灭火器倒置，两种溶液混合后立即反应，生成硫酸钠、氢氧化铝及大量的二氧化碳。该灭火器因泡沫中含有水分，不宜扑救遇水发生燃烧或爆炸的物质，电器设备要切断电源才能灭火。该灭火器喷出的大量泡沫会给灭火后的处理带来麻烦。

此外，干沙、灭火毯和石棉布也是有机化学实验室的常用灭火器材。

1.2.3　化学实验室中的安全防护

化学实验室安全防护与安全隐患的预防，重在"四防"，也就是防火、防爆、防中毒、腐蚀和意外创伤、防盗及相关的水电安全。

化学实验室
"四防措施"之一

1.2.3.1　防火

着火是有机化学实验中常见的事故，预防和处理火灾需要了解和注意以下几点：

① 防火的基本原则是使火源和易燃溶剂与药品尽可能远离。首先要了解试剂和药品的性质，尽量不用明火直接加热，盛有易燃有机溶剂的容器不得靠近火源。数量较多的易燃化学品应分类、分项存放，严防试剂跑、冒、滴等泄漏现象发生。有机溶剂应放在特定的通风和阴凉的药品橱内。在化学实验室中要做好化学品物质的合理存放与使用，切记在火源或电路开关边上不得摆放化学试剂，养成使用完后及时盖盖放回原处的良好习惯。

② 实验时在通风橱内操作，尽量防止或减少易燃气体的外逸。回流或蒸馏液体时应放沸石，以防溶液因过热暴沸而冲出。若在加热后发现未放沸石，则应停止加热，待稍冷后再补加沸石，切不可在过热液体时放入沸石，否则导致液体突然沸腾，冲出瓶外而引起火灾。蒸馏易燃溶剂（特别是低沸点易燃溶剂）的装置，要防止漏气，接引管支管应与橡胶管相连，将余气口口通往水槽或室外，减少和排除室内的有机物蒸气。

③ 不能用烧杯或敞口容器盛装和保存易燃物，加热时要根据实验要求及易燃物的特点选择热源，注意远离明火。实验人员应熟悉所使用物质的性质、影响因素与正确处理事故的方法；了解仪器结构、性能、安全操作条件与防护要求，严格按规程操作。实验中要修改规程时，必须经小量实验的科学论证，否则不可改动。

④ 易燃及易挥发物，不得倒入废物桶内，需要倒入指定容器进行回收处理。量少无毒无污染的可倒入水槽用水冲走（与水有剧烈反应者除外，金属钠的残液要用乙醇销毁）。

1.2.3.2　防爆

实验时，仪器装配不当造成堵塞，减压蒸馏使用不耐压的仪器；违章处理或使用易爆物如过氧化物、多硝基化合物、叠氮化物及硝酸酯等；反应过于猛烈难以控制都可能引起爆炸。预防爆炸应注意以下几点：

① 常压操作时，切勿在封闭系统内进行加热或反应，并随时检查仪器装置有无堵塞现象；需要进行无水无氧反应，在密闭装置上添加气球，既可确保反应系统与空气隔绝，又可以在体系压力过大时，气球膨胀或破裂，而不致发生意外事故。

② 减压蒸馏时，不得使用机械强度不大和有明显棱角的仪器（如锥形瓶、平底烧瓶、薄壁试管等）。

③ 加压操作时（如高压釜、封管等），要有一定的防护措施，确保釜内压力没有超过安全负荷，选用封管的玻璃厚度适当、管壁均匀。

④ 使用易燃、易爆气体，如氢气、乙炔等时要保持室内空气畅通，严禁明火，并应防止一切火星的产生，如由于敲击、鞋钉摩擦、静电摩擦、电动机碳刷或电器开关等所产生的火花。使用气体钢瓶和燃气，要不定期检查减压阀和接口处，如有漏气和异常，需立即停止实验，及时排除安全隐患。

⑤ 过于猛烈的反应，要根据情况采取冷却或控制加料速度等措施。使用遇水易燃易爆的物质（如钠、钾等）应特别小心，严格按照操作规程操作。苦味酸和某些过氧化物（如过氧化苯甲酰）必须加水保存。

⑥ 低沸点的易燃有机物，在室温下就具有较高的蒸气压，当空气中混有易燃有机溶剂的蒸气压达到一定浓度范围时，遇明火即会发生燃烧爆炸。因此在使用易燃有机溶剂时，应当保持室内良好通风。

⑦ 某些有机化合物如乙醚和四氢呋喃等，久置后会生成易爆炸的过氧化物，需特殊处理后才能使用。

⑧ 燃气开关及管道应经常检查。实验室天然气管道及其开关使用久了会老化，引起泄漏，一旦遇到明火可能有爆炸的危险；此外，用于加热的燃气灯及其开关在使用前也要认真检查，防止漏气而发生事故。

1.2.3.3　防中毒、腐蚀和意外创伤

化学实验室

危险化学品的毒害性和腐蚀性对操作人员的危害，体现在中毒和化学"四防措施"之二

灼伤两个方面，同时也会对设备、建筑物等物体产生腐蚀。防止中毒和腐蚀最重要的是实验前需全面了解即将使用的腐蚀物或有毒化学品的性质，有针对性地采取防治手段。也尽可能用无毒或毒性小的试剂代替有毒试剂。进行实验时，应切实做到以下几点：

① 药品不要沾到皮肤上，尤其是极毒的药品（如氰化物）。实验完毕应立即洗手。一旦药品沾或溅到手上，通常用水洗去，用有机溶剂清洗是一种错误做法，会使药品渗入皮肤更快或引起皮炎。在其他技术措施不能从根本上防毒时，必须采取个人防护措施，其作用是隔离和屏蔽有毒物质。选用合适的防护用品，可以减轻受毒物影响的程度，起到有效的保护作用。

② 使用和处理有毒或腐蚀性物质时，应在通风橱中进行，并戴上防护用品，尽可能避免有机物蒸气扩散到实验室内。

③ 对沾染过有毒物质的仪器和用具，实验完毕应立即采取适当方法处理，以破坏或消除其毒性。

④ 严防水银等有毒物质流失而污染实验室。温度计破损后水银洒落，应及时向教师报告，可用水泵尽量收集明显洒落的水银，最后再用硫黄或三氯化铁溶液清除。因此使用水银压力计等含水银的设备时应采取稳妥的安全措施。

⑤ 装有腐蚀性物品的容器必须采用耐腐蚀的材料制作。例如，不能用铁质容器存放酸液，不能用玻璃器皿存放浓碱液等。使用腐蚀性物品时，要仔细小心，严格按照操作规程，在通风橱内操作。

⑥ 腐蚀性物品废液，不能直接倒入下水道，应经过处理达到安全标准后才能排放。应经常检查，定期维修更换腐蚀性气体、液体流经的管道和阀门。

⑦ 禁止在实验室内喝水，吃东西，饮食工具不能带进实验室，以防毒物污染，离开实验室及饭前要洗净双手。养成良好的卫生习惯也是消除和降低化学品毒害和腐蚀的最好方法。

在化学实验室中，玻璃仪器随处可见。玻璃仪器不仅对化学试剂（药品）有很好的稳定性，而且还具有较好的热稳定性与机械强度，同时其透明度也便于化学反应的观察与实验操作。玻璃的优点使其在化学实验室中得到广泛使用，但其也有明显的缺陷——易碎、易裂，易引发伤害事故！这也就造成了实验室事故中因玻璃器皿造成的创伤占很大比例。

为了防止割伤应注意以下几点：

① 使用玻璃仪器时，最基本的原则是，不能对仪器的任何部分施加过度的应力。

② 需要用玻璃管和塞子连接装置时，用力处不要离塞子太远。尤其是插入温度计时，需特别小心。尽可能将玻璃管和温度计慢慢旋入塞中，必要和允许情况下使用些润滑剂（如水）。

③ 新割断的玻璃管断口处特别锋利，使用时，要将断口处用火烧至熔化成圆滑状。

④ 注意仪器的配套使用。同时使用玻璃仪器前，要先检查玻璃仪器是否有破损，以免装配仪器时发生割伤事故或者实验期间发生破裂。

此外，在实验室中还需注意防止烫伤、烧伤，实验时必须谨慎从事，细心处理，切勿使过冷过热的物体与身体接触。

1.2.3.4 防盗及水电安全

在化学实验室中，不仅要注意实验仪器和贵重物品的安全，而且还需要保管好化学试剂与药品。虽然多数化学试剂药品价格不高，但被不熟悉者使用或被不法分子利用，将会对社会和他人的人身安全带来威胁。所以化学实验室要做好门禁管理系统，同时化学品的领用和使用都需要进行严格的登记制度和管理。

在化学实验室中，水和电也是无法离开的，所以需要时刻注意用水用电的安全。同时化学实验室中存有易燃易爆的化学品，所以在化学实验室中除了常规的防触电防漏水的安全，还需要注意以下几点用电用水安全。

① 实验室内电气设备的安装和使用管理，必须符合安全用电管理规定，大功率实验设备用电必须使用专线，严禁与照明线共用，谨防因超负荷用电着火。

② 可能散布易燃、易爆气体或粉体的实验室内，所用电器线路和装置均应按相关规定使用防爆电气线路和装置。

③ 电器插座请勿接太多插头，以免负荷不了，引起电器火灾。如电器设备无接地设施，请勿使用，以免产生漏电或触电。

④ 用水过程中，用器皿盛水或橡皮管等管道接引流动水，需定期检查器皿和管道有无破裂，避免发生漏水、跑水事故。

⑤ 不得将水淋在化学药品上，同时化学药品存放须尽可能远离水源，避免跑水漏水引起化学药品的变质以及其他事故。

1.2.4　化学实验事故应急与救援

在实验室中积极采取各种防护措施，消除安全隐患，可以有效防范实验室安全事故的发生。一旦发生实验室事故，若是能采取正确应对措施，就可以尽量减少人员伤亡及财产损失。

化学实验事故
应急处理之一

（1）第一大类，燃烧、爆炸事故的应急处理

高校实验室广泛使用危险化学品，易燃易爆物品、加热设备等，必定存在火灾和爆炸的危险性。在多起重大化学实验室安全事故中都涉及燃烧、爆炸事故。面对火灾，灭火方法和逃生技巧非常重要。

根据物质燃烧的基本原理，在火灾初期可以利用隔离灭火（湿抹布扑灭着火烧杯、CO_2灭火器）、冷却灭火（水冷却灭火）或抑止灭火法（干粉灭火器）进行灭火，但一般不能用水来扑灭实验室化学品着火。一般有机物比水轻，泼水后，火不但不熄，反而漂浮在水面燃烧，火就会随水流促其蔓延。此时需充分使用身边条件，比如湿抹布、石棉布、灭火沙等，这些也都是火灾初期有效灭火的工具。

如果火势较大，这时就适宜用灭火器将火扑灭，并注意应从火的四周开始，逐渐向中心来扑灭火焰，同时灭火过程中让喷出的灭火剂对准火的根部，这样能有效快速控制和扑灭火势。一旦火势发展到无法控制，就需要沉着冷静，跑离火场，有时还要利用好身边湿毛巾或湿棉被，做好必要的逃生防护准备，并及时拨打 119 火警电话。

如果身上着火，切勿在实验室乱跑，否则火势会借助跑动带来的空气逐渐加大，且向上燃烧，直接威胁眼睛、头部等重要器官。这时应该迅速脱去着火衣物或用水浇灌，或者就近卧倒，用石棉布等把着火部位包起来，或在地上滚动压灭身上火焰。

对于因此产生的烧伤，面积较小的先用冷水冲洗 30min，再涂抹烧伤膏；烧伤面积较大时，需用冷水浸湿的干净衣物或纱布、毛巾、被单等敷在创面上，千万不要揉搓、按摩、挤压烫伤的皮肤，立即送医。

爆炸事故难以有效应急，能做的就是做好提前防护，避免爆炸的发生。同时爆炸往往是

伴随火灾而来的，所以初期有效的灭火也是应急爆炸的最好方法。

（2）第二大类，中毒灼伤的应急处理

一般实验室中引起中毒灼伤的是腐蚀或有毒化学物质意外飞溅入眼、入口或接触皮肤，应分类进行应急处理。

化学实验事故
应急处理之二

强酸灼伤的现场急救处理。实验室中经常使用的硫酸、硝酸等都是具有强烈刺激性和腐蚀作用的强酸，如溅到身上，应立即脱去被污染的衣物，如接触到皮肤，应立即用大量流动清水冲洗，冲洗时间一般不少于 15min。彻底冲洗后，可用 2％～5％碳酸氢钠，也就是小苏打溶液，或肥皂水等进行中和，切忌未经大量清水彻底冲洗前就用碱性药物在皮肤上直接中和，这样会加重皮肤的损伤。在碱性溶液冲洗后，再用清水冲洗干净，视情况送医。

强碱灼伤的现场急救处理与上述类似。如：氢氧化钠、氢氧化钾等强碱溶液都具有强烈腐蚀作用，因此溅到身上也同样需要立即脱去被污染的衣物。接触到皮肤，也同样立即用大量流动清水冲洗至皂样物质消失为止，也就是无肥皂的黏滑感。然后再用 1％～2％的乙酸，或 3％硼酸溶液进一步冲洗。在酸性溶液冲洗后，记得再用清水冲洗干净，同样视情况就医。

如果是酚类物质与皮肤接触，也应立即脱去被污染的衣物，用 10％酒精反复擦拭，再用大量清水冲洗，直至无酚味为止，然后用饱和硫酸钠湿敷。

以上都是接触皮肤的处理，如果眼部被酸碱灼伤，切勿因疼痛或惊慌而紧闭眼睛，这时应用手指撑开上下眼睑，立即用大量清水或生理盐水彻底淋洗，并不时向各方转动眼球，确保淋洗干净。记住只能用清水或生理盐水，不得用其他化学物质中和。淋洗时间不少于 15min。如还有不适，或情况严重的，立即送医治疗，并与医生说明灼伤物质和情况。

如果意外入口或吸进身体发生急性中毒情况，首先尽快将患者转移到安全地带，解开领口，使其呼吸通畅。及时脱去污染衣物，并彻底清洗污染的皮肤和毛发，并同时注意患者保暖。如果发生口服中毒情况，可立即饮食牛奶、打溶的鸡蛋或蛋清、淀粉溶液等，这样可以有效降低胃内毒物的浓度，延缓毒物被人体吸收的速度并保护胃黏膜。如果患者清醒而又合作，毒物又不具有腐蚀性的话，可以喝大量清水引吐。除对中毒者抢救外，还应同时采取果断措施切断毒源，如关闭管道阀门、堵塞泄漏的设备等，防止毒物继续外逸。

中毒意外应急处理后都应该立即送医治疗，并在送医过程中让患者采取平卧姿态，头部稍低，避免咽下呕吐物，时刻保持患者呼吸畅通。同时时刻关注患者状态，随时给以必要的处置。

（3）第三大类，割伤应急处理

割伤是实验室中例如玻璃、刀片等锐器作用于人体，导致肌肤破损。如果出现这类事故，应根据割伤的部位、伤口的深浅、伤口里是否有锐器等情况进行对应处理。

如果伤口浅时，可用肥皂水或淡盐水、清水等冲洗伤口，如伤口有异物必须去除掉。再用酒精或碘酒进行局部消毒，最后贴上创可贴或用消毒纱布对伤口进行包扎。如果伤口小但创伤较深时，应先去除异物，用双手拇指将伤口内的血挤出，用双氧水彻底冲洗伤口，随后用酒精或碘酒进行局部消毒，并用消毒的纱布对伤口进行包扎，然后送医处理。如果伤口深且大时，应立即止血处理，并应尽快送医治疗。一般可通过按压进行止血，即在伤口处敷上消毒敷料，并在伤口处直接打结包扎。如果仍不能止血或异物无法取出时，可先用布带、皮带、领带或实验室的橡皮管等材料在出血点离近心端 3cm 处进行捆扎止血。注意不能太紧，以能伸出两指为宜。如果受伤部位在四肢也可通过抬高受伤部位，减少患处出血。

除了以上三类事故需掌握应急处理措施，还有触电、冻伤等事故，也需要按照医学常识进行急救处理。无论什么事故，都需要牢记并做到以下几点：

① 冷静对待、正确判断。平时多参加应急演练，以防事故发生后措手不及。

② 及时行动、有效处理。一旦对事故有了正确判断后，就要立即有针对性地采取行动，有效地控制和处理事故，包括救火、救人、控制事态的进一步发展等。

③ 及时报告、通告旁人。在采取行动的同时，应尽量通过呼叫、电话等方式报告实验室主管、教师和报警，并通告旁人，一起加入救灾救援行动。

④ 控制不住、及时撤离。在进行事故处理的时候一定要注意自身安全。对于已经不能控制，或意识到自己可能被困、生命受到威胁时，要立即放弃手中的工作、争分夺秒地设法脱险。

⑤ 相互照应、自救他救。在事故现场，每个人都应该发扬救死扶伤的精神，相互照应、相互帮忙。既要自救，也应对有需要的他人施予救援。

1.3　实验室加热、制冷与搅拌技术

1.3.1　加热技术

有机反应中，为提高反应速率，往往需要对体系加热。有机化学实验中常用的热源有酒精灯、煤油灯、电热套和电炉等。一般情况下，玻璃仪器不能用火焰直接加热，因为剧烈的温度变化和受热不均匀会造成玻璃仪

加热技术
（操作演示）

器的损坏。同时，由于局部过热，还可能会引起有机化合物的部分分解。为了避免直接加热可能带来的弊端，实验室中常根据实际情况采用不同的间接加热方式。

（1）电炉

电炉是实验室中最常用的加热工具之一，多用于加热水溶液和高沸点溶液，但不允许用于易燃物的加热和减压蒸馏等。当使用电炉加热烧瓶等器具时，必须垫有石棉网，这样受热均匀，且受热面积大。

（2）电热套

电热套是由玻璃纤维包裹着电热丝编织成的加热器。加热和蒸馏有机物时，具有不易引起着火、热效率高的优点。加热温度可用调压变压器控制，最高加热温度可达 400℃ 左右。是有机实验中一种简便、安全的加热装置。电热套的容积一般应与烧瓶的容积相匹配，烧瓶外壁与电热套内壁应保持 1～2cm 的距离，以防止局部过热。

（3）水浴

加热温度在 80℃ 以下时可使用水浴。将容器下部浸入热水中（热浴液面高度应高于容器中的液面），切勿使容器底部接触水浴锅底。控制温度稳定在所需要的范围内。如需要加热到接近 100℃，可使用沸水浴或蒸汽浴。

（4）油浴

加热温度在 80～250℃ 之间可使用油浴。油浴所能达到的最高温度取决于所用油的种类。常用的油类见表 1.1。

表 1.1　常用油类

油类	甘油	豆油和棉籽油	液体石蜡	硅油
可加热的最高温度/℃	140~180	200	220	250

由于油易燃，加热时要在油浴中装置温度计，以便随时观察和调节温度。若发现油严重冒烟，应立即停止加热。注意油浴温度不要超过所能达到的最高温度。植物油中加入 1% 的对苯二酚，可增加其热稳定性。

（5）沙浴

加热温度在 250~350℃ 时可使用沙浴。一般用铁盘装沙，将容器下部埋在沙中，并保持底部沙层较薄，周围沙层较厚。因为沙子的导热效果较差，温度分布不均匀，且不易控制，因而使用不广。

1.3.2　制冷技术

为控制反应速率，减少副反应的发生，有些反应需要冷却；为减少固体化合物在溶剂中的溶解度，使其易于结晶，也需要冷却。

根据冷却的温度不同，可选用不同的冷却剂。最简单的方式是将反应容器浸在冷水中。若反应需要在室温以下进行，可选用冰或冰水混合物作为冷却剂。冰水混合物能与容器接触得更充分，故冷却效果优于单用冰做冷却剂。如水对反应无影响，可直接将冰块加入反应物中。

制冷技术
（操作演示）

如果要将反应物冷却到 0℃ 以下，可用碎冰加无机盐的混合物做冷却剂。注意在制备冷却剂时，应把盐研碎，再与冰按一定比例混合。各种无机盐的加入比例及混合物能达到的最低温度见表 1.2。

表 1.2　各种无机盐的加入比例及混合物能达到的最低温度

盐类	100 份碎冰中加入盐的份数	能达到的最低温度/℃
NH_4Cl	25	-15
$NaNO_3$	50	-18
$NaCl$	33	-21
$CaCl_2 \cdot 6H_2O$	100	-29
$CaCl_2 \cdot 6H_2O$	143	-55

干冰（固体二氧化碳）与适当的有机溶剂混合时，可得到更低的温度。如与乙醇或丙酮的混合物温度可达到 -78℃。

值得注意的是，温度低于 -38℃ 时，不能使用水银温度计，应使用内装有机液体的低温温度计。

1.3.3　搅拌装置

当反应在均相溶液中进行时一般不需要搅拌，因为加热时溶液存在一定程度的对流，从而保持液体各部分均匀地受热。如果反应在互不相溶的两种液体或固液两相的非均相体系中进行，或其中一种原料需逐渐滴加进料时，为了尽可能使其迅速均匀地混合，以避免因局部过浓过热而导致其他副反应发生或有机物的分解，必须采用适当的搅拌技术。在许多合成实验中，搅拌不但可以较好地控制反应温度，同时也能缩短反应时间和提高产率，有效防止反应液在回流状态下产生暴沸现象。常用搅拌技术有以下几种。

（1）机械搅拌

机械搅拌主要包括三个部分：电动机、搅拌棒和搅拌密封装置。电动机是动力部分，固定在支架上。搅拌棒与电动机相连。当接通电源后，电动机就带动搅拌棒转动而进行搅拌。使用机械搅拌时，需要使用到多口烧瓶，常用的机械搅拌装置见图 1.3(a)，该装置是可同时进行搅拌、回流和自滴液漏斗加入液体的实验装置，还可同时测量反应的温度。

搅拌密封装置是搅拌棒与反应器连接的装置，它可以防止反应液体和蒸气的外泄。简易密封装置见图 1.3(b)。外管选用内径比搅拌棒略粗的带标准磨口的温度计套管。截取一段长约 2cm、内径与搅拌棒相适合的乳胶管，套于温度计套管上端，然后自套管的下端插入搅拌棒。这样固定在套管上端的乳胶套可与搅拌棒紧密接触，达到密封的效果。在搅拌棒和乳胶管之间滴入少量甘油，对搅拌棒可起润滑和密封作用。搅拌棒再与机械搅拌器的电动机相连。调节搅拌棒下端离瓶底适当距离，不可与反应瓶直接相碰。此外，还有一种聚四氟乙烯密封搅拌塞，配备 O 形密封圈，能较好地对插入搅拌棒的瓶口进行密封，且使用十分方便 [图 1.3(c)]。

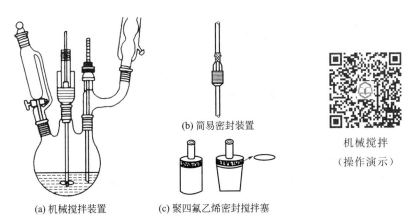

(b) 简易密封装置

机械搅拌
（操作演示）

(a) 机械搅拌装置　　(c) 聚四氟乙烯密封搅拌塞

图 1.3　机械搅拌装置及附属装置

搅拌的效率很大程度上取决于搅拌棒的结构，搅拌棒通常由玻璃棒制成，也有聚四氟乙烯棒，式样很多，常用的见图 1.4。其中（a）、（b）两种可以容易地用玻璃棒弯制；（c）、（d）较难用玻璃棒弯制，其优点是可以伸入狭颈的瓶中，且搅拌效果较好；（e）为桨式搅拌棒，适用于两相不混溶的体系，其优点是搅拌平稳，搅拌效果好。

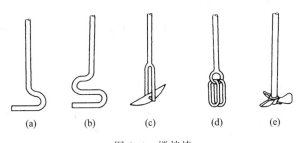

(a)　　(b)　　(c)　　(d)　　(e)

图 1.4　搅拌棒

图 1.5 电磁搅拌器装置

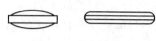

图 1.6 磁力搅拌子

（2）电磁搅拌

又称磁力搅拌。当反应物料较少时，在不需要太高温度的情况下，电磁搅拌可代替电动搅拌，且易于密封，使用方便。电磁搅拌器的装置见图 1.5。电磁搅拌器是以电动机带动磁场转动，并以磁场控制磁子转动达到搅拌的目的。一般电磁搅拌器都兼有加热装置，可以按照设定的温度维持恒温。磁力搅拌子（磁子）是一个包裹着聚四氟乙烯或玻璃外壳的软铁棒，外形为棒状（适合于锥形瓶等平底容器）、橄榄状等（见图 1.6）。磁子应小心沿瓶壁放入瓶底，不可直接丢入，以免造成容器底部破裂。搅拌时，旋转旋钮依档次顺序缓慢调节转速，使搅拌均匀平稳地进行。如调速过急或物料过于黏稠，会使磁子跳动而撞击瓶壁，此时应立即将调速钮归零，待磁子静止后再重新缓缓开启。

使用磁力搅拌比机械搅拌装置简单、易操作，且更加安全。它的缺点是不适用于大体积和黏稠体系。使用时应注意及时收回搅拌子，不得随废液或固体一起倒入废料桶或下水道。

1.4 实验预习、记录和实验报告

有机化学实验是一门综合性较强的理论联系实际的课程。它是培养学生独立工作能力的重要环节。完成一份正确、完整的实验报告，也是一个很好的训练过程。实验前后应该做好预习报告、实验记录和实验报告。

1.4.1 实验预习

为了使实验能达到预期的效果，在实验之前要做好预习和准备。预习时要反复阅读实验内容，领会实验原理，了解实验的步骤以及相关的注意事项，并且在预习报告本上写好预习提纲。内容包括：

① 实验目的及要求；

② 实验原理，主反应和副反应的反应方程式；

③ 原料、试剂和产物的物理常数及性质；

④ 画出反应装置图；

⑤ 用图标、箭头或简单的文字描述实验步骤，计算理论产率；

⑥ 列出粗产品的纯化过程及原理；

⑦ 讨论实验中可能出现的问题，特别是安全问题，要写出防范措施和解决办法。

1.4.2 实验记录

实验记录是科学研究的第一手资料，实验记录的好坏直接影响对实验结果的分析。因此，学会做好实验记录也是培养学生科学作风及实事求是精神的一个重要环节。

作为一位化学实验者，必须对实验的全过程进行仔细观察。如反应液颜色的变化、有无沉淀及气体出现、固体的溶解情况以及加热温度和加热后反应的变化等等，都应认真记录。

同时还应记录加入原料的颜色和加入的量、产品的颜色和产品的量、产品的熔点或沸点等物化数据。记录时，要与操作步骤一一对应，内容要简明扼要，条理清楚。每位同学应准备一本实验记录本，而不能随便记在纸上。

1.4.3　实验报告

实验报告是在实验结束后对实验过程的总结、归纳和整理，对实验现象和实验结果进行讨论分析，是完成整个实验的一个重要组成部分。标准的实验报告的内容应包括以下几个部分：实验目的，实验基本原理（或主、副反应式），主要试剂及主、副产物的物理常数，主要试剂规格及用量，实验装置图，实验简单操作步骤，实验记录，实验结果和数据处理，讨论。

附：实验报告参考格式

有机化学实验报告

实验项目名称：_____

学生姓名：_____　学号：_____　专业班级：_____

实验类别：☐ 基础　☐ 专业　实验类型：☐ 验证　☐ 综合　☐ 设计　☐ 创新

实验要求：☐ 必修　☐ 选修　实验日期：_____　实验成绩：_____

一、实验目的

二、实验基本原理（或主、副反应式）

三、主要试剂及主、副产物的物理常数

名称	分子量	性状	相对密度	熔点	沸点	溶解度/(g/100mL 溶剂)		
						水	醇	醚

四、主要试剂规格及用量

名称	规格	用量	物质的量

五、实验装置图

六、实验简单操作步骤

七、实验记录

时间	操作	现象	备注

八、实验结果和数据处理

九、讨论

1.5 文献实验及资料查询简介

1.5.1 文献实验简介

经过基本操作、合成实验的强化训练，在初步掌握有机化学实验的基本知识与技能基础上，可以适当进行一些文献实验。所谓文献实验，是学生在教师指导下，选择题目，查阅文献，确定实验步骤，进行一些实验教学内容以外的实验。文献实验可使学生主动经历获取知识、运用知识、解决问题的科学研究过程，使学生实践能力和创新能力的培养落到实处。

文献实验的具体实施过程如下：

（1）布置课题

文献实验最好能结合教师科学研究的需要，合成某些原料或中间体，或结合生产实际合成一些有实用价值的化合物，也可以是实验教学改革中一些需要探讨的课题。

（2）查阅文献

文献查阅是进行科学研究必不可少的环节。在学习有机化学文献概况和检索文献基本方法的基础上，学生通过查阅文献，找到所需文献资料，并摘录有关化合物的制备方法和物理常数。

（3）提出方案，进行实验

学生对所查阅的文献资料进行归纳整理，结合具体情况，提出初步实验方案。在征求教师的意见后，确定最后的合成路线与实验步骤，在教师指导下独立地在开放性实验室或教师的科研实验室中进行实验。

由于原始文献中记载的实验步骤和条件，往往彼此间有所不同，有时也没有实验教材那么详细，所以有关仪器的装置，操作条件的选择，产物的鉴定都需要灵活而正确地运用有机化学实验知识和技能。

（4）进行总结，写出实验报告

文献实验报告要求比一般实验报告要提高一步，可按小论文形式进行撰写。报告格式应以一般化学杂志的化学论文作为借鉴，由题目、作者、日期、摘要、讨论、实验步骤和结果组成。要能简要地介绍题目的背景和实验的目的和意义，要有实验步骤和对结果的精确描述，包括原料的用量、产物的产量和收率、产物的物理常数及文献值、进行实验的名称和结果、图表、波谱及其他有关数据。要根据实验结果写上自己的心得体会及对实验的改进意见，并在报告结尾引录制备所依据的参考文献。

要做好文献实验，文献查询及整理、提炼是关键。文献是记录有用知识的一切载体。凡是用文字、图形、符号、声频、视频记录下来，具有存储和传递功能的一切载体都称为文献。它是蕴含知识内容的信息集合体，是人类进步和发展的记录和积累。有机化学文献则是人们从事与有机化学有关的生产、科学实验及社会实践的记录。随着有机化学领域科学技术突飞猛进的发展和其在生命科学、材料、药物和医学等多领域的交叉发展，有机化学文献与日俱增，文献数量和种类都达到了历史的最高峰。

实验所涉及反应物和产物的物理常数、化学性质和波谱特征，所用溶剂的处理方法，合成路线和合成方法的选择，后处理步骤等，可以查阅化学手册和有关文献获取。化学文献资料的查阅和检索是实验和研究工作的重要组成部分，是化学工作者必须具备的能力。它还可以使实验人员避免重复劳动，取得事半功倍的效果。21 世纪是信息时代，计算机网络信息对人们的工作和生活产生了巨大而深远的影响，网络文献资源将发挥越来越重要的作用。这里就结合网络简单介绍常用有机化学文献资料。

1.5.2　网络工具书

有机化学网络工具书资源是化学工作者日常接触最多的一类文献，如化合物的性质、分子式、CAS 登记号等等都是日常科研工作中不可缺少的信息。在当今的信息时代中，网络给予了人们获取信息的诸多便利，人们能方便地通过 Google、百度等通用搜索引擎和专业的化工搜索引擎（http：//www.chemyq.com/）找到所需要的化学信息，而利用网络工具书则是一种更加系统的获取信息的手段。

美国化学文摘服务社（CAS）推出的 SciFinder Scholar 数据库（https：//scifinder.cas.org）和 Elsevier 公司的化学信息平台 DiscoveryGate（https：//www.discoverygate.com）不仅是化学领域中使用最频繁的二次文献，而且也是具有强大数据资源的化学三次文献。在其中能检索到化合物的性质、CAS 号、物质性质，甚至某类试剂供应商的信息等等。因此它们综合了二次文献和三次文献的功能，给予使用者最大的便利。唯一的缺憾是，这种网络资源只能在授权的方式下进行使用。但网络中还存在众多的化学信息网站，从中也能方便地查询到所需要的化学资料。下面就具体介绍几类涉及有机化学领域使用较为广泛的工具书类网络资源。

（1）人名反应手册

在有机化学发展的过程中，化学家们发现了难以计数的各类化学反应，其中有相当数量的有机反应是以一个或几个科学家的姓名来归类和予以命名的。有机人名反应可以说是有机化学的一大特色，在有机反应中具有核心地位，同时这些人名反应的机理也体现了有机化学反应的精髓。理解这些反应机理可大大增强我们解决复杂化学问题的能力。因此有机化学人名反应是有机化学文献库中重要的三次文献。

网络上关于人名反应的资源比较多。建立手册式网络数据库，便于读者阅读和查找相关人名反应。例如有机化学门户网站（http：//www. organic-chemistry. org/namedreactions/）。这些网站都系统地对列举的每个人名反应的细节和机理进行描述，部分网站还列举例子和文献来描述该类反应。

（2）有机化学中间体及化学物质介绍

有机化学反应需要接触大量的化学物质，这些物质的性质、CAS 登记号、化学名称和别名、分子式、化学结构等信息都是有机化学科学工作者需要了解的。最近，美国化学文摘社推出了免费网络资源——"Common Chemistry"网站（http：//www. commonchemistry. org）。该网站包含约 7900 种应用广泛的化学物质以及元素周期表上绝大部分元素。除部分元素外，网站收集的其他物质都较常见，例如咖啡因、过氧化苯甲酰（治疗痤疮）、氯化钠（食盐）等。公众可以根据 CAS 登记号或化学名称在这个网站上搜索并确认该物质的 CAS 号、化学名称、分子结构、物理性质等详细信息。这些资源将使公众更为便捷地查找、了解化学物质的信息，尤其是受关注的化学物质信息。

国内也在不断地发展有机化学网络专业信息服务平台。上海化学化工数据中心的数据库群（http：//chemdb. sgst. cn/ssdb/）就是建立于上海研发公共服务平台上，服务于化学化工研究和开发的综合性信息系统。在这个数据库中可以查询到有机化合物有关的命名、结构、基本性质、毒性、谱图、鉴定方法、专利、生物活性、化学反应、医药农药应用、天然产物、相关文献和市场供应以及精细化学品、农用化学品和工程塑料等信息。

了解化学物质的性质，也可以利用化学试剂供应商建立的网络试剂目录。如 Aldrich、Acros、Sigma、Fluka 等知名代理商网站上都能方便地调取商品化的化学试剂和药品的基本性质、CAS 编号、物质安全数据（MSDS）等信息。国内上海国药基团建立的中国试剂网（http：//www. reagent. com. cn/）上也提供了部分免费的化学物质信息。

（3）有机化合物光谱和结构数据

有机化合物的测试谱图数据是验证有机化合物的重要技术手段，因此这方面资料也被认为是重要的专业文献。

剑桥结构数据库是剑桥晶体结构数据中心（http：//www. ccdc. cam. ac. uk/）建立的有机物和金属有机物结构数据库。目前拥有的有机物和金属有机物晶体结构信息已经超过 100 万条，并且这个数目在逐年增多。其中信息包括作者、完整的参考文献、晶胞的尺寸和空间排列方式、分子的常规化学示图和生成分子的 3D 图像等。

美国标准局 NIST 在其网站（http：//webbook. nist. gov/chemistry/）提供了免费的化学 WebBook 数据库，在上面能够查询到常见化合物的红外光谱、紫外可见光谱以及电子振动光谱等谱图数据资料。同时该数据库中还提供了常见有机和无机化合物以及系列化学反应的热化学数据、离子能和热物性等数据。

日本 AIST 产业技术研究所网站（http：//riodb. ibase. aist. go. jp/）也免费提供有机化学领域中相关信息，其中有机化合物波谱数据库提供了常见有机化合物的相关谱图（NMR、EI-MS、ESR、FT-IR 和 Raman），不完全统计收集了超过 3 万条化合物的谱图数据，并还在不断进行升级和扩充。

（4）"Organic Syntheses"《有机合成手册》

"Organic Syntheses"是一个化学领域的学术期刊。有机合成手册为年刊，于 1921 年创刊，提供各种有关有机合成的资料。1998 年进行系统整合整体建立了网络数据库，并且对大众开放权限，是一个很便捷的有机合成网络手册。

自 1921 年以来，《有机合成手册》提供了各种有机物详细、可靠的合成方法，且每个方法和工艺以及实验数据都经过多方仔细检查，以确保其具有较好的可重复性。每个合成报道都有相当多的详细描述，是该类反应的比较典型的实验程序，而且对实验细节和安全防护等都有详细报道。检索《有机合成手册》，可通过单个卷的内容表（即通过卷、期、页数）来检索，或进行结构和关键字搜索（数据库模式检索）。"数据库模式"允许用户以关键词或输入结构和子结构来检索有机合成手册中的所有卷。结构搜索过程中需要计算机中装入 ChemDraw 插件，可以根据页面相关指示免费下载。

1.5.3　网络学术期刊

1.5.3.1　国外有机化学期刊

（1）"Nature"《自然》和 "Science"《科学》

这两种期刊是属于综合科技方面的期刊，其中包含有机化学领域。这两种期刊的影响力在科学界具有重要地位。虽然其报道只有薄薄几页，但皆是相关领域中的重大科技创新（发明或发现）。这些报道都具有很强的前瞻性和开创性等特点，因此特别受到重视。两刊中许多作者还逐渐成为当地具有影响力的学术带头人。同时这些报道也将影响相关领域今后一段时间的研究和发展。

① "Nature"：英国著名杂志 "Nature" 是世界上最早的国际性科技期刊，1869 年创刊，以周刊形式发行。其网络版网址为 http：//www. nature. com/nature/archive/index. html。

② "Science"：由美国科学促进会出版，于 1880 年创刊。http：//www. sciencemag. org 为其网络版期刊的官方网址。

（2）以 "Journal of the American Chemical Society"《美国化学会志》为代表的美国化学学会出版的期刊

"Journal of the American Chemical Society" 创刊于 1879 年，是美国化学学会的会刊，在业界有极高的声誉，是目前化学期刊中级别较高的专业期刊之一。其宗旨是想通过发表全世界化学领域最好的论文，来追踪化学领域的最新前沿。其中包括对一些重要问题的应用性方法论、新的合成方法、新奇的理论发展和有关重要结构和反应的新进展。其网络版电子期刊均列在美国化学学会出版期刊的网站中（http：//pubs. acs. org）。

美国化学学会出版的化学期刊涵盖了有机化学、分析化学、应用化学、材料学、分子生物化学、药物化学等二十多个主要的领域。在出版期刊的网站中，除了《美国化学会志》，还有多个在有机化学领域中影响较大的期刊，如 "The Journal of Organic Chemistry"《有机化学会志》、"Organic Letters"《有机快报》和 "Organometallics"《有机金属》等。

（3）以 "Journal of the Chemical Society"《英国化学会志》为代表的英国皇家化学学会出版的期刊

"Journal of the Chemical Society" 由英国皇家化学学会主办，于 1848 年创刊，是历史最悠久的化学期刊。因内容分类需要，从 1976 年起该期刊分成下面几个刊物：

① "J. Chem. Soc. Perkin Transactions I"，以报道有机和生物有机化学领域的合成反应为主。

②"J. Chem. Soc. Perkin Transactions Ⅱ"，报道有机、生物有机、有机金属化学方面的反应机理、动力学、光谱及结构分析等物理有机领域文章。

③"J. Chem. Soc. Faraday Transactions"，物理化学和化学物理领域，主要报道动力学、热力学文章。

④"J. Chem. Soc. Dalton Transactions"，无机化学领域。

⑤"J. Chem. Soc. Chemical Communications"，为半月刊，内容简短，以介绍实验新进展或发现为主要内容。这些电子期刊均可在英国皇家化学学会的网站中获取（http：//www.rsc.org/）。

（4）以"Angewandte Chemie International Edition in English"《德国应用化学》为代表的 John Wiley & Sons Inc. 的电子期刊

"Angewandte Chemie International Edition in English" 是德文版 "Angewandte Chemie" 的英文翻译版，从 1965 年开始出版。目前其影响因子为 10.9，在化学期刊中级别较高和影响力较大。该期刊栏目有 "reviews、highlight" 以及 "communications"，涉及了包括有机化学在内的综合化学领域的研究成果。这两个期刊的文章均能在 Wiley 的网络期刊网站 http：//www.interscience.wiley.com/中找到。

John Wiley & Sons Inc. 是具有两百年历史的国际知名专业出版机构，在化学、生命科学、医学以及工程技术等领域学术文献的出版方面颇具权威性，2007 年 2 月与 Blackwell 出版社合并，将两个出版社出版的期刊整合到同一网络平台上提供服务，即 Wiley InterScience，在该平台上提供全文电子期刊、电子图书和电子参考工具书的服务。如 "Chemistry-A European Journal"《欧洲化学》、"European Journal of Organic Chemistry"《欧洲有机化学》、"Journal of Heterocyclic Chemistry"《杂环化学杂志》、"Helvetica Chimica Acta"《瑞士化学学报》、"Advanced synthesis & Catalysis"《先进合成催化》、"Journal of Heterocyclic Chemistry"《杂环化学杂志》、"Chirality"《手性化学》等。这些有机领域的电子期刊均可在该平台上获取全文文献资料。

（5）以 "Tetrahedron"《四面体》、"Tetrahedron Letters"《四面体快报》和 "Tetrahedron：Asymmetry"《四面体：不对称》为代表的 Elsevier Science 电子期刊

"Tetrahedron" 是一本迅速收集各种有机化学领域的原创研究论文的国际期刊，其发表的文章是具有突出重要性和及时性的实验及理论研究结果，主要是在有机化学及其相关应用领域特别是生物有机化学领域。期刊包含领域为有机合成、有机反应、天然产物化学、机理研究及各种光谱研究。"Tetrahedron Letters" 期刊属于周刊，主要发表实验和理论有机化学在技术、结构、方法等方面研究的最新进展。"Tetrahedron：Asymmetry" 则主要涉及有机化学、无机化学、有机金属、物理化学等领域中不对称研究的实验结果和理论研究，以及生物有机等领域中的应用。

这三种有机领域常涉及的期刊均能在荷兰 Elsevier Science 公司建立的网络平台中获取（http：//www.sciencedirect.com）。Elsevier Science 是世界知名出版商，其出版的期刊是世界上公认的高品位学术期刊。在该平台上提供了含以上三种期刊在内的 4300 多种全文电子期刊，包括化学类 234 种期刊，其中就有 "Journal of Organometallic Chemistry"《有机金属杂志》等有机化学领域的电子期刊。

（6）以 "Synthesis"《合成》和 "Synlett"《合成通讯》为代表的 Thieme 电子期刊

Thieme 出版了在学术界备受认可的权威化学与药学期刊。"Synthesis" 和 "Synlett"

是 Thieme 最为引以为豪的两种化学期刊，在有机合成领域有重大影响力并且已经得到广泛的使用，是从事相关领域工作的科研人员的必备期刊。"Synthesis"是一份报道有机合成进展的国际性刊物。主要发表有关有机合成的综述和论文，包括金属有机、杂原子有机、光化学、药物和生物有机、天然产物、有机高分子和材料。"Synlett"主要报道有机合成领域的研究结果和趋势以及短篇幅的个人综述和快速的工作简报。2005 年 7 月 Thieme 还开始出版发行"Synfacts"期刊，该期刊则主要报道合成有机化学领域最近两个月内的最新科研成果和趋势。详细期刊内容都能在 http：//www. thieme-chemistry. com/的网站中获得。

（7）"Synthetic Communications"《合成通讯》

"Synthetic Communications"是由 Taylor & Francis 集团出版的有机合成领域的国际期刊，主要是快速报道天然产物以及中间体合成和官能团转化的新试剂的使用，深入介绍在有机合成化学领域的新实验方法和新试剂特点。该网络期刊能从 Taylor & Francis 集团的全文科技电子期刊数据库（http：//www. informaworld. com/）中获取。

1.5.3.2　国内有机化学期刊

国内有机化学电子期刊多数集中收集在中国知识网络服务平台（http：//dlib. cnki. net/）、万方数据知识服务平台（http：//www. wanfangdata. com. cn/）和维普网（http：//www. cqvip. com/）中。读者能更为方便地集中从中调取阅读。国内比较有名的化学期刊多由中国化学会、中科院、教育部或几所重点高校主办。目前涉及有机化学领域的期刊的主要是《有机化学》《中国化学》《高等学校化学学报》《合成化学》和《化学通报》等。

（1）《中国科学 B 辑》

《中国科学》是由中国科学院和国家自然科学基金委员会共同主办的自然科学综合性学术刊物，主要刊载自然科学各领域基础研究和应用研究方面具有创新性的、高水平的、有重要意义的研究成果，创刊于 1950 年 8 月。《中国科学》是国内最高水平的 SCI 收录期刊。其分刊《中国科学 B 辑：化学》（中文版）和"Science in China Series B：Chemistry"（英文版）是两个相对独立的刊物，都是主要报道化学基础研究及应用研究方面具重要意义的创新性研究成果，涉及领域为包括有机化学在内的综合化学方面。其中英文版从 2006 年起由 Springer 独家代理海外发行，并且纳入其网络平台（http：//www. springerlink. com/）。

（2）《有机化学》《化学学报》和《中国化学》

这三种期刊都是由中国化学会和中国科学院上海有机化学研究所合办。

《有机化学》是一份反映有机化学界的最新科研成果、研究动态以及发展趋势的学术类刊物。创刊于 1980 年，主要刊登有机化学领域基础研究和应用研究的原始性研究成果，设有综述与进展、研究论文、研究通讯、研究简报、学术动态、研究专题等栏目。

《化学学报》创刊于 1933 年，是我国创刊最早的化学学术期刊。《化学学报》刊载化学各学科领域基础研究和应用研究的原始性、首创性成果。目前设 4 个栏目：研究专题、研究通讯、研究论文和研究简报。

以上两种电子期刊全文均能从期刊主页中获取（http：//sioc-journal. cn/）。

《中国化学》创刊于 1983 年，是向国内外公开发行的英文版学术类单月刊化学刊物。其刊载包括有机化学在内的化学各学科领域基础研究和应用研究的原始性研究成果。目前其全文电子版由 Wiley 公司制作，并纳入其平台（http：//www. interscience. wiley. com/）。

（3）《化学通报》

《化学通报》是中国化学会和中国科学院化学研究所主办的综合性学术月刊，1934 年创刊，以大专以上化学化工工作者及学生为主要读者对象。发表包括有机化学领域在内的化学及其交叉学科的论文，反映学科的发展进展，介绍新的知识和实验技术，报道最新科技成果，提供各类信息。其部分电子期刊全文也能在期刊主页（http：//www.hxtb.org）上免费获取。

（4）《Chinese Chemical Letters》

《Chinese Chemical Letters》成立于 1990 年 7 月，是由中国化学会主办，中国医学科学院药物所承办。该杂志涉及整个化学领域的研究前沿内容，包括无机化学、有机化学、分析化学、物理化学、高分子化学、应用化学等。该杂志是中国化学界通向世界的窗口，采取全英文出版，内容覆盖化学全领域，并且追求"新、快、准"的出版宗旨，力求及时反映化学研究各个相关领域中的最新进展及热点问题。其电子期刊也可在期刊主页上获取（http：//www.chinchemlett.com.cn/EN/volumn/home.shtml）。

（5）《高等学校化学学报》

《高等学校化学学报》是由中华人民共和国教育部主办、吉林大学承办刊物。该学报以研究论文、研究快报、研究简报和综合评述等栏目集中报道我国化学学科及其交叉学科、新兴边缘学科等领域中新开展的基础研究、应用研究和开发研究中取得的最新研究成果。

（6）《合成化学》

《合成化学》是由四川省化学化工学会和中国科学院成都有机化学研究所联合主办。主要内容包括基本有机合成、高分子合成、生化合成及无机合成等方面的基础研究和应用研究的中文或英文研究论文、研究快报、研究简报以及关系合成化学领域各学科的中文综合评述。

除了上述列举的常用有机化学国内期刊，在中国学术期刊网等网络上也能调阅到其他相关涉及有机化学领域的电子期刊，如《应用化学》《化学试剂》《化学世界》等。

1.5.4　文摘检索平台

随着科技不断进步，有机化学领域的文献日益丰富和发展，如何精准地从众多文献中寻找适合的文献，需要充分利用好文摘检索平台。文摘提供了发表在杂志、期刊、综述、专利和著作中原始论文的简明摘要，可有效提高寻找文献的速度和准确度，但需要提醒的是，文摘终究是不完全的，有时还容易引起误导，因此不能将化学文摘的信息作为最终的结论，全面的文献检索一定要参考原始文献。本部分将主要介绍几类网上的文摘检索平台。

（1）SciFinder Scholar 数据库

美国《化学文摘》（Chemical Abstracts，CA）1907 年创刊，由美国化学会所属化学文摘社（CAS）编辑出版，现为世界上收录有机化学以及其他化学学科和化学相关学科文献最全面、应用最广泛的检索索引。其具有以下显著特点：①收录文献范围广，类型多，文献量大；②报道快速及时，时差短；③CA 索引体系完备，回溯性强，使用方便。

CA 是检索化学相关原始论文最重要的参考来源。每年发表 50 多万条，包括了 9000 多种期刊、综述、专利、会议和著作中原始论文的简明摘要，提供了最全面的化学文献摘要。化学文摘每周出版一期，每 6 个月的月末汇集成一卷。1940 年以来，其索引包括了作者、一般主题、化学物质、专利号、环系索引和分子式索引。1956 年以前每 10 年还出版一套 10 年累积索引，目前每 5 年出版一套 5 年累积索引。

随着网络信息时代的到来，CAS 也开始出版网络版 CA——SciFinder Scholar 数据库。目前 SciFinder Scholar 数据库已经成为世界上最大的网络化学文摘库和应用最广泛，最为重要的化学、化工及相关学科的检索数据库。报道的内容几乎涉及了化学家感兴趣的所有领域，其中除包括无机化学、有机化学、分析化学、物理化学、高分子化学外，还包括冶金学、地球化学、药物学、毒物学、环境化学、生物学以及物理学等诸多学科领域。此外 SciFinder Scholar 除了包括 CA 印刷版的内容，还包括 MEDCINE（医学）、CASREGIS-TRY（化学物质数据库）、CASREACT（化学反应数据库）等专业数据库。

访问 SciFinder Scholar 数据库不仅可以通过 web 版直接访问 https：//Scifinder. cas. org 进行检索，而且也可以安装客户端进行查询检索，但是需要身份认证。

（2）DiscoveryGate 数据库

DiscoveryGate 是一个由 Symyx MDL 公司研发的，基于 Web 网络的一种化学信息平台，由 17 个化学数据库、3 种合成参考文献（全文）和第三方化学数据库（如专利数据库）组成，为所有有价值的化学数据库提供了一个信息整合平台。DiscoveryGate 对各类信息进行整合、索引并相互链接，使研究人员可以从一个单一的入口迅速访问到化合物及其相关数据、权威参考著作等信息。目前通过其数据库可以查询化合物的结构以及合成反应、生物活性、代谢、毒性、物理化学性质、如何购买和获得化合物以及原始文献和专利等相关的化学信息。

该数据库包括了有机化学领域广泛使用的 Beilstein 和 Gmelin 两大数据库。这两个数据库为当今世界上最庞大和享有盛誉的化合物数值与事实数据库。Beilstein 是最全面的有机化学数值与事实数据库，Gmelin 是金属有机和无机化学领域收录数据最广泛的数据库。这两个数据库是两部化学手册——《贝尔斯坦有机化学手册》（Beilstein Handbuch der Orga-nische Chemie）及《盖墨林无机与有机金属化学手册》（Gmelin Handbook of Inorganic and Organometallic Chemistry）的网络版，而这两部工具书已经有 100 多年的出版历史，是化学、化工领域最重要的参考工具之一。检索这两个数据库也可以使用客户端软件在 Cross-fire 平台进行访问。具体介绍参见 https：//www. reaxys. com/info/。

DiscoveryGate 数据库平台使用户可以方便地通过 web 版进行检索。在其授权的 IP 范围内，安装 DiscoveryGate 外挂插件即可登录其主页 https：//www. discoverygate. com 进行访问使用。

（3）Web of Science

1997 年年底，应 Internet 网络的迅猛发展和科研人员对学术信息服务更高的要求，ISI（Institute for Scientific Information）推出了 Web of Science 网络平台。该数据库是大型综合性、多学科、核心期刊引文索引数据库，包括三大引文数据库［《科学引文索引》（Sci-ence Citation Index，简称 SCI）、《社会科学引文索引》（Social Sciences Citation Index，简称 SSCI）和《艺术与人文科学引文索引》（Arts & Humanities Citation Index 简称 A& HCI）］和两个化学信息事实型数据库［Current Chemical Reactions（简称 CCR）和 Index Chemicus（简称 IC）］。ISI Web of Science 是全球最大、覆盖学科最多的综合性学术信息资源，收录了自然科学、工程技术、生物医学等各个研究领域最具影响力的超过 9000 多种核心学术期刊。该数据库以 ISI Web of Knowledge 作为检索平台，具有丰富而强大的检索功能——

普通检索、被引文献检索、化学结构检索。可以方便快速地利用该数据库找到有价值的有机化学相关领域的科研信息，全面了解有关有机化学某个领域或具体相关课题的研究信息。

Web of Science 还具有强大的分析功能，能从中了解到相关课题的核心研究机构和人员、课题的起源和发展趋势、本课题相关的国际国内论文的投稿方向、课题涉及的相关和交叉学科等信息。同时该库对文献还具有严格的评价功能，因此对于有机化学学科领域的文献科学价值评价具有指导作用和参考价值。其网络地址为 http：//www.isiwebofknowledge.com/。

当今互联网上的化学信息资源极其丰富，而且随时都在更新和发展。如果能够充分了解和使用这些有机化学网络文献，将会给我们在科研和学习方面带来非常可观的便利。

第2部分 有机化学实验基本操作

2.1 有机化学实验常用玻璃仪器、洗涤和干燥

2.1.1 常用玻璃仪器

因有机化合物易腐蚀的特性，有机化学反应常在玻璃仪器中进行，不仅便于观察现象，同时可消除仪器腐蚀和对反应的影响。使用玻璃仪器必须注意以下事项。

① 玻璃仪器易碎，使用时轻拿轻放。

② 玻璃仪器除烧杯、烧瓶、试管和特殊加工能加热的仪器外，都不能直接加热。

③ 锥形瓶、平底烧瓶不耐压，不能用于减压蒸馏。

④ 玻璃仪器使用后应及时清洗干净，带活塞的玻璃仪器（如分液漏斗等）长时间不用应在活塞和磨口间垫上小纸片，以防黏结。

⑤ 温度计测量温度范围不能超过其刻度范围，不能把温度计当搅拌棒使用！温度计用后应缓慢冷却，不能立即用冷水冲洗，以免炸裂或汞柱断线。

有机化学实验所使用的玻璃仪器以及其他设备，有的由个人保管使用，有些为公用。了解实验所用仪器的性能、正确的使用方法及如何保养，是实验者进行实验前必须掌握的基本常识。

有机化学实验中所使用的玻璃仪器分为两类，普通和标准磨口仪器。

（1）普通玻璃仪器

常见的普通玻璃仪器如图 2.1 所示。

（2）标准磨口玻璃仪器

有机实验中通常使用标准口玻璃仪器，也称为标准磨口仪器，简称磨口仪器。标准磨口玻璃仪器是具有标准磨口或磨塞的玻璃仪器。由于口塞尺寸的标准化、系统化及磨砂密合，凡属于同类规格的接口，都可以任意调换，各部件可组装成各种配套仪器。当不同类型规格的部件无法直接组装时，可使用变径接头使之连接起来。使用标准磨口玻璃仪器既可免去配塞子的麻烦，又能避免反应物或产物被塞子沾污。口塞磨砂密合性能良好，使仪器系统内可达到较高真空度，对蒸馏，尤其是减压蒸馏十分有利；对于毒性物质或挥发性液体的实验较为安全。同时标准磨口仪器装配容易，拆洗方便，便于各种操作。

标准磨口仪器，接口均按国际通用的技术标准制造。当某个部件损坏时，可方便选购配套。

标准磨口仪器的每个部件在口、塞的上或下显著部位均有烤印的白色标记，标明规格。市场上常用的有 10、14、19、24、29、34、40、50 等。有的标准磨口仪器有两组数字，另一组数字表示磨口的长度，例如 19/30，表示此磨口直径最大处为 19mm，磨口长度为 30mm。

常用的标准磨口仪器如图 2.2 所示。

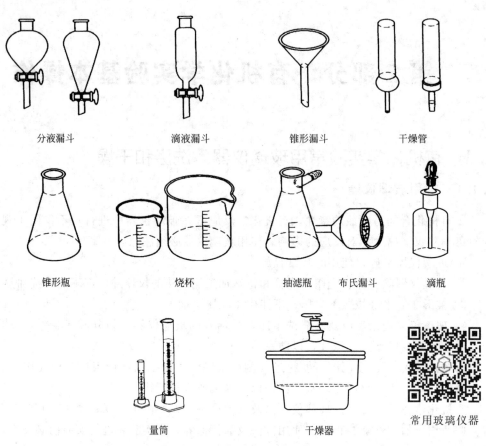

分液漏斗　　　滴液漏斗　　　锥形漏斗　　　干燥管

锥形瓶　　　烧杯　　　抽滤瓶　　布氏漏斗　　滴瓶

量筒　　　　　　　干燥器　　　　　常用玻璃仪器

图 2.1　常见的普通玻璃仪器

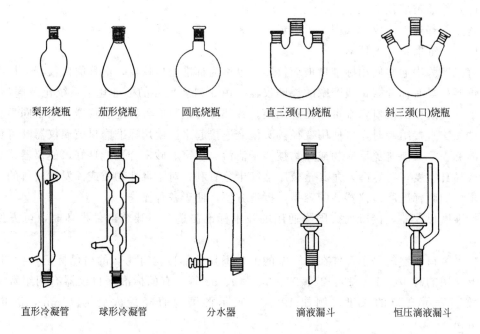

梨形烧瓶　　茄形烧瓶　　圆底烧瓶　　直三颈(口)烧瓶　　斜三颈(口)烧瓶

直形冷凝管　　球形冷凝管　　分水器　　滴液漏斗　　恒压滴液漏斗

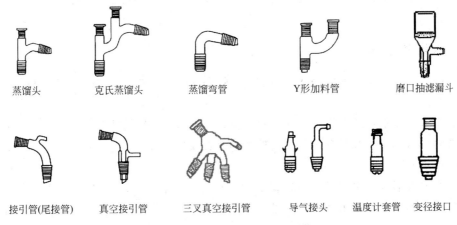

蒸馏头　　　克氏蒸馏头　　蒸馏弯管　　　Y形加料管　　磨口抽滤漏斗

接引管(尾接管)　真空接引管　三叉真空接引管　导气接头　温度计套管　变径接口

图 2.2　常用的标准磨口仪器

在使用标准磨口仪器时，需要时刻保持标准口塞的清洁，使用前宜用软布擦拭干净。装配仪器时，把磨口和磨塞轻微对旋连接，不宜用力过猛。不能装得太紧，只要达到润滑密闭要求即可。拆装时应注意相对角度，不能在角度有偏差时硬性拆装，否则极易造成破损。如遇到磨口仪器放置时间太久而黏结在一起，很难拆开时，可在磨口周围涂上润滑剂或有机溶剂后用电吹风对着黏结处加热，使外层膨胀而打开，或用水煮后用木块轻敲黏结处。严重的黏结可以在教师指导下，在燃气灯上用小火转动加热试着打开。

2.1.2　仪器的洗涤

玻璃仪器使用完毕后应立即清洗。一般的清洗方法是将毛刷淋湿，蘸上皂粉或去污粉，洗刷玻璃器皿的内外壁，除去玻璃表面的污物，然后用水冲洗。若难以洗净，可根据污垢的性质选用适当的洗液进行洗涤。酸性的污垢用碱性洗液洗涤，反之亦然；有机污垢用碱性或有机溶剂洗涤。下面介绍几种常用洗液：

（1）铬酸洗液

这种洗液氧化性很强，对有机污垢破坏力很大。倾去器皿内的水，慢慢倒入洗液，转动器皿，使洗液充分浸润不干净的器壁，数分钟后把洗液倒回洗液瓶中，用自来水冲洗器皿。若器壁上粘有少量炭化残渣，可加入少量洗液，浸泡一段时间后在小火上加热，直至冒出气泡，炭化残渣可被除去。当洗液颜色变绿，表示已经失效，不能再倒回洗液瓶中而应倒在指定容器中。

（2）盐酸

浓盐酸可洗去附着在器壁上的二氧化锰、碳酸盐等污垢。

（3）碱性合成洗涤剂

配成浓溶液即可。用以洗涤油脂等有机物。

（4）有机溶剂洗涤剂

胶状或焦油状的有机污垢用上述方法不能洗去时，可选用丙酮、乙醚、苯等有机溶剂浸泡，同时应加盖以避免溶剂挥发。实验室中常用 NaOH 的乙醇溶液为通用洗涤剂，就是发挥乙醇溶剂的作用，同时兼顾强碱性分解作用。用有机溶剂作洗涤剂时，使用后可回收重复利用。若用于精制或有机分析的器皿，除用上述方法处理外，还必须用去离子水冲洗。

器皿是否清洁的标志是：加水倒置，水顺着器壁流下，内壁被均匀湿润着一层薄的水膜，且不挂水珠。

2.1.3　仪器的干燥

常用的仪器应在每次实验完毕之后洗净干燥备用。应根据不同要求来干燥仪器。

（1）晾干

不急用的，要求一般干燥，可在纯水涮洗后，在无尘处倒置晾干水分，然后自然干燥。可用安有斜木钉的架子和带有透气孔的玻璃柜放置仪器。

（2）烘干

将洗净的仪器内的水倒尽，开口朝上放入烘箱。烘箱温度为 105～120℃，烘 1h 左右。带有活塞的仪器需取出活塞再烘干。也可利用红外灯干燥箱进行烘干。此法适用于一般仪器。取仪器时要等烘箱内的温度降低后再取，以免仪器破裂。

（3）热（冷）风吹干

对于急于干燥的仪器或不适合放入烘箱的较大的仪器可用吹干的办法。通常用少量乙醇、丙酮（或最后再用乙醚）倒入已控去水分的仪器中摇洗，然后控净溶剂（溶剂要回收），用电吹风吹干。开始用冷风吹 1～2min，当大部分溶剂挥发后吹入热风至完全干燥，再用冷风吹残余的蒸气，使其不再冷凝在容器内。此法要求通风好，防止中毒，不可接触明火，以防有机溶剂爆炸。

2.2　塞子的钻孔和简单玻璃工操作

2.2.1　塞子的选择与钻孔

塞子的选择与钻孔（操作演示）

有机化学实验常用的塞子有软木塞和橡皮塞两种。软木塞的优点是不易和有机化合物作用，但易漏气和易被酸碱腐蚀。橡皮塞虽然不漏气和不易被酸碱腐蚀，但易被有机物所侵蚀或溶胀。各有优缺点，究竟选用哪一种塞子合适要看具体情况而定。一般来说，比较多地使用软木塞，因为在有机化学实验中接触的主要是有机化合物。不论使用哪一种塞子，塞子大小的选择和钻孔的操作，都是必须掌握的。

选择一个大小合适的塞子，是使用塞子的起码要求。总的要求是塞子的大小应与仪器的口径相适合，塞子进入瓶颈或管颈的部分不能少于塞子本身高度的 1/2，也不能多于 2/3，否则，就不合适。选用新的软木塞时只要能塞入 1/3～1/2 就可以了，因为经过压塞机压软后就能塞入 2/3 左右了。

有机化学实验往往需要在塞子内插入导气管、温度计、滴液漏斗等，这就需要在塞子上钻孔。钻孔用的工具叫钻孔器（也叫打孔器），有靠手力钻孔的，也有把钻孔器固定在简单的机械上，借用机械力来钻孔的，这种工具叫打孔机。每套钻孔器有五六支直径不同的钻嘴以供选择。

若在软木塞上钻孔，就应选用比欲插入的玻璃管的外径稍小或接近的钻嘴。若在橡皮塞上钻孔，则要选用比欲插入的玻璃管的外径稍大些的钻嘴。因为橡皮塞有弹性，孔道钻成后，会收缩使孔径变小。总之，塞子孔径的大小，以能使插入的玻璃管等紧密地贴合固定为标准。

软木塞在钻孔之前，需要压塞机压紧，防止在钻孔时塞子破裂。把塞子小的一端朝上，平放在桌面上的一块木板上，这块木板的作用是避免塞子被钻通后钻坏桌面。钻孔时，左手持紧塞子平稳放在木板上，右手握住钻孔器的柄，在预定好的位置垂直均匀地边向一个方向转动，边向下施加压力，注意不能摆动，更不能倾斜，否则钻得的孔道是偏斜的。等到钻至约塞子高度的一半时，拔出钻孔器，用铁杆通出钻孔器中的塞芯。拔出钻孔器的方法是将钻孔器边转动边往后拔。然后在塞子大的一端钻孔，要对准小的那端的孔位，照上述同样的操作钻孔，直至钻通为止。然后拔出钻孔器，通出钻孔器内的塞芯。

为了减少钻孔时的摩擦，特别是橡皮塞钻孔时，可在钻孔器钻嘴上搽些甘油或水。

钻孔后，要检查孔道是否合用。如果不费力就能插入玻璃管，说明孔道过大，玻璃管和塞子之间不够紧密贴合，会漏气，不能用。若孔道略小或不光滑，可用圆锉修整。

2.2.2　简单玻璃工操作

虽然使用标准磨口玻璃仪器可以非常方便地连接装配，但在许多情况下实验者仍然需要自己动手对玻璃进行简单加工。熔点管、薄层色谱的点样毛细管、减压蒸馏所用的毛细管、导入或导出气体所用的玻璃弯管以及滴管、搅拌棒等长度不指定的仪器，需根据需要自己动手制作，所以简单玻璃工操作是有机化学实验的基本操作之一。简单玻璃工操作主要指玻璃管和玻璃棒的切割、弯曲、拉伸和熔封等技术。

简单玻璃工操作
（操作演示）

2.2.2.1　清洗和切割

所加工的玻璃管或玻璃棒应清洁和干燥，加工后的玻璃管或玻璃棒视实验要求用自来水或蒸馏水清洗，即可满足一般要求。如洁净程度要求较高，或玻璃管内壁有污物，可用细长的毛刷蘸取洗衣粉刷洗后再用自来水冲洗干净。如玻璃管洁净程度要求特别高，比如拉制熔点管所用的玻璃管，则需先用洗液浸泡数日，再用自来水冲洗干净，然后用蒸馏水清洗、干燥，最后进行加工。

玻璃管（棒）的切割采用何种方法，主要取决于玻璃管（棒）的粗细。实验室中最常用的玻璃管（棒）直径 6～10mm，可用三角锉刀或小砂轮很方便地切割。切割时左手握住玻璃管（棒），拇指指甲端顶住欲切断处，将玻璃管（棒）平置于实验台。右手持三角锉（或小砂轮）在欲切断处沿与玻璃管（棒）垂直的方向朝一个方向锉一稍深的痕［如图 2.3（a）所示］。不可来回乱锉，否则会使断口不齐，也会使切割工具迅速变钝。然后将玻璃管（棒）拿起，双手水平握持，两手拇指在锉痕背面两侧向前缓缓推压，同时其余手指分握锉痕两侧向斜后方拉折［图 2.3（b）］。开始时用力宜小，然后缓缓加大力度直至断开［图 2.3（c）］。为了安全，可在锉痕两侧分别以布包衬，然后折断。

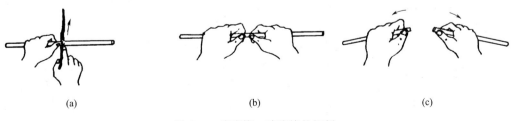

(a)　　　　　　　　　　　　　(b)　　　　　　　　　　　　　(c)

图 2.3　玻璃管、玻璃棒的切割

如果玻璃管（棒）较粗，或需要切断处靠近端部，不便握持，可将锉痕稍锉深些，再用另一根玻璃棒拉细的一端在煤气灯焰上加强热，软化后紧按在锉痕处，玻璃管（棒）即沿锉痕的方向裂开。若一次点压不能使之完全断开，可将玻璃棒端部重新烧熔，沿裂痕方向移动点压位置再次点压，直至完全断开。裂开的玻璃管（棒）边沿很锋利，必须在火中烧熔使之光滑（熔光），即将玻璃管（棒）呈45°角在氧化焰边缘处一边烧一边来回转动，直至平滑即可。注意不可烧得太久，否则管口会缩小。

2.2.2.2 玻璃管的弯曲

取一段玻璃管，两手平托玻璃管，将要弯曲的部位放在煤气灯火焰的外焰处，先来回转动烘烤，烘热后逐渐移动到火焰上对准弯曲位置加热，同时两手缓缓地同向同步同轴转动玻璃管使其受热均匀。当玻璃管软化后取离火焰，仍两手平托，由于重力作用，已软化的部位会自然向下弯曲，同时两手顺势微微向软化处用力，使之弯曲成所需角度。注意不要用力过大，否则在弯曲的地方玻璃管可能会纠结起来。如果玻璃管要求弯曲成较小的角度，则需要多次弯曲，且要求弯好的玻璃管应在同一平面内。当玻璃管已经变硬但尚未冷却时，将其放在弱火焰上微微加热，再缓缓移离火焰，放在石棉网上自然冷却。这种逐渐冷却方法称为退火，其目的是减少内部应力，避免冷却后断裂。

在弯制时可将玻璃管一端用橡皮乳头套上（将其拉丝后封闭），斜放在煤气灯火焰上加热至玻璃管发红变软后，取出将其弯成所需的角度，在弯曲的同时应在玻璃管开口处吹气，使玻璃管的弯曲部分保持原来粗细。否则弯曲后管径要相应地缩小一些。如果将玻管在弱火上烘，两手托住玻管两端，在火中来回摆动，玻管在两手轻微地向中心施力及本身重力的作用下，受热部分渐渐软化而弯曲下来。这样的弯管虽然不吹气，由于火弱而且受热面大，弯管的部分较原来玻管的直径虽要细些，但相应缩小不显著，可符合一般要求。

弯曲玻管时，总的要求是弯角平滑，无折皱，不扭曲，不明显变细，弯角与其两边在同一平面内。如果已经出现折皱或变细，可适当修理。修理的方法是将其一端塞住，将弯角烧软，从另一端轻轻吹气，使之稍稍鼓胀并变圆滑。

2.2.2.3 烧拉玻璃管

（1）毛细管的拉制

玻璃管加热软化后可拉伸成不同直径的毛细管，以适应不同的需要。取一支干净的细玻璃管（直径约1cm、壁厚1mm），放在酒精喷灯上加热，火焰由小到大，同时不断均匀地转动玻璃管，当玻璃管被烧黄软化时，立即离开火焰，两手水平地边拉边转动，开始拉时要慢一些，然后再较快地拉长，直到拉成直径约为1mm的毛细管［图2.4(a)］。把拉好的毛细管按所需长度的两倍截断，两端用小火封闭以免贮藏时有灰尘和湿气进入。封熔毛细管时，可将毛细管向上倾斜45°角，靠在火焰边缘上轻轻捻转加热［图2.4(f)］，当顶端出现红色弯月面时即已封牢，应立即离开火焰。不可烧得太久，也不可伸入火焰内部，否则会使

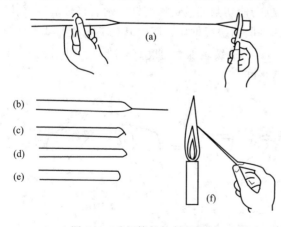

图2.4 毛细管的拉制和熔封

封底过厚或熔成大珠状，或弯曲变形。使用时，再从中间截断，即可作熔点管或沸点管的内管。若拉成直径为 0.1 mm 左右的毛细管，可用于制作薄层色谱点样管。也可用上法拉成内径 3～4 mm 的毛细管，截成长 7～8cm 的小段，一端用小火封闭，作为沸点管的外管。

如有不合格的毛细管，可将不合格的毛细管（或玻管、玻棒）在火焰中反复熔拉（拉长后再对叠在一起，造成空隙，保留空气）几十次后，再熔拉成 1～2mm 粗细。冷却后截成长约 1cm 的小段，装在小试管中，蒸馏时可作玻璃沸石用。

（2）滴管的拉制

选取粗细、长度均适当的干净玻璃管，两手持玻璃管的两端，将中间部位放入酒精喷灯火焰中加热，并不断地朝一个方向慢慢转动，使之受热均匀，当玻璃管烧至发黄变软时，立即离开火焰，沿水平方向慢慢地向两端拉开，待其粗细程度符合要求时停止拉伸，并立即拿住玻璃管一端将其竖直冷却。拉出的细管子应和原来的玻璃管在同一轴上，不能歪斜，否则需重新拉制（图2.5）。待冷却后，从拉细部分的中间切断，即得两支滴管。然后将每支粗的一端用喷灯烧软，在石棉网上垂直下压，将端头直径稍微变大，装上橡皮乳头即可使用。

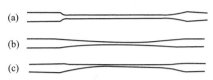

图 2.5　滴管的拉制
(a) 良好，粗部与细部基本同轴，较均匀且喇叭口较短；
(b) 不好，喇叭口太长，不均匀；
(c) 不好，粗部与细部不同轴

实验 1　简单玻璃切割和烧制

【实验步骤】

切割一根 15cm 玻璃棒；用玻璃管拉制熔点管和沸点管。

【思考题】

1. 截断玻璃管要注意哪些问题？怎样弯曲和拉细玻璃管？在火焰上加热玻璃管时怎样才能防止玻璃管被拉歪？

2. 弯曲和拉细玻璃管时软化玻璃管的温度有什么不同？为什么要不同呢？弯制好的玻璃管立即和冷的物件接触会产生什么不良后果？怎样才能避免？

2.3　回流

回流
（理论讲解）

将液体加热汽化，同时将蒸气冷凝液化并使之流回原来的容器中重新受热汽化，这样循环往复的汽化-液化过程称为回流。回流是有机化学实验中最基本的操作之一，大多数有机化学反应都是在回流条件下完成的。回流液本身可以是反应物，也可以为溶剂。当回流液为溶剂时，其作用在于将非均相反应变为均相反应，或为反应提供必要而恒定的温度，即回流液的沸点温度。此外，回流也应用于某些分离纯化操作中，如重结晶的溶样过程、连续的萃取、分馏及某些干燥过程等。

回流的基本装置如图2.6所示，由热源（热浴）、烧瓶和回流冷凝管组成。烧瓶可为圆底瓶、平底瓶、锥形瓶、梨形瓶或尖底瓶。烧瓶的大小应使装入的回流液体积不超过其容积的 2/3，也不少于 1/3。冷凝管可依据回流液的沸点由高到低分别选择空气、直形、球形、蛇形或双水内冷冷凝管。各种冷凝管所适用的温度范围尚无严格的规定，但由于在回流过程中蒸气的升腾方向与冷凝水的流向相同（即不符合"逆流"原则），所以冷却效果不如蒸馏时的冷却效果。为了确保将蒸气完全冷凝下来，就需要提供较大的内外温差，空气冷凝管一般适用于 160℃ 以上；直行冷凝管适用于 100～160℃；球形冷凝管适用于 50～160℃；蛇形冷凝管适用于 50～100℃；更低的温度则使用双水内冷冷凝管。其中球形冷凝管适用的范围最广，因此通常将球形冷凝管叫做回流冷凝管。除了冷凝管的种类外，冷凝管的长度、水温、水速也都是决定冷凝效果的重要因素，所以应根据具体情况灵活选择。

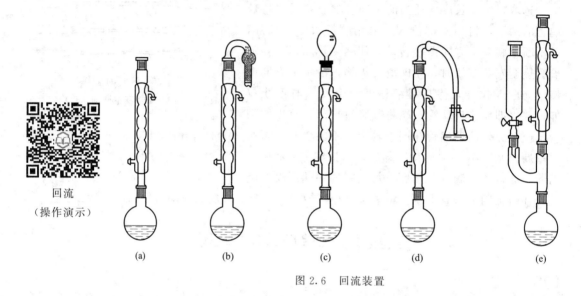

回流
（操作演示）

图 2.6　回流装置

常见的球形冷凝管有 4～9 个球，实验室中以 5 球和 6 球冷凝管最为常用，使用时应使蒸气气雾（即所谓"回流圈"）的高度不超过冷凝管长度的 1/3。

单纯的回流装置应用范围不大。大多数情况下回流装置都带有其他附加装置或与其他装置组合使用。

如果需要防止空气中的水汽进入反应系统，选用图 2.6(b) 可隔绝潮气的回流装置。在冷凝管的上口处安装干燥管，干燥管的另一端带毛细管的塞子塞住，既可保障反应系统与大气相通，又可减少空气与干燥剂的接触，磨口的干燥管一般带有弯管，可直接装在冷凝管口。

如果反应需要严格隔绝氧气或水汽等，可采用图 2.6(c)，在反应体系中充入惰性气体，先置换反应体系中的气体，再使用气球确保在保护气下回流。该装置既可实现外界气体不进入回流体系带来干扰，同时也有效避免了密闭体系因压力过大带来的隐患。

如果反应中生成水溶性的有害气体，选用图 2.6(d) 冷凝管口加装气体吸收装置的回流装置。

气体吸收装置常用于吸收反应过程中生成的有刺激性和水溶性的气体。如图 2.7(a) 和图 2.7(b) 可作少量气体的吸收装置。图 2.7(a) 中的玻璃漏斗应略微倾斜，使漏斗口一半在吸收液中，一半在吸收液面上。这样，既能防止气体逸出，亦可防止吸收液被倒吸至反应瓶中。若反应过程中有大量气体生成或气体逸出很快时，可使用图 2.7(c) 的装置，水自上端流入抽滤瓶中，在恒定的平面上溢出。粗玻璃管恰好伸入水面，被水封住，以防止气体逸出至大气中。

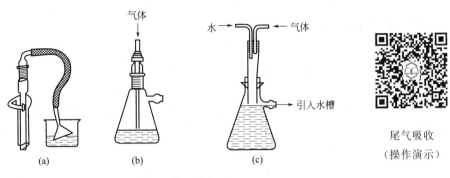

图 2.7　气体吸收装置

如果反应中有反应原料或溶剂需要缓慢或分批加入回流体系，就可选用图 2.6（e）装置。

如果回流的同时还需要搅拌，若用磁力搅拌则不需要改变回流装置；若用机械搅拌，则搅拌棒需安装在三口烧瓶的中口上，冷凝管只能倾斜地安装在侧口上。如果回流、机械搅拌、滴液、测温需同时进行，可使用四口烧瓶，或在三口烧瓶上加置 Y 形管，如图 2.8 所示。

回流操作的具体过程为：

① 加料　按图 2.6 所示，自下而上依次安装好回流装置。安装完毕后可用三角漏斗从冷凝管的上口或三口烧瓶侧口加入反应液，固体反应物应事先加入瓶中，投料后加入磁力搅拌子或 1～2 粒沸石，如有需要，装好温度计。

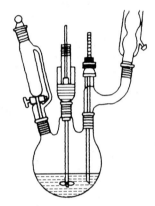

② 加热　加热前，先向冷凝管（下口）缓缓通入冷水，把上口流出的水引入水槽中。开始加热时应用小火，以免回流烧瓶因局部受热而破裂；慢慢加热增大火力使之沸腾，进行回流。液体沸腾后调节加热速度，控制气雾上升高度使其不超过冷凝管有效冷凝长度的 1/3。

图 2.8　复杂的回流装置

③ 停止回流　反应完成，结束回流。先移去热源（热浴），待冷凝管下端不再有冷凝液滴下时关闭冷却水，拆除装置，其程序与装配时相反。

值得注意的是，有机化学实验的玻璃仪器装置，常用铁夹将仪器依次固定于铁架上。铁夹的双钳应贴有橡胶、绒布等软性物质，或缠上石棉绳、布条等。若铁夹直接夹住玻璃仪器，则容易将仪器夹坏。用铁夹夹玻璃器皿时，先用左手手指将双钳夹紧，再拧紧铁夹螺丝，待夹钳手指感到螺丝触到双钳时，即可停止旋动，做到夹物不松不紧。安装仪器应先下后上，从左到右，做到严密、正确、整齐和稳妥。实验装置的轴线应与实验台的边缘平行，横看一个面，纵看一条线，不仅给人以美的享受，同时保证实验装置使用的安全性。

回流操作应注意如下事项：

① 加热前要检查各磨口连接处。各磨口对接时应同轴连接，严密、不漏气、不受侧向作用力。一般在磨口上不涂凡士林，以免其在受热时熔化流入反应瓶。如果确需涂凡士林或真空脂，应尽量少涂、涂匀并旋转至透明均一。

② 回流的液体应占回流瓶容积的 1/3～2/3。

③ 加热前要放入沸石。液体中的气泡在沸腾过程中起着汽化核的作用。当液体中几乎不存在空气且烧瓶内壁非常洁净和光滑时，形成气泡就非常困难，加热时，液体的温度可能上升到超过沸点很多还不沸腾，这种现象称为过热。过热液体是不稳定的，此时一旦有一个气泡形成，由于该液体在此温度下的蒸气压已大大超过大气压，因此上升的气泡迅速增加，甚至可能将液体冲出反应瓶，这种现象叫"暴沸"。为了消除加热过程的过热现象、保证沸腾的平稳状态，常加入沸石、素烧瓷片或玻璃沸石等。这些物质受热后能产生细小的气泡成为液体汽化中心，可以避免暴沸现象，所以把它们称作止暴剂。常用的止暴剂沸石具有结构多孔，含有大量气体，受热时气体溢出，可以起到汽化核的作用。如果加热开始后发现没有加入止暴剂或原有止暴剂失效，千万不能匆忙地投入止暴剂，否则可能会引起猛烈的暴沸，甚至将液体冲出瓶口，若是易燃的液体，极易引起火灾。这时应停止加热，待沸腾的液体冷却至沸点以下后再加入止暴剂。如果回流因故中途停止，而后来又需继续回流，须在加热前补添新的止暴剂，以免出现暴沸。

④ 注意安装、拆卸仪器的顺序。冷凝水和热源开关的顺序是，先通冷凝水再加热，先停止加热再关闭冷凝水。

⑤ 当回流与搅拌联用时不用加沸石。如无特别说明，一般应先开启搅拌，待搅拌转动平稳后再开启冷却水，然后开始加热。回流结束时，应先撤去热源，再停止搅拌，待不再有冷凝液滴下时关闭冷却水。

实验 2 回流制备乙酸正丁酯

【实验步骤】

在回流烧瓶中加入 2.5g 正丁醇和 20g 冰乙酸，然后滴加 4 滴浓硫酸，边加边摇，加入 2 粒沸石后按图 2.6(a) 搭好回流装置，加热回流 30min。回流结束后冷却溶液，用移液管吸取 1.00mL 溶液，用 0.5mol/L NaOH 溶液滴定，算出转化成乙酸正丁酯的酯化率。

【思考题】

1. 回流应控制在什么温度合适?
2. 如何有效防止暴沸现象?

第3部分　有机化合物的分离和提纯

3.1　重结晶

用适当的溶剂把含有杂质的有机物溶解，配制成接近溶剂沸点的浓溶液，趁热滤去不溶性杂质，然后冷却滤液析出结晶，过滤、洗涤收集晶体并进行干燥处理的联合操作过程叫做重结晶或再结晶。重结晶是纯化固体有机化合物最常用的方法之一。重结晶的一般步骤为：

重结晶（理论讲解）

① 选择合适的溶剂；

② 将待重结晶物质制成热的饱和溶液（若含有色杂质需加脱色剂活性炭脱色）；

③ 趁热过滤，除去不溶性杂质；

④ 冷却析出晶体；

⑤ 减压过滤（抽滤），除去母液；

⑥ 晶体的洗涤和干燥；

⑦ 测定熔点，如发现纯度不符合要求，可重复以上操作。

3.1.1　基本原理

固体有机物在任意溶剂中都有一定的溶解度，且绝大多数情况下随温度升高溶解度增大。将固体有机物溶解在热的溶剂中制成饱和溶液，冷却时由于溶解度降低，溶液变成过饱和而又重新析出晶体。重结晶法的原理简单地说，就是利用溶剂对被提纯物质和杂质的溶解度不同，使被提纯物质从过饱和溶液中析出，而溶解性好的杂质则全部或大部分留在溶液中，或让溶解性差的杂质在热过滤中滤除，从而达到分离提纯的目的。

设有固体样品 10g，内含被提纯物 A 9.5g 及杂质 B 0.5g，已知 A 室温下在选定的溶剂中的溶解度为 0.5g/100mL，而在接近沸腾的溶剂中的溶解度为 9.5g/100mL。在溶解-结晶过程中可能会遇到以下几种情况：

① 若杂质 B 在室温下的溶解度大于 A，例如为 1.5g/100mL。用 100mL 沸腾的溶剂即可将全部 10g 样品溶解，冷至室温后，有 0.5g A 仍留在母液中，其余 9g A 将成为晶体析出。滤出晶体并干燥后，A 的回收率为 94.7%。而 B 则全部留在母液中，所以得到 A 的纯度为 100%。

② 若 B 在室温下的溶解度小于 A，例如为 0.25g/100mL，同样用 100mL 的热溶剂溶解，冷至室温后也会有 9g A 析出，A 的回收率仍为 94.7%，但 B 却不能全部留在母液中，而是只有 0.25g 留在母液中，其余 0.25g B 也将和晶体 A 一同析出，所以得到 A 的纯度为 9/(9+0.25)=97.3%，并非纯品。为了得到 A 的纯品，就需将 B 全部留在母液中，则需使用 200mL 溶剂。这时，将会有 1g A 留在母液中，只能得到 A 8.5g，回收率为 89.5%，

显然不如第①种情况理想。

③ 若 B 在室温下的溶解度与 A 相同，都是 0.5g/100mL，则也只需 100mL 溶剂，其结果 A 的回收率与纯度皆与第①种情况相同。

④ 若 B 在室温下的溶解度仍与 A 相同，都是 0.5g/100mL，但所提供的样品中 B 的含量很高，例如 A 为 7g，B 为 3g，则为了将 3g B 全部留在母液中，就需使用 600mL 溶剂，最后结果 A 也将有 3g 留在母液中，只能得到 4g 纯 A，回收率仅为 57.1%。如果样品中 A、B 含量各半，则得不到纯 A。

由以上计算不难看出：①溶剂的溶解性能是十分关键的，对杂质溶解度大而对被提纯物在高温下溶解度大、在低温下溶解度小的溶剂是比较理想的；②在杂质含量很小的情况下，无论被提纯物与杂质谁的溶解度大，都可以得到较好的结果；反之，若杂质含量过大，要么得不到纯品，要么因损失过大而得不偿失。

3.1.2 溶剂选择

在进行重结晶时，选择理想溶剂是关键。在常规重结晶操作过程中，理想溶剂应具备以下特征：

① 不与被提纯物质发生化学反应。

② 对被提纯物质在高温时溶解度大，低温时溶解度小。

③ 对杂质溶解度很大，使杂质留在母液中，不随晶体一同析出；或对杂质溶解度极小，难溶于热溶剂中，使杂质在热过滤时除去。

④ 溶剂沸点不宜太高，应容易挥发、易与晶体分离。

⑤ 结晶的回收率高，能得出较好的晶体。

⑥ 价廉易得，无毒或毒性很小。

在几种溶剂同样都合适时，则应根据结晶的回收率、操作的难易、溶剂的毒性、易燃性和价格等综合选择。

当一种物质在一些溶剂中的溶解度太大，而在另一些溶剂中的溶解度又太小，又不能选择到一种合适的重结晶溶剂时，常可使用混合溶剂而得到满意的结果。所谓混合溶剂就是把对此物质溶解度很大的和溶解度很小的而又能互溶的两种溶剂（例如水和乙醇）混合起来，这样可获得新的具有良好溶解性能的溶剂体系。用混合溶剂重结晶时，可先将待纯化物质在接近良溶剂（溶解性良好的溶剂）的沸点时溶于良溶剂中。若有不溶物，趁热滤去；若有色，则用适量（如 1%～2%）活性炭煮沸脱色后趁热过滤。然后往此热溶液中小心地加入热的不良溶剂（物质在此溶剂中溶解度很小），直至所出现的浑浊不再消失为止，再加入少量良溶剂或稍热使恰好透明。然后将混合物冷却至室温，使结晶从溶液中析出。

有时也可将两种溶剂先行混合，如 1∶1 的乙醇和水，其操作过程与使用单一溶剂时相同。常用的混合溶剂有：乙醇-水；乙醚-甲醇；乙醇-丙酮；乙醚-丙酮；丙酮-水；乙醚-石油醚；吡啶-水；苯-石油醚。

从文献查出的溶解度数据或从被提纯物结构导出的关于溶解性能的推论都只能作为选择溶剂的参考，溶剂的最后选定还是要靠实验。选择溶剂的实验方法为：

取 0.1g 样品置于干净的小试管中，用滴管逐滴滴加某一溶剂，并不断振摇，当加入溶剂的量达 1mL 时，可在水浴上加热，观察溶解情况。若该物质（0.1g）在 1mL 冷的或温热的溶剂中很快全部溶解，说明溶解度太大，此溶剂不适用。如果该物质不溶于 1mL 沸腾的溶剂，则可逐步添加溶剂，每次约 0.5mL，加热至沸。若加溶剂量达 4mL 时，样品仍然不能全部溶解，说明溶剂对该物质的溶解度太小，必须寻找其他溶剂。若该物质能溶于 1mL 沸腾的溶剂中，冷却后观察结晶析出情况，若没有结晶析出，可用玻璃棒擦刮管壁或者辅以冰盐浴冷却，促使结晶析出。若晶体仍然不能析出，则此溶剂也不适用。如果有结晶析出，还要注意结晶析出量的多少，并要测定熔点，以确定结晶的纯度。用同法比较后，可以在多种溶剂中选择结晶收率好的溶剂来进行重结晶。

3.1.3　溶样

溶样亦称热溶或配制热溶液。溶样的装置因所用溶剂不同而不同。常规操作过程如下：

将样品置于圆底烧瓶或锥形瓶中，加入比需要量略少的溶剂，投入几粒沸石，搭建回流装置（见 2.3 节内容），开启冷凝水，开始加热并观察样品溶解情况。沸腾后用滴管自冷凝管顶端分次补加溶剂，直至样品全溶。此时若溶液澄清透明，无不溶性杂质，即可撤去热源，室温放置，使晶体析出；若有不溶性杂质，则补加适量溶剂，继续加热至沸腾后，进行热过滤处理；若溶液中含有有色杂质或树脂状物质，则需补加适量溶剂，并用活性炭脱色处理。

在以水为溶剂进行重结晶时，可以用烧杯溶样，隔石棉网加热。其他操作同前，只是需估计并补加因蒸发而损失的水。如果所用溶剂是水与有机溶剂的混合溶剂，则按照有机溶剂处理。

若溶剂的沸点高于样品的熔点，则一般不可加热至沸，而应使样品在其熔点温度以下溶解，否则会析出油状物。当以水为溶剂时，虽然样品的熔点高于 100℃，有时也会在溶样过程中出现油状物，这是由于样品与杂质形成了低共熔物。只需继续加水即可溶解，而且也不会在热过滤时出现油状物。所以对油状物应根据具体情况具体处理。

溶剂的用量应适当。如不需要热过滤，则溶剂的用量以恰能溶完为宜。如需要热过滤，则应使溶剂适当过量。过量的目的在于避免在热过滤过程中因溶液冷却、溶剂挥发、滤纸吸附等因素造成晶体在滤纸上或漏斗颈中析出。过量多少也应根据具体情况而定。如果样品在该溶剂中很容易析出，则应过量多一些，如果样品在该溶剂中析出甚慢，则只需稍微过量即可。当不知道晶体是否易于析出时，则一般过量 20% 左右。

在实际操作中究竟是样品尚未溶完，还是其中含有不溶性杂质往往难以判断。遇到难以判断的情况时可先将热溶液过滤，再收集滤渣加溶剂热溶，然后再次热过滤。将两份滤液分别放置冷却，观察后一份滤液中是否有晶体析出。如有，则说明原来溶样时溶剂用量不足或需要更长时间才能溶完；如不析出结晶，则说明样品中含有较多不溶性杂质。

3.1.4　脱色

向溶液中加入吸附剂并适当煮沸，使其吸附掉样品中杂质的过程叫脱色。当重结晶产品含有有色杂质时，可加入适量的活性炭脱色。活性炭脱色效果与溶剂的极性、杂质的多少有关。活性炭在水溶液及极性有机溶剂中脱色效果较好，而在非极性溶剂中效果不甚显著。使用活性炭脱色时要注意以下几点：①加活性炭以前，首先将待结晶化合物加热溶解在溶剂中，待溶液稍冷后再加入活性炭，活性炭不能直接加到沸腾的溶液中，否则会引起溶液暴沸，严重时甚至会有溶液冲出容器的危险；②加入活性炭的量，可以根据杂质的多少而定，一般为固体化合物质量的 1%～5%。加入量过多，活性炭会吸附一部分产品。

3.1.5 热过滤

热过滤即趁热过滤，以除去不溶性杂质、脱色剂及吸附于脱色剂上的其他杂质，应避免在过程中有结晶析出。热过滤的方法有两种，即常压过滤和减压过滤。

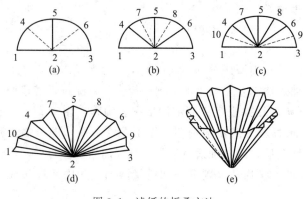

图 3.1 滤纸的折叠方法

（1）常压过滤

采用短颈（或无颈）三角漏斗以避免或减少晶体在漏斗颈中析出，影响过滤，同时采用折叠滤纸（亦称扇形滤纸）以加快过滤速度。

滤纸的折法如图 3.1 所示。取一张大小合适的圆形滤纸对折成半圆形，再对折成 90°的扇形，继续向内对折把半圆分成 8 等分，最后在 8 个等分的各小格中间向相反方向对折，即得 16 等分的折扇形排列。展开后如图 3.1(e) 所示，即为折叠滤纸。靠近滤纸中心处折纹密集，在折叠过程中不宜用力推压，以免磨损降低牢度，使滤纸在过滤时破裂。在使用之前应将折好的滤纸小心翻转，使折叠过程中被手指触摸弄脏的一面向内，以免其污染滤液。

热过滤的关键是要保证溶液在较高温度下通过滤纸。为此，在过滤前应把漏斗放在烘箱中预热，待过滤时才取出使用。

过滤时若操作合适，在滤纸上仅有少量结晶析出。若漏斗未预热或虽已预热，但操作过慢，往往有结晶在滤纸上析出造成损失，此时应小心地将滤纸和结晶一起放回原来的瓶中，加入适量的溶剂重新溶样，再进行热过滤。对于极易析出晶体的溶液，或当需要过滤的溶液量较多时最好使用保温漏斗过滤。

保温漏斗如图 3.2 所示，其中一种如图 3.2(a) 是一个用铜皮制作的双层漏斗。使用时在夹层中注入约 3/4 容积的水，安放在铁圈上，将玻璃三角漏斗连同扇形滤纸放入其中，在支管端部加热，至水沸腾后过滤。在热滤的过程中漏斗和滤纸始终保持在 100℃ 左右。另一种如图 3.2(b) 的外层是一个锥状的金属盘管，漏斗置于其中，管内通入水蒸气加热。如果需要更高温度，也可通入过热水蒸气。

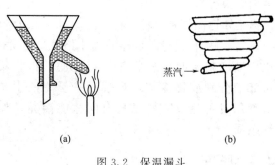

图 3.2 保温漏斗

（2）减压过滤（抽滤）

减压过滤也称抽滤、吸滤或真空过滤，其装置由布氏漏斗、抽滤瓶、安全瓶及抽气设备（水泵）组成（图 3.3）。减压过滤的最大优点是过滤速度快，结晶一般不易在漏斗中析出，操作亦较简便。其缺点是遇到沸点较低的溶液时在减压条件下易沸腾蒸发，可能从抽气管中抽走，导致溶液浓度改变，使结晶在滤瓶中析出。

抽滤所用滤纸应略小于布氏漏斗的底面，但以能完全遮盖滤孔为宜。布氏漏斗在使用之前应在烘箱中预热（预热时应将橡胶塞取下），如果以水为溶剂，也可将布氏漏斗置于沸水中预热。为了防止活性炭等固体从滤纸边缘吸入抽滤瓶中，在溶液倾入漏斗前必须使滤纸在漏斗底面上贴紧。当溶剂为水或其他极性溶剂时，只要以同种溶剂将滤纸润湿，适当抽气，即可使滤纸贴紧。但在使用非极性溶剂时滤纸往往不易贴紧。在这种情况下可先加入少量乙醇（有时也可用水）将滤纸润湿，抽气贴紧后再

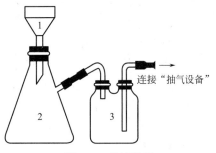

图 3.3　抽滤装置
1—布氏漏斗；2—抽滤瓶；3—安全瓶

用溶样的溶剂洗去滤纸上的乙醇，然后倒入溶液抽滤。在抽滤过程中应保持漏斗中有较多的溶液，只有当全部溶液倒完后才可抽干，否则吸附有树脂状杂质的活性炭会在滤纸上结成紧密的饼块阻碍液体透过滤纸。同时压力亦不可抽得过低，以防溶剂沸腾被抽走，或将滤纸抽破使活性炭透滤。如果由于操作不当活性炭透滤进入滤液，则最后得到的晶体会呈灰色，这时需要重新溶样，重新进行热过滤。

3.1.6　冷却结晶

将热滤液冷却，使溶质溶解度减小，溶质即可部分析出。不要将热滤液置于冷水中迅速冷却或在冷却下剧烈搅拌，因为这样形成的结晶颗粒很小，表面积大，吸附在表面上的杂质和母液较多。但也不要结晶过大（超过 2mm 以上），这样往往有母液或杂质包藏在结晶中，给干燥带来困难，同时也使产品纯度降低。将经过严格处理后得到的较纯过滤液静置，慢慢冷却，才会得到纯净晶体。在过滤、洗涤晶体过程中可将较大的晶体压碎，将其中包含的母液洗涤抽滤除净。

杂质的存在将影响化合物晶核和结晶体的生长。部分化合物溶液虽已达到饱和状态，但仍不易析出结晶，而是呈油状物存在。为了促进化合物结晶体的析出，通常采取以下措施，帮助其形成晶核，利于结晶生长。

① 用玻璃棒摩擦锥形瓶内壁，以形成粗糙面或玻璃小点作为晶核，使溶质分子呈定向排列形成结晶，促使晶体析出。

② 加入少量的晶种促使晶体析出，这种操作称为"种晶"或"接种"。实验室若没有，可以自己制备，其方法为：取数滴过饱和溶液于一试管中旋转，使该溶液在容器壁表面呈一薄膜，然后将此容器放入冷冻液中，形成少量结晶作为"晶种"。也可以取一滴过饱和溶液于表面皿上，溶剂蒸发而得到晶种。

③ 冷冻过饱和溶液。温度越低，越易结晶。但过度冷却，往往也会使液体黏度增大，给分子间定向排列造成困难。此时，适当加入少量溶剂再冷冻，可得到晶体。

④ 在过饱和溶液中，加入难溶解该物质的少量溶剂后，用玻璃棒摩擦容器内壁或放入研钵中长时间研磨，令其固化。

3.1.7　收集晶体及干燥

（1）收集晶体
要把结晶从母液中分离出来，一般采用布氏漏斗或砂芯漏斗进行抽滤。

减压抽滤
（操作演示）

抽滤前，用少量溶剂润湿滤纸、吸紧，将容器内的晶体连同母液倒入布氏漏斗中，用少量的滤液洗出沾附在容器壁上的结晶。用不锈钢铲或玻璃塞把结晶压紧，使母液尽量抽尽，然后打开安全瓶上的活塞（或拔掉抽滤瓶上的橡皮管），关闭水泵。

为了除去晶体表面的母液，可用少量的新鲜溶剂洗涤。洗涤时应拔掉抽滤瓶上的橡皮管，解除真空，再加入溶剂洗涤，用刮刀或玻璃棒将晶体小心地挑松（注意不要将滤纸弄破或松动），以便全部晶体浸润，然后再抽干。一般洗涤 1～2 次即可。如果所用溶剂沸点较高，挥发性太小，不易干燥，则可选用合适的低沸点溶剂将原来的溶剂洗去，以利于干燥。

将抽滤后的溶液适当浓缩后冷却，还可再得到一部分晶体，但纯度相对较低，一般不可与先前所得的晶体合并，必须做进一步的纯化处理后才可作为纯品使用。

（2）晶体干燥

抽滤收集的产品必须充分干燥，以除去吸附在晶体表面的少量溶剂。应根据所用溶剂及晶体的性质来选择干燥的方法。不吸潮的产品，可放在表面皿上，盖上一层滤纸在室温下放置数天，让溶剂自然挥发（即晾干），也可用红外灯烘干。对那些数量较大或易吸潮、易分解的产品，可放在真空恒温干燥箱中干燥。如要干燥少量的标准样品，或送分析测试样品，最好用真空干燥箱在适当温度下减压干燥 2～4h。干燥后的样品应立即储存在干燥器中。

实验 3　精制苯甲酸

【实验步骤】

工业级别的苯甲酸 2g，利用重结晶技术以水为溶剂进行精制。

【思考题】

1. 加热溶解待重结晶的粗产品时，为什么加入溶剂的量要比计算量略少？然后逐渐添加到恰好溶解，最后再加入少量的溶剂，为什么？

2. 用活性炭脱色为什么要待固体物质完全溶解后才能加入？为什么不能在溶液沸腾时加入活性炭？

3. 使用有机溶剂重结晶时，哪些操作容易着火？

4. 使用布氏漏斗过滤时，当滤纸大于布氏漏斗底面时，有什么不好？

5. 停止抽滤时，如不先打开安全活塞就关闭水泵，会有什么现象产生，为什么？

6. 在布氏漏斗上用溶剂洗涤滤饼时应注意什么？

3.2　升华

升华
（理论讲解）

升华是纯化固态物质的方法之一，但由于它要求被提纯物在其熔点温度下具有较高的蒸气压（高于 2.67kPa），故仅适用于一部分固体物质的纯化。利用升华的方法可除去不挥发性杂质，或分离不同挥发度的固体混合物。升华提纯的优点是不用溶剂，且得到的产物纯度较高，但操作时间长，产品损失也较大，在实验室中只用于较少量（1～2g）物质的纯化。通俗地讲，升华是指固态物质不经过液态直接转变为气态的过程。严格地讲，升华是指固态物质在其蒸气压等于外界压力的条件下不经液态直接转变为气态的过程。当外界压力为 10^5 Pa 时称为常压升华，低于此数值时称为减压升华或真空升华。

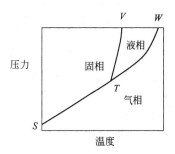

图 3.4　物质三相平衡图

为了了解和控制升华的条件，就必须研究固、液、气三相平衡。如图 3.4 所示，图中 ST 表示固相与气相平衡时固体的蒸气压曲线，TW 是液相与气相平衡时液体的蒸气压曲线，两曲线在 T 处相交，此点即为三相点。在此点，固、液、气三相可同时存在，TV 曲线表示固、液两相平衡时的温度和压力。它指出了压力对熔点的影响并不太大。这一曲线和其他两曲线在 T 处相交。

一个物质的正常熔点是固、液两相在大气压下平衡时的温度。在三相点时的压力是固、液、气三相的平衡气压，所以三相点时的温度和正常的熔点有些差别。然而，这种差别非常小，通常只有几分之一摄氏度。在一定压力范围内，TV 曲线偏离垂直方向很小。

在饱和蒸气压下，当温度低于三相点温度时，物质只有固、气两相。若降低温度，蒸气就不经过液态而直接变成固态；若升高温度，固态也不经过液态而直接形成蒸气。因此一般的升华操作皆应在低于三相点温度以下进行。若物质在低于三相点温度时的蒸气压很高，就可以较容易地从固态直接变为蒸气。此时该物质的蒸气压随温度降低而下降非常显著，稍降低温度即能由蒸气直接转变成固态，具有上述特性的物质可容易地在常压下用升华方法来提纯。

3.2.1　常压升华

最简单的常压升华装置如图 3.5 所示。在蒸发皿中放置粗产物，上面覆盖一张刺有许多小孔的滤纸（最好在蒸发皿的边缘上先放置大小合适的用石棉纸做成的窄圈，用于支持此滤纸）。然后将大小合适的玻璃漏斗倒盖在上面，漏斗的颈部塞有玻璃毛或脱脂棉花团，以减少蒸气逃逸。在石棉网上渐渐加热（最好能用沙浴或其他热浴），小心调节加热速度，控制温度低于被升华物质的熔点，使其慢慢升华。蒸气通过滤纸小孔上升，冷却后凝结在滤纸上或漏斗壁上。必要时外壁可用湿布冷却。

常压升华
（操作演示）

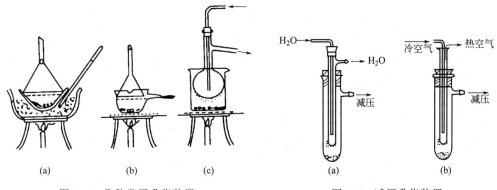

图 3.5　几种常压升华装置　　　　图 3.6　减压升华装置

3.2.2 减压升华

减压升华装置如图 3.6 所示，将固体物质放在吸滤管中，然后将装有"冷凝指"的橡皮塞紧密塞住管口，利用水泵或油泵减压，接通冷凝水介质（水或气体），将吸滤管浸在水浴或油浴中加热，使之升华。

3.3 萃取

使溶质从一种溶剂转移到与原溶剂不相溶的另一种溶剂中，或将固体混合物中的某种或某几种成分转移到溶剂中的过程称为萃取，也称提取。萃取是利用化合物在两种互不相溶（或微溶）的溶剂中溶解度或分配系数

液液萃取
（理论讲解）

的不同，使化合物从一种溶剂内转移到另外一种溶剂中。经过反复多次分步萃取，可将绝大部分的化合物提取出来。萃取是有机化学实验室中富集或纯化有机物的重要方法之一。以从固体或液体混合物中获得某种物质为目的的萃取常称为抽提，而以除去物质中的少量杂质为目的的萃取常称为洗涤。被萃取的物质可以是固体、液体或气体。依据被提取对象的状态不同而有液-液萃取和固-液萃取之分，依据萃取所采用的方法不同而有分次萃取和连续萃取之分。

3.3.1 液-液分次萃取

实验室中液-液分次萃取的仪器是分液漏斗（见图 3.7）。

图 3.7（a）为球形分液漏斗，（b）为长梨形分液漏斗。漏斗越长，摇振之后分层所需的时间也越长。当两液体密度相近时，采用球形分液漏斗

液液分次萃取
（操作演示）

较为合宜。但球形分液漏斗在分液时液面中心会下陷呈旋涡状，且两液层的界面中心也会下陷，因而不易将两液层完全分开，故当界面下降至接近活塞时，放出液体的速率必须非常缓慢。长梨形分液漏斗由于锥角较小，一般无此缺点。萃取时选用的分液漏斗的容积应为被萃取液体体积的 2～3 倍，仔细检查其下部活塞是否配套，摇振时是否漏气或渗液。检查完毕后在玻璃活塞处小心涂上真空脂或凡士林，向一个方向旋转至透明。分液漏斗顶部的塞子不涂凡士林，只要配套不漏气即可。也可选用配套聚四氟乙烯活塞的分液漏斗。活塞和塞子都不涂凡士林，可直接使用。将分液漏斗架在铁圈上，关闭下部活塞，加入被萃取溶液，再加入萃取剂（不特指时，一般为被萃取溶液体积的 1/3 左右），总体积不得超过分液漏斗容积的 3/4。塞上顶部塞子（较大的分液漏斗塞子上有通气侧槽、漏斗颈部有侧孔，应稍加旋动，使通气槽与侧孔错开），取下分液漏斗，用右手手掌心顶紧漏斗上部的塞子，手指弯曲抓紧漏斗颈部（若漏斗很小，也可抓紧漏斗的肩部）。以左手托住漏斗下部将漏斗放平，使漏斗尾部靠近活塞处枕在左手虎口上，并以左手拇指、食指和中指控制漏斗的活塞，使其可随需要转动，如图 3.8 所示。然后将左手抬高使漏斗尾部向上倾斜 45°并指向无人的方向，小心旋开活塞放气一次。关闭活塞轻轻振摇后再放气一次，并重复操作。当使用低沸点溶剂，或用碳酸氢钠溶液萃取酸性溶液时，漏斗内部会产生很大的气压，及时放出这些气体尤其重要。否则，因漏斗内部压力过大，会使溶液从玻璃塞边缘渗出，甚至可能冲掉塞子，造成产品损失或打掉塞子，特别严重时会造成事故。每次放气之后，要注意关好活塞，再重复振摇。振摇的目的是增加互不相溶的两相间的接触面积，使其在短时间内达到

分配平衡，提高萃取效率。因此振摇应该剧烈（对于易汽化的溶剂，开始振摇时可以稍缓和些）。振摇结束时，打开活塞做最后一次"放气"，将漏斗放回铁圈上。旋转顶部塞子，使出气槽对准小孔，静置分层。分层后，若有机物在下层，打开活塞将其放入干燥的锥形瓶中（应少放出半滴），而上层水液则应从漏斗的上口倒出；如果有机层在上层，打开活塞缓慢放出水层（可多放出半滴），从上口将有机溶液倒入干燥的锥形瓶中。如果下层放得太快，漏斗壁上附着的一层液膜将来不及随下层分出，所以应在下层将要放完时，关闭活塞静置几分钟，然后再重新打开活塞分液，特别是最后一次萃取更应如此。萃取结束后，将所有的有机溶液合并，加入适当的干燥剂干燥，滤除干燥剂后回收溶剂。萃取所得到的有机化合物可根据其性质利用其他方法进一步纯化。

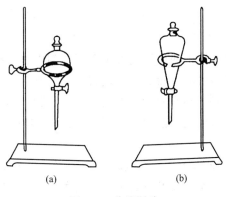

(a)　　　　　　　　(b)

图 3.7　分液漏斗

图 3.8　分液漏斗的握持方法

　　一般情况下，液层分离时密度大的溶剂在下层，有关溶剂密度的知识可用来鉴定液层。但也有例外，因为溶质的性质及浓度可能使两种溶剂的相对密度颠倒过来，所以要特别留心。为保险起见，最好将两液层都保留，直至对每一液层确认无误为止。否则可能误将所需要的液层弃去，造成损失。

　　如果遇到两液层分辨不清且已知其中一层为水层时，可用简便方法检定：在任一层中取少量液体加入水中，若不分层说明取液的一层为水层，否则为有机层。

　　在萃取操作中，有时会遇到水层与有机层难以分层的现象（特别是当萃取液呈碱性时常常出现"乳化"现象，难以分层）。此时，应认真分析原因，采取相应的措施：

　　当萃取溶剂与水层的密度较接近时，可能发生难以分层的现象。在这种情况下，只要加入一些溶于水的无机盐，增大水层的密度，即可迅速分层。此外，用无机盐（通常用氯化钠）使水溶液饱和后，能显著降低有机物在水中的溶解度，明显提高萃取效果。这就是所谓的"盐析作用"。

若因萃取溶剂与水部分互溶而产生乳化，只要静置时间较长一些就可以分层。

若被萃取液中存在少量轻质固体，在萃取时常聚集在两相交界面处使分层不明显，只要将混合物抽滤后重新分液，问题就解决了。

若因萃取液呈碱性而产生乳化，加入少量稀硫酸，并轻轻振摇常能使乳浊液分层。

若被萃取液中含有表面活性剂而造成乳化时，只要条件允许，即可用改变溶液 pH 值的方法来使之分层。

此外，还可根据不同情况，采用加入醇类化合物改变其表面张力、加热破坏乳化等方法处理。

3.3.2　液-液连续萃取

当有机化合物在被萃取液体中的溶解度大于在萃取剂中的溶解度时，必须用大量溶剂并经过多次萃取才能达到萃取的目的。然而，处理大量溶剂既费时又费事也不经济，而使用较少溶剂分多次萃取也相当麻烦。因此必须采用连续萃取的方法，使较少的溶剂边萃取边蒸发、再生并重复循环地使用。在进行液-液连续萃取时需根据萃取剂与被萃取液的密度大小选用不同的萃取器。

图 3.9 为重溶剂萃取器。它适宜于用密度较大的溶剂从密度较小的溶液中萃取有机物，如用氯仿萃取水溶液中的有机物。萃取时加热支管下部的圆底烧瓶，蒸气沿上支管升腾进入冷凝管，冷凝的液滴在下落途中穿过轻质溶液并对之萃取，然后落入底部萃取剂层中。萃取剂的液面升至一定高度后，即从下支管流回圆底烧瓶中，继续蒸发萃取。若萃取剂密度小于溶液密度时，萃取剂就不能自上而下穿过溶液层，这时宜采用图 3.10 所示的轻溶剂萃取器。它是让从冷凝管中滴下的轻质萃取剂进入内管，内管液面高于外管液面，靠这段液柱的压力将轻质萃取剂压入底部，并从内管下部逸出进入外管，轻质萃取剂即可自下而上地穿过较重的溶液层并对其萃取。当萃取剂液面升至支管口时，即从支管流入圆底烧瓶，在圆底烧瓶中受热蒸发重新进入冷凝管。

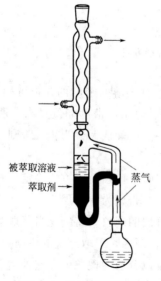

图 3.9　重溶剂萃取器

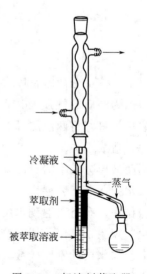

图 3.10　轻溶剂萃取器

3.3.3　固-液分次萃取

　　即用溶剂分多次将固体物质中的某个或某几个成分萃取出来。可直接将固体物质加于溶剂中浸泡一段时间，然后滤出固体再用新鲜溶剂浸泡，如此重复操作直到基本萃取完全后合并所得溶液，蒸馏回收溶剂，再用其他方法分离纯化。这种方法的萃取阶段很像民间"泡药酒"的方法，由于需用溶剂量大，费时长，萃取效率不高，实验室中很少使用。热溶剂分次萃取效率较高，可采用回流装置 [见图 2.6(a)]，将被萃取固体放在圆底烧瓶中，加入萃取剂，加热回流一段时间，用倾泻法或过滤法分出溶液，再加入新鲜溶剂进行下一次的萃取。

固体物质的萃取
（理论讲解）

3.3.4　固-液连续萃取

　　在实验室里，从固体物质中萃取所需要的成分，通常是在如图 3.11 所示的索氏提取器（也叫脂肪提取器）中进行的。它利用溶剂回流及虹吸原理，使固体物质每次都被纯溶剂所浸润、萃取，因而效率较高。萃取前先将固体物质研细，装进一端用线扎好的滤纸筒里，轻轻压紧，再盖上一层直径略小于纸筒的滤纸片，以防止固体粉末漏出堵塞虹吸管。滤纸筒上口向内叠成凹形，滤纸筒的直径应略小于萃取器的内径，以便于取放。筒中所装的固体物质的高度应低于虹吸管的最高点，使萃取剂能充分浸润被萃取物质。

固液连续萃取
（操作演示）

　　将装好了被萃取固体的滤纸筒放进萃取器中，萃取器的下端与盛有溶剂的圆底（或平底）烧瓶相连，上端接回流冷凝管。加热烧瓶使溶剂沸腾，蒸气沿侧管上升进入冷凝管，被冷凝下来的溶剂不断地滴入滤纸筒的凹形位置。当萃取器内溶剂的液面超过虹吸管的最高点时，因虹吸作用萃取液自动流入圆底烧瓶中并再度被蒸发。如此循环往复，待萃取的成分就会不断地被萃取出来，并在圆底烧瓶中浓缩和富集，然后用其他方法分离纯化。

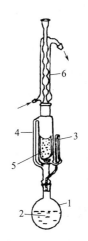

图 3.11　索氏提取器

1—烧瓶；2—萃取溶剂；3—虹吸管；
4—侧管；5—被萃取物；6—冷凝管

3.3.5　化学萃取

　　化学萃取是利用萃取剂与被萃取物发生化学反应而达到分离目的。化学萃取常用的萃取剂为 5%～10% 的氢氧化钠、碳酸钠、碳酸氢钠水溶液或稀盐酸、稀硫酸及浓硫酸等。碱性萃取剂可以从有机相中移出有机酸，或从有机化合物中除去酸性杂质（使酸性杂质形成钠盐而溶于水中）。稀盐酸及稀硫酸可以从混合物中萃取出有机碱或除去碱性杂质。浓硫酸可以从饱和烃中除去不饱和烃或从卤代烷中除去醇、醚等杂质。化学萃取的操作方法与液-液分次萃取相同。

实验 4 萃取洗涤法纯化苯甲酸

【实验步骤】

称取 1g 苯甲酸（内含有少量其他有机杂质），加入 20mL 乙醚溶解。将该溶液用 10mL 5％的 NaOH 溶液萃取。分离后，乙醚层再用 10mL 5％的 NaOH 溶液萃取，分离。最后，乙醚层用 10mL 的水萃取。将乙醚蒸馏回收（详见 3.4.1 节常压蒸馏操作）。合并两次的 NaOH 溶液层和水层，并向其中滴加浓盐酸，直到出现大量白色沉淀后继续滴加盐酸调至 pH≤2，抽滤，用少量冷水洗涤，烘干，称重。

【思考题】

1. 影响萃取效率的因素有哪些？如何选择萃取剂？

2. 使用分液漏斗的目的何在？使用分液漏斗时要注意哪些事项？

3. 两种不相溶的液体同在分液漏斗中，下一层液体从哪里放出来？留在分液漏斗中的上层液体，应从哪里倾入另一容器？

3.4 蒸馏

将液体物质加热沸腾变成蒸气，再将蒸气冷凝为液体，这两个过程的联合操作称为蒸馏。蒸馏是分离和提纯液态有机化合物常用的方法之一，是重要的、必须熟练掌握的基本操作。利用蒸馏可以将沸点相差大（30℃以上）的液体混合物分开。纯液体有机化合物在蒸馏过程中沸点范围很小（0.5～1℃），而混合物的沸程较大。所以，利用蒸馏可以测定沸点，判断化合物的纯度，定性鉴定化合物。

蒸馏操作技术是有机实验中常用的实验技术，一般用于以下几个方面：

① 分离液体混合物，仅在混合物中各组分沸点有较大差别时才能达到理想分离效果；

② 测定化合物的沸点；

③ 提纯，除去不挥发的杂质；

④ 回收溶剂，或蒸发出部分溶剂以浓缩溶液。

3.4.1 常压蒸馏

常压蒸馏即在一个大气压下进行的蒸馏，适用于低沸点有机溶剂提取液的浓缩回收。纯液体有机化合物在一定压力下具有固定的沸点。不同物质具有不同的沸点，蒸馏操作就是利用不同物质沸点的差异对液体混合物进行分离和提纯。当液体受热时，其蒸气压随温度的升高而增大，待蒸气压大到与大气压相等时，液体沸腾，此时的温度称为该液体的沸点。但在

常压蒸馏
（理论讲解）

蒸馏沸点比较接近的混合物时，各物质的蒸气将同时蒸出，只不过低沸点的多一些，所以难以达到分离和提纯的目的，这就要采取分馏操作（参见 3.5 节分馏）对液态混合物进行分离和提纯。

实验室常用的常压蒸馏装置主要由液体汽化装置、冷凝装置和接收装置三部分组成。如图 3.12(a) 所示，由蒸馏烧瓶、蒸馏头、温度计、直形冷凝管、接引管、接收瓶等组装而成。为了清除在蒸馏过程中的过热现象和保证沸腾的平稳状态，常在蒸馏烧瓶中加入沸石，或其他止暴剂。蒸馏前应根据待测液体的体积，选择合适的蒸馏瓶。通常被蒸馏的液体占蒸馏瓶容积的 1/3～2/3，否则沸腾时液体容易冲出。液体在烧瓶内受热汽化，蒸气经蒸馏头支管进入冷凝管。冷凝管下端侧管为进水口，用橡皮管接自来水龙头；上端的出水口套上橡皮管导入水槽中。上端的出水口应向上，才可保证套管内充满冷凝水，保证冷凝效果，蒸气在冷凝管中冷凝为液体。冷却水冷凝一般应用于沸点低于 140℃ 的液体；沸点高于 140℃ 的液体蒸馏改用空气冷凝管。冷凝的液体通过接引管后用锥形瓶或圆底烧瓶接收，接引管支口应与外界大气相通（如接引管没有支口，所用接收瓶与接引管不能完全密封，需留与大气相通的空隙）。

蒸馏易挥发的低沸点液体时，需将接引管的支管连上橡胶管，通向水槽或室外。支管口接上干燥管，可用作防潮的蒸馏。图 3.12(b) 为蒸馏较大量溶剂的装置，由于液体可自滴液漏斗中不断加入，可调节滴入与蒸出的速度，实现连续化蒸馏大量溶剂。

常压蒸馏按以下步骤分步进行：

① 加料　按图 3.12(a) 所示，装好仪器。取下温度计和温度计套管，然后将待蒸馏的液体通过放在蒸馏头上的长颈玻璃漏斗慢慢加入瓶中，加入 1～2 颗沸石，再装好温度计。温度计水银球上沿恰好与蒸馏头支管下沿在同一水平线上，如图 3.13 所示。

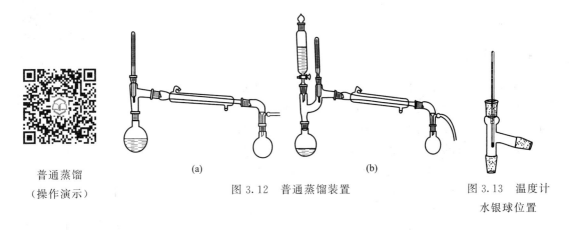

普通蒸馏
（操作演示）

(a)　　　　　　　　　　　(b)

图 3.12　普通蒸馏装置

图 3.13　温度计水银球位置

② 加热　加热前，先向冷凝管缓缓通入冷水，把上口流出的水引入水槽中。开始加热时应缓慢，以免蒸馏烧瓶因局部受热过强而破裂；慢慢升温使之沸腾，进行蒸馏。然后调节加热强度，使蒸馏速度以每秒 1～2 滴馏出液自接引管滴下为宜。注意温度计读数，记下第一滴馏出液流出时的温度。当温度计读数稳定后，换另一个接收瓶收集所需温度范围的馏出液。注意，即使杂质很少，也不能蒸干，需残留 0.5～1mL 液体，否则可能发生事故。

③ 停止蒸馏　如果维持原加热强度，不再有馏出液蒸出，温度计显示温度突然下降时，应停止蒸馏，即先停止加热，待馏出液不再流出时，停止通冷凝水。再拆卸仪器，其程序与装配时相反。

在蒸馏操作过程中，必须注意如下几个要点：

① 加热前要检查仪器是否连接严密、正确，以防意外事故发生。

② 被蒸馏的液体应占蒸馏瓶容积的 1/3～2/3。

③ 加热前要放入沸石。如忘记加沸石，则应立即停止加热，待蒸馏液冷却后补加沸石，重新开始蒸馏。使用搅拌子搅拌也可以防止暴沸，搅拌子与沸石二选一即可。

④ 根据待蒸馏液体的沸点，选择合适的冷凝管并控制冷凝水的流速。

⑤ 蒸馏沸点较低的液体时，千万不能用明火，可用水浴加热。

⑥ 注意安装、拆卸仪器的顺序。

实验 5　蒸馏操作练习

【实验步骤】

在 50mL 圆底烧瓶中加入 30mL 工业乙醇，利用常压蒸馏进行提纯。

【思考题】

1. 从安全和效果两方面考虑，在进行常压蒸馏时应注意哪些操作？

2. 加入沸石为什么能防止暴沸？如果加热后才发现没有加沸石，应该怎样处理？

3. 向冷凝管通水是自下而上，反过来效果会怎样？

4. 为什么蒸馏时不能将液体蒸干？

5. 如果液体有恒定的沸点，能否认为它是单一物质？

6. 温度计水银球的位置在蒸馏头支管处以上或以下对测定馏出液沸点有何影响？

减压蒸馏
（理论讲解）

3.4.2　减压蒸馏

减压蒸馏也是分离和提纯有机化合物的常用方法之一。它特别适用于那些在常压蒸馏时未达沸点即已受热分解、氧化或聚合的物质。液体的沸点是指它的蒸气压等于外界压力时的温度，因此液体的沸点是随外界压力的变化而变化的。如果借助于真空泵降低系统内压力，就可以降低液体的沸点，这便是减压蒸馏操作的理论依据。液体有机化合物的沸点随外界压力的降低而降低，温度与蒸气压的关系见图 3.14。

所以设法降低外界压力，便可以降低液体的沸点。沸点与压力的关系可近似地用下式求出：

$$\lg p = A + \frac{B}{T}$$

式中，p 为蒸气压；T 为沸点（热力学温度）；A、B 为常数。如以 $\lg p$ 为纵坐标，$1/T$ 为横坐标，可以近似地得到一直线。

另外，通过图 3.15 可近似得出减压下液体的沸点。可以利用测压计（常用的为水银压力表）读出减压蒸馏体系的压力，在图 3.15 的 C 坐标上标出相应点（单位 mmHg）。通过文献查出该物质在常压下沸点，同样在

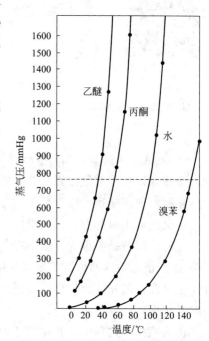

图 3.14　温度与蒸气压关系图
（1mmHg＝133.322Pa）

B 坐标中标出相应点。两点做直线延长至 A 轴上，即可读出在该压力下物质的沸点。也可以通过减压沸点和压力读出物质常压下沸点，而推测该物质为何种物质。

　　减压蒸馏装置主要由蒸馏、抽气（减压）、测压和安全保护四部分组成。对于抽气部分而言，实验室通常用水泵或油泵进行减压。测压计的作用是指示减压蒸馏系统内的压力，通常采用水银测压计。图 3.16(a) 和（b）是实验室常用的减压蒸馏装置。

　　蒸馏部分由圆底烧瓶、克氏蒸馏头、毛细管、温度计、冷凝管及接收器等组成。克氏 (Claisen) 蒸馏头 1，又称减压蒸馏头，有两个颈，其目的是避免瓶内液体沸腾时由于暴沸或泡沫的产生而直接冲入冷凝管中。其一颈中插入温度计；另一颈插入一毛细管 3，毛细管距瓶底约 1～2mm。毛细管上端连有一段带螺

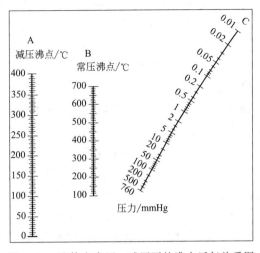

图 3.15　液体在常压、减压下的沸点近似关系图
（1mmHg＝133.322Pa）

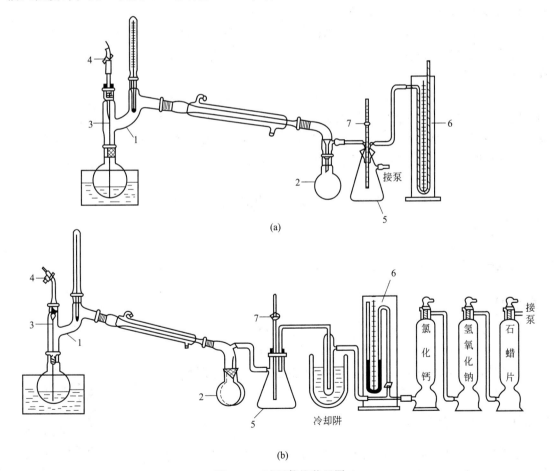

(a)

(b)

图 3.16　减压蒸馏装置图

1—克氏蒸馏头；2—接收器；3—毛细管；4—螺旋夹；5—安全瓶；6—压力计；7—活塞

旋夹 4 的乳胶管。螺旋夹用于调节进入空气的量，使极少量的空气进入液体，呈微小气泡冒出，代替沸石作为液体沸腾的汽化中心，防止暴沸，使蒸馏平稳进行。接收器 2 可采用蒸馏烧瓶，但不可用平底烧瓶或锥形瓶。

安全保护装置是吸收对真空泵有损害的各种气体或蒸气，借以保护减压设备。其中吸收装置一般由硅胶（或无水氯化钙）干燥塔（吸收经冷却阱后还未除净的残留水蒸气）、氢氧化钠吸收塔（吸收酸性气体）、石蜡片干燥塔（吸收烃类气体）等组成。若蒸气中含有碱性蒸气或有机溶剂蒸气的话，则须增加碱性蒸气吸收塔和有机溶剂蒸气吸收塔等。

进行减压蒸馏操作需按下列具体步骤分步进行：

① 自下而上、自左而右，按照图 3.16(a) 搭好减压蒸馏装置，先检查系统是否漏气。方法是：旋紧毛细管上端橡皮管的螺旋夹 4，减压至压力稳定后，封闭减压装置与蒸馏系统间的开关，观察压力计 6 水银柱有否变化，无变化说明不漏气，有变化即表示漏气。为使系统密闭性好，磨口仪器的所有接口部分都必须用真空油脂润涂好。

② 检查仪器不漏气后，加入待蒸的液体，量不要超过蒸馏瓶的一半。关好安全瓶 5 上的活塞 7（见图 3.16），开动油泵，调节毛细管导入的空气量（通过螺旋夹 4 来控制，为了避免夹紧，可在毛细管上端的橡皮管中插入一根细铜丝），以能冒出一连串小气泡为宜。当压力稳定后，开始加热。液体沸腾后，应注意控制温度，并观察沸点变化情况。待沸点稳定时，转动多尾接液管接收馏分，蒸馏速率以每秒 0.5～1 滴为宜。

③ 蒸馏完毕，除去热源，待蒸馏瓶稍冷后，先慢慢开启安全瓶上的活塞 7，平衡内外压力（若开得太快，水银柱很快上升，有冲破测压计的可能），再旋开夹在毛细管上橡皮管的螺旋夹 4，然后才关闭抽气泵。

④ 减压蒸馏过程中如需停止（如调换毛细管、接收瓶等），与蒸馏完毕时的操作一样，即关闭热源，先开启安全瓶上的活塞，平衡内外压力，再旋开夹在毛细管上的橡皮管的螺旋夹，之后关闭抽气泵（如果活塞开启顺序颠倒或空气从其他位置进入装置中而控制毛细管的螺旋夹却仍旧关闭着，液体就可能倒灌入毛细管中）。

实验 6　减压蒸馏操作练习

【实验步骤】

用减压蒸馏的方法蒸馏乙二醇 10mL。

【思考题】

1. 具有什么性质的化合物需用减压蒸馏进行提纯？
2. 使用水泵减压蒸馏时，应采取什么预防措施？
3. 使用油泵减压时，要有哪些吸收和保护装置？其作用是什么？
4. 应如何停止减压蒸馏？为什么？

3.4.3　水蒸气蒸馏

水蒸气蒸馏是将水蒸气通入不溶于水的有机物中并使有机物与水经过共沸而蒸出的操作过程。水蒸气蒸馏是分离和纯化与水不相混溶的挥发性有机物的方法。适用范围包括：

水蒸气蒸馏
（理论讲解）

① 从大量树脂状杂质或无挥发性杂质中分离有机物；

② 除去无挥发性的有机杂质；

③ 从固体多的反应混合物中分离被吸附的液体产物；

④ 蒸馏沸点很高且在接近或达到沸点温度时易分解、变色的挥发性液体或固体有机物。

同时，被提纯物必须具备下列条件，才能使用水蒸气蒸馏方法进行提纯：

① 不溶或难溶于水；

② 在共沸下与水不发生反应；

③ 在 100℃ 左右时，必须有一定的蒸气压。

对于那些与水共沸腾时会发生化学反应的或在 100℃ 左右时蒸气压小于 1.3kPa 的物质，这一方法不适用。

根据道尔顿分压定律：当水与不相混溶的有机物混合共热时，其总蒸气压为各组分分压之和。即：

$$p = p_{H_2O} + p_A$$

式中，p_A 为蒸馏物质的蒸气压。当总蒸气压（p）与大气压力相等时，则液体沸腾，这时的温度称为该混合物的沸点。有机物可在比其沸点低得多且低于 100℃ 的温度下随水蒸气一起蒸馏出来，这就是水蒸气蒸馏操作的原理。

水蒸气蒸馏馏出液组分可通过上述原理计算得到：假定两组分是理想气体，则根据气体方程式，蒸出的混合蒸气中气体分压之比 $p_A : p_B$ 等于它们的物质的量之比（$n_A : n_B$），即：

$$p_A / p_B = n_A / n_B$$

物质的量 n 可由质量 m 除以分子量 M 计算得到。将 $n_A = \dfrac{m_A}{M_A}$ 和 $n_B = \dfrac{m_B}{M_B}$ 代入上式得：

$$m_A / m_B = \frac{p_A M_A}{p_B M_B}$$

即蒸出的混合物的质量之比与它们的蒸气压和分子量成正比。

以苯甲醛为例，苯甲醛（b.p. 178℃），进行水蒸气蒸馏时，在 97.9℃ 沸腾。

这时 $p_水 = 703.5\text{mmHg}$（$1\text{mmHg} = 133.322\text{Pa}$），$p_{苯甲醛} = 760 - 703.5 = 56.5\text{mmHg}$，$M_{苯甲醛} = 106\text{g/mol}$，$M_水 = 18\text{g/mol}$，代入上式得：

$$\frac{m_{苯甲醛}}{m_水} = \frac{106 \times 56.5}{18 \times 703.5} = 0.473(\text{g})$$

即每蒸出 0.473g 苯甲醛，需蒸出水的量为 1g。这个数值为理论值，因为实验时有相当一部分水蒸气来不及与被蒸馏物做充分接触便离开蒸馏瓶，同时苯甲醛微溶于水，所以实验蒸馏出的水量往往超过计算值，故计算值仅为近似值。

在实验室中常用的水蒸气蒸馏装置，包括水蒸气发生器、蒸馏部分、冷凝部分和接收器四个部分。常用水蒸气蒸馏的简单装置如图 3.17 所示。1 是水蒸气发生器，通常盛水量不超过容积的 3/4。如果太满，沸腾时水将冲至烧瓶。安全玻璃管 2 插到发生器的底部。当容器内气压大时，水可沿着玻璃管上升，以调节内压。如果系统发生阻塞，水便会从管的上口喷出。还有一种实验室常用的金属制水蒸气发生器［图 3.17(b)］，在其侧面有一侧管，从侧管可观察到水蒸气发生器内的水位。水蒸气发生器与圆底烧瓶间应装上一 T 形管。在 T

形管下端连一个弹簧夹 6，以便及时除去冷凝下来的水滴，同时，以保障发生操作失误时及时降低系统压力。

蒸馏部分一般用 500mL 的长颈圆底烧瓶 3。为防止瓶中液体因跳溅而冲入冷凝管内，圆底烧瓶的位置如图 3.17 所示倾斜 45°，且瓶内的液体不超过其容积的 1/3。蒸气导入管 4 的末端应弯曲，使之垂直地正对瓶底中央并伸入到接近瓶底位置。馏出液通过接引管进入接收瓶 9 中。

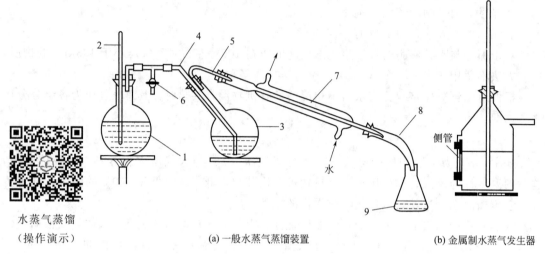

水蒸气蒸馏
（操作演示）

(a) 一般水蒸气蒸馏装置

(b) 金属制水蒸气发生器

图 3.17　水蒸气蒸馏装置

1—水蒸气发生器；2—安全玻璃管；3—长颈圆底烧瓶；4—蒸气导入管；
5—蒸气导出管；6—弹簧夹；7—冷凝器；8—接引管；9—接收瓶

在蒸馏过程中，如果发现安全玻璃管 2 中的水位上升很快，则表示整个装置发生了阻塞，应立刻打开弹簧夹 6，然后移开热源。待故障排除后再继续进行水蒸气蒸馏。

水蒸气蒸馏操作的具体步骤如下：

① 把要蒸馏的物质倒入长颈圆底烧瓶中，其量不宜超过烧瓶容量的 1/3。操作前，整个装置应经过检查，必须严密不漏气。

② 开始蒸馏时，先把 T 形管上的弹簧夹 6 打开，将水蒸气发生器里的水加热到沸腾。当有水蒸气从 T 形管的支管冲出时，夹紧弹簧夹 6，让水蒸气均匀地通入烧瓶中，这时可以看到瓶中的混合物翻腾不息，不久在冷凝管中就出现有机物质和水的混合物。注意控制电炉加热速率，应使瓶内的混合物不致飞溅得太厉害，并控制馏出速率约为每秒 2～3 滴。为了使水蒸气不致在烧瓶内过多地冷凝，在蒸馏时通常也可用小火对烧瓶加热。

③ 在操作时，要随时注意安全管中的水柱是否发生不正常的上升现象，以及烧瓶中的液体是否发生倒吸现象。一旦发生这种现象，应立刻打开弹簧夹 6，移去热源，找出发生故障的原因，排除故障后方可继续蒸馏。

④ 当馏出液澄清透明不再含有有机物质的油滴时（用盛有少量水的烧杯或表面皿检测，馏出液滴入水中无油珠或油花产生），一般可停止蒸馏。这时应首先打开弹簧夹 6，然后移去热源。

实验 7　水蒸气蒸馏操作练习

【实验步骤】

用水蒸气蒸馏的方法蒸馏苯甲醛 5mL。

【思考题】

1. 水蒸气蒸馏用于分离和纯化有机物时，被提纯物质应该具备什么条件？水蒸气发生器的通常盛水量为多少？

2. 安全玻璃管的作用是什么？

3. 蒸馏瓶所装液体体积应为瓶容积的多少？蒸馏中需停止蒸馏或蒸馏完毕后的操作步骤是什么？

3.5　分馏

蒸馏和分馏都是分离和提纯液体有机化合物的重要方法。蒸馏和分馏的基本原理是一样的，都是利用有机物质的沸点不同。在蒸馏过程中低沸点的组分先蒸出，高沸点的组分后蒸出，从而达到分离提纯的目的。不同的是，分馏借助于分馏柱使一系列的蒸馏不需多次重复，一次得以完成（分馏即多次蒸馏）。应用范围也不同：蒸馏时混合液体中各组分的沸点要相差 30℃ 以上，才可以进行分离，而要彻底分离沸点要相差 110℃ 以上；分馏可使沸点相近的互溶液体混合物（甚至沸点仅相差 1～2℃）得到分离和纯化。工业上使用的精馏塔就相当于分馏柱的作用。

应用分馏柱将几种沸点相近的混合物进行分离的方法称为分馏。将几种具有不同沸点而又可以完全互溶的液体混合物加热，当其总蒸气压等于外界压力时，就开始沸腾汽化，蒸气中易挥发液体的成分较在原混合液中为多。在分馏柱内，当上升的蒸气与下降的冷凝液互相接触时，上升的蒸气部分冷凝放出热量使下降的冷凝液部分汽化，两者之间发生了热量交换，其结果是上升蒸气中易挥发组分增加，而下降的冷凝液中高沸点组分（难挥发组分）增加，如此继续多次，就等于进行了多次的汽液平衡，即达到了多次蒸馏的效果。靠近分馏柱顶部易挥发物质的组分比率高，而在烧瓶里高沸点组分（难挥发组分）的比率高。这样只要分馏柱足够高，就可将沸点不同的物质完全彻底分开。

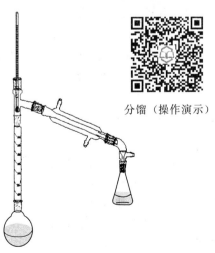

分馏（操作演示）

分馏操作步骤如下：

① 加料　慢慢将蒸馏液体倒入蒸馏瓶中。为防止液体暴沸，加入 2～3 粒沸石。（如果加热中断，再加热时，须重新加入沸石），然后，自下而上、从左到右按照图 3.18 搭好分馏装置，注意温度计水银球的上端与蒸馏头支管的下沿平齐。

② 加热　在加热前，应检查仪器装配是否正确，

图 3.18　简易分馏装置

原料、沸石是否加好，冷凝水是否通入，一切无误后方可加热。调节电压，使温度计水银球上始终保持有液滴存在，此时温度计读数就是蒸出液体的沸点。蒸馏速率以每 1～2 秒 1 滴为宜。分馏不能过快。应控制好恒定的蒸馏速率，要有相当量的液体沿柱流回烧瓶中，即要选择合适的回流比，使上升的气流和下降液体充分进行热交换，使易挥发组分尽量上升，难挥发组分尽量下降，达到更好的分馏效果。分馏过程中，必须尽量减少分馏柱的热量损失和波动。柱的外围可用石棉绳包住，这样可以减少柱内热量的散发，减少了风和室温的影响，也减少了热量的损失和波动，使加热均匀，分馏操作平稳地进行。

③ 馏分收集　收集馏分时，沸程越小馏出物越纯，当温度超过沸程时，应停止接收。注意接收容器应预先干燥、称重。

④ 停止蒸馏　维持加热至不再有馏出液蒸出，温度突然下降时，应先停止加热，后停止通水，拆卸仪器与装配时顺序相反。

实验 8　分馏操作练习

【实验步骤】

对 10mL 乙醇和 5mL 水的混合物用分馏的方法进行简单分离。

在 25mL 圆底烧瓶内放置 10mL 乙醇、5mL 水及 1～2 粒沸石，按简单分馏装置安装仪器。开始时缓缓加热，当冷凝管中有蒸馏液流出时，迅速记录温度计所示的温度。控制加热速率，使馏出液以每 1～2 秒 1 滴的速度蒸出。收集馏出液，注意记录柱顶温度及接收器的馏出液总体积。继续蒸馏，记录馏出液的温度及体积。将不同馏分分别量出体积，以馏出液体积为横坐标，温度为纵坐标，绘制分馏曲线。当大部分乙醇蒸出后，温度迅速上升，达到水的沸点，注意更换接收瓶。停止分馏。

【思考题】

1. 分馏和蒸馏在原理及装置上有哪些异同？如果是两种沸点很接近的液体组成的混合物能否用分馏来提纯呢？

2. 若加热太快，馏出液速度大于每 1～2 秒 1 滴（每秒的滴数超过要求量），用分馏分离两种液体的能力会显著下降，为什么？

3. 用分馏柱提纯液体时，为什么分馏柱必须保持回流液？

4. 在分离两种沸点相近的液体时，为什么装有填料的分馏柱比不装填料的效率高？

5. 什么叫共沸物？为什么不能用分馏法分离共沸混合物？

3.6　干燥

干燥是有机化学实验室中最常用的重要操作之一，其目的在于除去化合物中存在的少量水分或其他溶剂。如要对有机物进行波谱分析、定性或定量分析以及物理常数测定时，往往要求预先干燥，否则测定的结果不准确。液体有机物在蒸馏前也要干燥，否则前馏分较多，产物损失较大，沸点测定也不准。此外，有些有机反应需要在绝对无水条件下进行。不仅所用溶剂、原料和仪器等均要绝对干燥，而且反应装置中也要使用干燥管以

干燥
（理论讲解）

防止潮气进入容器。可见，干燥是有机实验中极其重要的操作。

干燥从原理上分可分为物理方法和化学方法两大类。

（1）物理方法

物理方法中有烘干、晾干、吸附、分馏、共沸蒸馏等。此外，还常用离子交换树脂和分子筛等方法来进行干燥。离子交换树脂是一种不溶于水、酸、碱和有机溶剂的高分子聚合物。分子筛是多孔硅铝酸盐的晶体。它们都能很好地吸附水分，加热解吸除水活化后可重复使用。

（2）化学方法

化学方法是采用干燥剂来除水。根据除水原理又可分为两类：

① 能与水可逆结合，生成结晶水合物，例如氯化钙、硫酸钠、硫酸镁和硫酸钙等物质。

② 与水发生不可逆的化学反应，生成新的化合物，例如金属钠、五氧化二磷。

3.6.1　液体的干燥

（1）干燥剂的种类选择

液体的干燥
（操作演示）

选择干燥剂主要考虑所用干燥剂不能溶解于被干燥液体，不能与被干燥液体发生化学反应，也不能催化被干燥液体自身发生反应。如碱性干燥剂不能用来干燥酸性液体；酸性干燥剂不可用来干燥碱性液体；强碱性干燥剂不可用于干燥醛、酮、酯、酰胺类物质，以免催化这些物质的缩合或水解；氯化钙不宜用于干燥醇类、胺类及某些酯类，以免与之形成配合物。

（2）干燥剂的吸水容量和干燥效能

干燥剂的吸水容量是指单位质量干燥剂所吸水的量。干燥效能是指达到平衡时液体被干燥的程度。对于形成水合物的无机盐干燥剂，常用吸水后结晶水的蒸气压来表示其干燥效能。例如，硫酸钠形成 10 个结晶水的水合物，其吸水容量达 1.25。氯化钙最多能形成 6 个结晶水的水合物，其吸水容量为 0.97。两者在 25℃ 时水蒸气分压分别为 0.26kPa 及 0.04kPa。因此，硫酸钠的吸水量较大，但干燥效能弱；而氯化钙的吸水量较小，但干燥效能强。所以在干燥含水量较多而又不易干燥的（含亲水性基团）化合物时，常先用吸水量较大的干燥剂，除去大部分水分，然后再用干燥性能强的干燥剂干燥。

（3）干燥剂的用量

干燥剂的用量主要决定于被干燥液体的含水量和干燥剂的吸水量及需要干燥的程度。根据水在液体中的溶解度和干燥剂的吸水量，可算出干燥剂的最低用量。但是，干燥剂的实际用量要大大超过计算量，一般每 10mL 样品约需 0.5～1.0g 干燥剂。但由于液体产品中水分含量不同，干燥剂质量不同，颗粒大小不同，不能一概而论。实际操作中，一般是分批加入干燥剂，通过现场观察判断干燥的效果。

① 观察被干燥液体。不溶于水的有机溶液在含水时常处于浑浊状态，加入适当的干燥剂进行干燥，当干燥剂吸水后，浑浊液会呈清澈透明状。这时即表明干燥合格。否则，应补加适量干燥剂继续干燥。

② 观察干燥剂。有些有机溶剂溶于水，因此含水的溶液也呈清澈透明状（如乙醚），这种情况下要判断干燥剂用量是否合适，则应看干燥剂的状态。加入干燥剂后，若其吸水后会沾在器壁上，摇动容器也不易旋转，表明干燥剂用量不够，应适量补加。直到新的干燥剂不结块、不沾壁，且棱角分明，摇动时旋转并悬浮（尤其是 $MgSO_4$ 等小结晶粒干燥剂），表

示所加干燥剂用量已足够。

由于干燥剂还能吸收一部分有机液体，影响产品收率，故干燥剂用量要适中。应先加入少量干燥剂后静置一段时间，观察用量不足时再补加。

（4）干燥时的温度

对于生成水合物的干燥剂，加热虽可加快干燥速度，但远远不如水合物放出水的速度快，因此，干燥通常在室温下进行。

（5）操作步骤与要点

① 首先要把被干燥液中的水分尽可能除净，不应有任何可见的水层或悬浮水珠。因为干燥剂只适用于干燥少量水分。若水的含量大，则干燥效果不好。比如萃取分液时应尽量将水层分净，这样干燥效果好，且产物损失小。

② 把待干燥的液体放入干燥的锥形瓶中，取颗粒大小合适的干燥剂放入液体中，用塞子盖住瓶口，轻轻振摇，室温下放置 0.5h，观察干燥剂的吸水情况。若块状干燥剂的棱角基本完好；或细粒状的干燥剂无明显粘连；或粉末状的干燥剂无结团、附壁现象，同时被干燥液体已由浑浊变得清亮，则说明干燥剂用量已足，继续放置一段时间即可过滤。若块状干燥剂棱角消失而变得浑圆，或细粒状、粉末状干燥剂粘连、结块、附壁，则说明干燥剂用量不够，需再加入新鲜干燥剂。如果干燥剂已变成糊状或部分变成糊状，则说明液体中水分过多，一般需将其过滤，然后重新加入新的干燥剂进行干燥。若过滤后的滤液中出现分层，则需用分液漏斗将水层分出，或用滴管将水层吸出后再进行干燥，直至被干燥液体均一透明，而所加入的干燥剂形态基本上没有变化为止。

③ 把干燥好的液体滤入适当的干燥容器中密封保存或者过滤后进行蒸馏。干燥剂与水的反应为不可逆反应时，蒸馏前可不必滤除。

④ 有些溶剂的干燥不必加干燥剂，而借其与水可形成共沸混合物的特点，直接进行蒸馏把水除去，如苯、甲苯和四氯化碳等。工业上制备无水乙醇，就是利用乙醇、水和苯三者形成共沸物的特点，在 95% 的乙醇中加入适量的苯进行共沸蒸馏。前馏分为三元共沸混合物（b.p.64.9℃）；当把水蒸完后，即为乙醇和苯的二元共沸混合物（b.p.69.3℃），无苯后，沸点升高即为无水乙醇。但该乙醇中含有微量苯，不宜作为光谱分析的溶剂。

（6）常用干燥剂的种类

常用的干燥剂见表 3.1。

表 3.1 常用的干燥剂

有机物类型	适用的干燥剂	有机物类型	适用的干燥剂
醇	$MgSO_4$,K_2CO_3,Na_2SO_4,$CaSO_4$,CaO	有机酸	$MgSO_4$,Na_2SO_4,$CaSO_4$
醛	$MgSO_4$,Na_2SO_4,$CaSO_4$	酯	Na_2SO_4,$MgSO_4$
酮	$MgSO_4$,Na_2SO_4,K_2CO_3,$CaSO_4$	酚	Na_2SO_4,$MgSO_4$
卤代烃、卤代芳烃	$CaCl_2$,Na_2SO_4,$CaSO_4$,P_2O_5	烷烃、芳香烃、醚	$CaCl_2$,$CaSO_4$,P_2O_5,Na
有机碱（胺类）	NaOH,KOH,K_2CO_3,CaO		

3.6.2 固体有机化合物的干燥

固体有机化合物的干燥主要是指除去残留在固体中的少量低沸点有机溶剂。

（1）干燥方法

① 自然干燥：适用于在空气中稳定、不分解、不吸潮的固体的干燥。干燥时，把待干燥的物质放在干燥洁净的表面皿或其他敞口容器中，薄薄摊开，任其在空气中通风晾干。这是最简便、最经济的干燥方法。

② 加热干燥：适用于熔点较高且遇热不分解的固体。把待烘干的固体，放在表面皿或蒸发皿中，用恒温烘箱或红外灯烘干。注意加热温度必须低于固体有机物的熔点。

③ 干燥器干燥：凡易吸潮分解或升华的物质，最好放在干燥器内干燥。干燥器内常用的干燥剂见表 3.2。

（2）干燥器的类型

① 普通干燥器：因其干燥效率不高且所需时间较长，一般用于保存吸潮的药品。

② 真空干燥器：它的干燥效率比普通干燥器好。使用时，注意真空度不宜过高。一般以水泵抽至盖子推不动即可。启盖前，必须首先缓缓放入空气，然后启盖，防止气流冲散样品。

③ 真空恒温干燥器：干燥效率高，特别适用于除去结晶水或结晶醇。但此法仅适用于少量样品的干燥。

表 3.2　干燥器内常用的干燥剂

干燥剂	吸去的溶剂或其他杂质	干燥剂	吸去的溶剂或其他杂质
CaO	水、醋酸、氯化氢	P_2O_5	水、醇
$CaCl_2$	水、醇	石蜡片	醇、醚、石油醚、苯、甲苯、氯仿、四氯化碳
NaOH	水、醋酸、氯化氢、酚、醇	硅胶	水
H_2SO_4	水、醋酸、醇		

3.6.3　气体的干燥

气体的干燥主要用吸附法，常用的为吸附剂吸水干燥和干燥剂吸水干燥。

（1）用吸附剂吸水

吸附剂是指对水有较大亲和力，但不与水形成化合物，且加热后可重新活化的物质，如氧化铝、硅胶等。前者吸水量可达其质量的 $15\%\sim20\%$；后者可达其质量的 $20\%\sim30\%$。

（2）用干燥剂吸水

装干燥剂的仪器一般有干燥管、干燥塔、U 形管及各种形式的洗气瓶。前三者装固体干燥剂，洗气瓶装液体干燥剂。根据待干燥气体的性质、潮湿程度、反应条件及干燥剂的用量可选择不同仪器。一般气体干燥时所用的干燥剂见表 3.3。

表 3.3　干燥气体时所用的干燥剂

干　燥　剂	可干燥的气体
CaO、NaOH、KOH、碱石灰	NH_3 类
无水 $CaCl_2$	H_2、HCl、CO_2、SO_2、N_2、O_2、低级烷烃、醚、烯烃、卤代烃
P_2O_5	H_2、O_2、CO_2、SO_2、N_2、烷烃、乙烯
浓 H_2SO_4	H_2、N_2、CO_2、Cl_2、HCl、烷烃
$CaBr_2$、$ZnBr_2$	HBr

（3）气体干燥注意事项

为使干燥效果更好，应注意以下几点：

① 用无水氯化钙、生石灰干燥气体时，均应用颗粒状，勿用粉末状，以防吸潮后结块堵塞。

② 用气体洗气瓶时，应注意进、出管口，不能接错。并调好气体流速，不宜过快。

③ 干燥完毕，应立即关闭各通路，以防吸潮。

3.7 溶剂纯化

有机化学实验离不开溶剂，溶剂不仅可以作为反应介质，在产物的纯化和后处理中也经常使用。市售的有机溶剂有工业纯、化学纯和分析纯等各种规格，纯度越高，成本越高。在有机合成中，常常根据反应的特点和要求，选用适当规格的溶剂，以便使反应能够顺利进行而又符合经济节约的原则。在有机反应中某些反应（如 Grignard 反应等），对于溶剂纯度要求较高，微量杂质甚至水和氧气都会严重影响反应的正常进行。甚至在有些实验中，用不同品牌甚至同一品牌不同批次的试剂，做出的实验结果却完全不同。

有机合成中使用溶剂的量较大，若仅依靠购买市售纯品，不仅价格较高，有时也不一定能满足反应要求。为了确保特定有机合成反应的顺利进行，需要实验者对试剂进行进一步的纯化处理。常用的溶剂处理方法是蒸馏。如果反应要求仅仅是无水，可在冷凝管上加干燥管，油封或充氮气球即可；如果需要达到无水无氧的条件，溶剂还需要脱氧处理，即在氮气等惰性气体氛围下进行蒸馏。

纯试剂常有足够的纯度，有时可以不用蒸馏直接使用。为保证充分的干燥度，避免存放过程中吸水，可在储存时向其中加入活性分子筛。欲使溶剂脱氧，可利用超声排除溶剂中的氧气，同时使用注射器或玻璃管向其中鼓入氮气约 5min。绝大部分溶剂的纯化，只要在惰性气氛下将其从干燥剂中蒸馏出来，就能够达到足够的纯度。下面列举常见的几类溶剂的纯化方法，其他常见试剂处理可参考附录 5。

① 烷烃，如己烷、戊烷等。首先用浓硫酸洗涤几次以除去烯烃，水洗，$CaCl_2$ 干燥，必要时用钠丝或 P_2O_5 干燥，蒸馏。存放于带塞的试剂瓶中备用。

② 芳香烃类，如苯、甲苯、二甲苯等。$CaCl_2$ 干燥，必要时用钠丝或 P_2O_5 干燥，蒸馏。存放于带塞的试剂瓶中备用。

③ 氯代烷烃类，如二氯甲烷、氯仿、四氯化碳、二氯乙烷等。水洗除去醇等，$CaCl_2$ 干燥，在 P_2O_5 或 CaH_2 中回流蒸出。氯代烃绝对不能用钠丝干燥，否则会发生爆炸。长期储藏应放于密闭瓶中，并保存于黑暗中。

④ 醚类及呋喃类，如乙醚、四氢呋喃等。许多醚类在与空气接触时会慢慢生成不易挥发且结构不明的过氧化物，过氧化物在加热下极易分解而爆炸。因此储存过久的醚类和呋喃类化合物在使用前，尤其是在蒸馏前应当检验是否有过氧化物存在。检验方法：将 2% 碘化钾-淀粉溶液和醚液混合，并加入几滴盐酸；或者先后滴入硫酸亚铁和硫氰化钾溶液测试，没有颜色变化，则没有过氧化物。若存在过氧化物，则加入 5% $FeSO_4$ 或偏亚硫酸氢钠溶液于醚中并摇动，使过氧化物分解。再分去水溶液，并用 $CaCl_2$ 预干燥，在钠丝或 $LiAlH_4$ 中回流蒸出。储存于密闭的瓶中，并保存于阴凉、黑暗中。

⑤ 酰胺类，如二甲基甲酰胺、二甲基乙酰胺等。加入 CaH_2 回流，减压蒸出，否则其

容易分解。加入新活化的分子筛储藏于瓶中，并注明日期。

⑥ 二甲基亚砜。加入 CaH_2 搅拌过夜，然后减压分馏。加入新活化的分子筛储存于小瓶中，并注明日期。

⑦ 吡啶。可以用 KOH、NaOH、CaO 或钠干燥，然后蒸出。加入新活化的分子筛密闭保存，并注明日期。

⑧ 乙醇。主要杂质为杂醇油、醛、醇、酮和水。可用的纯化方法为加镁屑和碘回流，或与 CaO 一同回流并蒸出，加入新活化的分子筛储藏于小瓶中。

溶剂纯化是利用物理或化学反应除去市售溶剂中的少量杂质，但溶剂也是具有特定结构的化学物质，有其相应的反应禁忌，所以处理溶剂前一定要查好资料，并在做好安全防范的前提下科学妥善地处理。同时处理后尽快使用，因为长时间储存，外界环境也会使得溶剂的纯度再次下降。

实验 9　乙醇的纯化

【产品介绍】

乙醇（Ethanol，CAS 号：64-17-5），分子式为 CH_3CH_2OH，分子量为 46.07。室温下为无色液体，闪点 12℃，熔点 -114.1℃，沸点 78.3℃，折射率（n_D^{20}）1.3614，相对密度（水＝1）0.79，相对密度（空气＝1）1.59。能与水混溶，可混溶于醚、氯仿、甘油等多数有机溶剂。易燃易爆。主要用于制酒工业、有机合成、消毒剂，常作溶剂使用。

【实验步骤】

（1）无水乙醇（99.5%）的纯化制备

在 500mL 圆底烧瓶中[1]，放置 100mL 95% 乙醇和 25g 生石灰，用木塞塞紧瓶口，放置过夜[2]。实验时，拔去木塞，装上回流冷凝管，其上端接一无水氯化钙干燥管，在水浴上加热回流 2～3h。稍冷后取下冷凝管，改成蒸馏装置[3]，装上温度计。蒸去前馏分后，用干燥的蒸馏瓶作接收器，接引管支管接一氯化钙干燥管，使与大气相通。用水浴加热，蒸馏至几乎无液滴流出为止[4]，馏出液即为 99.5% 乙醇。

【注释】

[1] 本实验所用仪器均需干燥，且在操作和存放过程中必须防止水分侵入。

[2] 若不放置过夜，可适当延长回流时间。

[3] 一般情况下，用干燥剂干燥有机溶剂后，在蒸馏有机溶剂之前应先滤去干燥剂。但本实验中，氧化钙与乙醇中的水反应生成氢氧化钙，因其在加热时不发生分解，故可留在瓶中一起蒸馏。

[4] 取一支干燥小试管，里面放一小粒高锰酸钾（或少量无水硫酸铜粉末），迅速滴入几滴蒸馏出的无水乙醇，塞住试管口，观察乙醇是否变为紫红色（或变为蓝色）。如果无颜色变化，说明乙醇含水量低，符合质量要求。由于乙醇吸水很快，所以检验时动作要迅速。

（2）绝对乙醇（99.95%）的纯化制备

如果需要 99.95% 的乙醇，在获取无水乙醇的基础上再通过以下两种方法之一纯化制备。

① 用金属镁制取 在 250mL 圆底烧瓶中，放置 0.6g 干燥纯净的镁条、10mL 99.5％乙醇，装上回流冷凝管，并在冷凝管上附加一只无水氯化钙干燥管。加热至微沸，移去热源，立刻加入几粒碘粒（此时注意不要振荡），在碘粒附近立即发生反应，最后可以达到相当剧烈的程度。有时反应太慢则需要加热。如果在加碘后，反应仍没开始，则可再加入数粒碘（乙醇与镁作用是缓慢的，如所用乙醇含水量超过 0.5％，则作用尤其困难）。待全部镁反应完毕后，加入 100mL 99.5％乙醇和几粒沸石。回流 1h，再进行蒸馏，产物收存于玻璃瓶中，用一橡皮塞或磨口塞塞住。

② 用金属钠制取 装置和操作同①，在 250mL 圆底烧瓶中，放置 2g 金属钠[1] 和 100mL 纯度至少为 99％的乙醇，加入几粒沸石。加热回流 30min 后，加入 4g 邻苯二甲酸二乙酯[2]，再回流 10min。取下冷凝管改成蒸馏装置，按收集无水乙醇的要求进行蒸馏。产品储于密闭玻璃容器中。

【注释】

[1] 取用金属钠时应使用镊子；应切去钠表面的氧化层，且切下来的钠屑应回收，不能乱丢，更不能丢入水槽中，以免引起燃烧爆炸事故。

[2] 加入邻苯二甲酸二乙酯的目的，是利用它能与氢氧化钠进行如下反应：

$$2Na + 2C_2H_5OH \longrightarrow 2C_2H_5ONa + H_2 \uparrow$$
$$C_2H_5ONa + H_2O \Longleftrightarrow C_2H_5OH + NaOH$$

$$\text{邻苯二甲酸二乙酯} + 2NaOH \longrightarrow \text{邻苯二甲酸钠} + 2C_2H_5OH$$

因此消除了氢氧化钠，促使乙醇钠再和水作用，这样制得的乙醇可达到很高的纯度。

【思考题】

1. 无水试剂纯化过程中，蒸馏和回流时为什么要装氯化钙干燥管？
2. 用 200mL 工业乙醇（95％）制备无水乙醇时，理论上需要多少氧化钙？

实验 10　乙醚的纯化

【产品介绍】

乙醚（Ethyl Ether，CAS 号：60-29-7），分子式为 $C_4H_{10}O$，分子量为 74.12。无色透明液体，有特殊刺激气味，极易挥发。熔点 $-116.3℃$，沸点 $34.6℃$，折射率（n_D^{20}）1.3524，相对密度 0.7134。易燃、低毒。微溶于水，溶于低碳醇、苯、氯仿、石油醚和油类。

乙醚可被空气缓慢氧化生成有机过氧化物，过氧化物不稳定，受热时易发生爆炸，因此在纯化乙醚第一步，必须检验有无过氧化物存在，以防爆炸事故发生。

【实验步骤】

取 2mL 乙醚，与等体积的 2％碘化钾-淀粉溶液混合，加几滴稀盐酸，振摇，若能使淀粉溶液呈紫色或蓝色，证明乙醚中存在过氧化物，必须去除，否则易发生危险事故。

将普通乙醚 120mL 倒入分液漏斗中，加入 24mL（相当于乙醚体积的 1/5）新配制的硫酸亚铁溶液[1]，剧烈振摇后，静置，分去水层，可去除过氧化物。

在 250mL 圆底烧瓶中，加入上述处理过的乙醚和几粒沸石，装上冷凝管，冷凝管上端插入盛有 10mL 浓硫酸的恒压滴液漏斗。通入冷凝水，将浓硫酸[2]慢慢滴入乙醚中，此时乙醚会自行沸腾。加完后摇动反应瓶。

待乙醚停止沸腾后，拆下冷凝管，改成蒸馏装置[3]。在接引管支管上连一氯化钙干燥管，并用与干燥管相连的橡皮管把乙醚蒸气导入水槽。加入沸石后，用热水浴加热蒸馏[4]，蒸馏速率不宜过快，以免乙醚蒸气来不及冷凝而逸散至空气中。当收集到约 80mL 乙醚且蒸馏速率显著变慢时，即可停止蒸馏。瓶内所剩残液，应倒入指定的回收瓶中，千万不要直接用水冲洗，以免发生爆炸危险。将蒸馏收集的无水乙醚倒入干燥的锥形瓶中，加入少许钠屑，然后用插有玻璃管（玻璃管向外一端拉成毛细管）的橡皮塞塞住备用[5]。

【注释】

[1] 硫酸亚铁溶液的配制：在 110mL 水中加入 6mL 浓硫酸，然后加入 60g 硫酸亚铁。硫酸亚铁溶液久置后易氧化变质，因此需临时配制。

[2] 浓硫酸具有强腐蚀性，应注意规范操作；浓硫酸脱水时应控制硫酸滴加速度。

[3] 所用仪器均需干燥，且在操作和存放过程中必须防止水分侵入。

[4] 乙醚易燃、易爆，蒸馏时必须用水浴加热。实验过程必须在通风橱内进行，严禁烟火。

[5] 判断有无水的标准是在盛有钠丝的乙醚中加入二苯甲酮，回流，如果溶液变蓝色，说明水已除尽。

【思考题】

从普通乙醚纯化为无水乙醚，有哪些要点？

3.8　色谱技术

色谱法
（理论讲解）

色谱法（Chromatography），亦称色层法、层析法等。色谱法是分离、纯化和鉴定有机化合物的重要方法之一。早期仅用于分离有色化合物，由于显色方法的引入，现已广泛用于无色化合物的分离和鉴定。按其分离原理可分为吸附色谱、分配色谱、离子交换色谱及排阻色谱等；根据操作条件的不同，又可分为柱色谱、薄层色谱、纸色谱、气相色谱及高效液相色谱等类型。色谱法的基本原理是利用混合物各组分在某一物质中的吸附或溶解性能的不同，或其亲和性的差异，使混合物的溶液流经该种物质进行反复的吸附-脱附或分配作用，从而使各组分分离。

色谱法在有机化学中的应用主要包括以下几方面：

① 分离混合物　一些结构类似、理化性质也相似的化合物组成的混合物，一般应用化学方法分离很困难，但应用色谱法分离，有时可得到满意的结果。

② 精制提纯化合物　有机化合物中有时含有少量结构类似的杂质，不易除去，可利用色谱法分离以除去杂质，得到纯品。

③ 鉴定化合物　在条件完全一致的情况下，纯粹的化合物在薄层色谱或纸色谱中都呈现一定的移动距离，称比移值（R_f 值），所以利用色谱法可以鉴定化合物的纯度或确定两种性质相似的化合物是否为同一物质。但影响比移值的因素很多，如薄层的厚度、吸附剂颗粒的大小、酸碱性、活性等级、外界温度和展开剂纯度、组成、挥发性等。所以，要获得重现的比移值就比较困难。为此，在测定某一试样时，最好用已知标准样品进行对照。

④ 观察一些化学反应是否完成　可以利用薄层色谱或纸色谱观察原料斑点是否逐步消失，以证明反应进行或完成与否。

3.8.1　薄层色谱

薄层色谱法（TLC）是将固定相均匀地涂布在具有光洁表面的玻璃、塑料或金属板上形

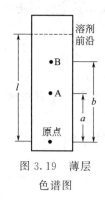

图 3.19　薄层
色谱图

成薄层，在此薄层上进行色谱分离的方法。其中固定相为吸附剂，流动相为展开剂。其分离原理为：将 A、B 两组分的混合溶液点在薄层板的一端，在密闭的容器中用适当的展开剂展开，此时 A、B 不断地被吸附剂所吸附，又被展开剂所溶解而解吸，且随展开剂向前移动。由于吸附剂对组分具有不同的吸附能力，展开剂对组分也有不同的溶解、解吸能力，因此当展开剂不断展开，A、B 在吸附剂和展开剂之间发生连续不断的吸附、解吸，从而产生差速迁移而得到分离。

比移值 R_f 是薄层色谱的基本定性参数，实践中 R_f 值的最佳范围为 0.3～0.5，可用范围为 0.2～0.8。比移值的计算如图 3.19 所示。

$$R_f = \frac{溶质的最高浓度中心至原点中心的距离}{溶剂前沿至原点中心的距离}$$

图 3.19 中 A 的 $R_f = \dfrac{a}{l}$；B 的 $R_f = \dfrac{b}{l}$。

薄层色谱是一种成熟的微量、快速而又简单的色谱法，它兼有柱色谱和纸色谱的优点。常用的有吸附色谱和分配色谱两种。薄层色谱不仅适用于样品的鉴定，也适用于小量样品的分离与精制。特别适用于挥发性较小，或在较高温度下容易发生变化而不能用气相色谱分离的化合物。

薄层吸附色谱的吸附剂常用的是氧化铝和硅胶。分配色谱的支持剂为纤维素和硅藻土等。

硅胶是无定形多孔型的物质，略具酸性，适用于酸性和中性化合物的分离和分析。薄层色谱用的硅胶分为：硅胶 H，不含黏结剂；硅胶 G，含煅石膏作黏结剂；硅胶 HF-254，含荧光物质，可在波长 254nm 紫外灯下观察荧光；硅胶 GF-254，含有煅石膏和荧光剂。

薄层色谱用的氧化铝也分为氧化铝 G、氧化铝 GF-254 及氧化铝 HF-254。黏结剂除煅石膏（$2CaSO_4 \cdot H_2O$）外，还可用淀粉、羧甲基纤维素钠。加黏结剂的薄层板称为硬板，不加黏结剂的称为软板。

薄层吸附色谱中化合物的吸附能力与它们的极性成正比。具有较大极性的化合物吸附较强，因而 R_f 值就小。因此利用化合物极性的不同，可以将它们分离开。

（1）薄层板的制备

薄层板制备的好坏直接影响色谱的结果，吸附层应尽可能地均匀而且厚度（0.25～1mm）要固定。否则展开时溶剂前沿不齐，色谱结果也不易重复。

薄层板制备时通常先将吸附剂调成糊状物。称取约 10g 硅胶，加蒸馏水 20mL，立即磨

成糊状物。如采用 10g 氧化铝则加蒸馏水 10mL，可涂 3cm×12cm 载玻片三至四片。然后将调成的糊状物采用下列两种涂布方法，制成薄层板。

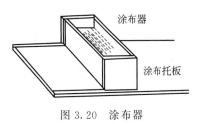

图 3.20　涂布器

① 平铺法：将几块干净的玻璃板在涂布器（图 3.20）下摆好，在涂布器槽中倒入糊状物，将涂布器自左向右推，即可将糊状物均匀地涂在玻璃板上。若无涂布器，也可用边沿光滑的不锈钢尺自左向右将糊状物刮平。

② 倾注法：将调好的糊状物倒在玻璃板上，用手摇晃，使其表面均匀光滑。然后，把薄层板放于已校正水平面的平板上晾干。

（2）薄层板的活化

薄层板使用前还需要对固定相进行活化。一般将涂好的薄层板室温水平放置晾干后，放入烘箱内加热活化，活化条件根据需要而定。硅胶板一般在烘箱中渐渐升温，维持 105～110℃活化 30min。氧化铝板在 200～220℃烘 4h 可得活性Ⅱ级的薄板，150～160℃烘 4h 可得活性Ⅲ～Ⅳ级的薄板。薄板的活性与含水量有关，其活性随含水量的增加而下降。

氧化铝板活性的测定：将偶氮苯 30mg，对甲氧基偶氮苯、苏丹黄、苏丹红和对氨基偶氮苯各 20mg，溶于 50mL 无水四氯化碳中，以毛细管吸取少量溶液滴加在氧化铝薄板上，用无水四氯化碳展开，测定各染料的位置，算出比移值，根据表 3.4 中所列的各染料的比移值确定其活性等级。

表 3.4　氧化铝活性与各偶氮染料比移值的关系

偶氮染料	R_f 值			
	Ⅱ	Ⅲ	Ⅳ	Ⅴ
偶氮苯	0.59	0.74	0.85	0.95
对甲氧基偶氮苯	0.16	0.49	0.69	0.89
苏丹黄	0.01	0.25	0.57	0.78
苏丹红	0.00	0.10	0.33	0.56
对氨基偶氮苯	0.00	0.03	0.08	0.19

硅胶板活性的测定：取对二甲氨基偶氮苯、靛酚蓝和苏丹红三种染料各 10mg，溶于 1mL 氯仿中，将此混合液点于薄层板上，用正己烷-乙酸乙酯（体积比 9∶1）展开。若能将三种染料分开，并且比移值按对二甲氨基偶氮苯、靛酚蓝、苏丹红的顺序递减，则和Ⅱ级氧化铝的活性相当。

（3）点样

通常将样品溶解在合适的溶剂中配成 1%～5% 的溶液，用内径小于 1mm 的平口毛细管吸取样品溶液点样。点样前先用铅笔在距薄层板一端约 1cm 处轻轻地画一条横线作为起始线。然后将样品溶液小心地点在起始线上。样品斑点的直径一般不应超过 2mm。如果样品溶液太稀需要重复点样时，须待前一次点样的溶剂挥发之后再点样。点样时毛细管的下端应垂直地轻轻接触吸附剂层后迅速拿开。如果用力过猛，会将吸附剂层戳成一个孔，影响吸附剂层的毛细作用，从而影响样品的 R_f 值。若在同一块板上点两个以上样点时，样点之间的距离不应太近而相互干扰。点样后待样点上溶剂挥发干净才能放入展开槽中展开。

（4）展开

展开剂带动样点在薄层板上移动的过程叫展开。展开过程是在充满展开剂蒸气的密闭的展开槽中进行的。展开的方式通常有直立式、卧式、斜靠式、下行式等（图 3.21）。

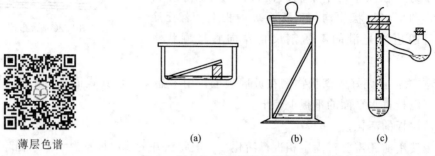

薄层色谱
（操作演示）

图 3.21　薄层板在不同的展开槽中展开的方式

先在展开槽中装入高约 0.5cm 的展开剂，盖上盖子放置片刻，使蒸气充满展开槽。然后将点好样的薄层板小心放入展开槽中，使其点样一端向下（注意样点不要浸泡在展开剂中），盖好盖子。由于吸附剂的毛细作用，展开剂不断上升。如果展开剂合适，样点也随之展开。当展开剂前沿到达距薄层板上端约 1cm 处时，取出薄层板并标出展开剂前沿的位置。分别测量前沿及各样点中心到起始线的距离，计算样品中各组分的比移值。如果样品中各组分的比移值都较小，则应该换用极性大一些的展开剂；反之，如果各组分的比移值都较大，则应换用极性小一些的展开剂。每次更换展开剂，必须等展开槽中前一次的展开剂挥发干净后，再加入新的展开剂。更换展开剂后，必须更换薄层板并重新点样、展开，重复整个操作过程。

直立式展开是在立式展开槽中进行的，用于含黏结剂的薄层板。直立式展开是将薄层板垂直放于展开槽中，只适合于硬板。

卧式展开如图 3.21(a) 所示，薄层板倾斜 15°放置，操作方法同直立式，只是展开槽中所放的展开剂应更浅一些。卧式展开既适用于硬板，也适用于软板。

斜靠式展开如图 3.21(b) 所示，薄层板的倾斜角度为 30°～90°，一般也只适合于硬板。

下行式展开如图 3.21(c) 所示，薄层板竖直悬挂在展开槽中，一根滤纸条或纱布条搭在展开剂和薄层板上沿，靠毛细作用引导展开剂自板的上端向下展开。此法适合于比移值较小的化合物。

双向式展开是采用方形玻璃板铺制薄层板，样品点在角上，先向一个方向展开，然后转动 90°再换一种展开剂向另一方向展开。此法适合于成分复杂或较难分离的混合物样品。

用于分离较多样品的大块薄层板，是在起点线上将样品溶液点成一条线，使用足够大的展开槽展开，展开后成为带状，用不锈钢铲将各色带刮下分别萃取，各自蒸去溶剂，即可得到各组分的纯品。

（5）显色

分离和鉴定无色物质，必须先经过显色才能观察到斑点的位置，判断分离情况。常用的显色方法有如下几种。

　　① 碘蒸气显色法　由于碘能与很多有机化合物（烷和卤代烷除外）可逆地结合形成有颜色的配合物，所以先将几粒碘的结晶置于密闭的容器中，碘蒸气很快地充满容器，此时将展开后的薄层板（溶剂已挥发干净）放入容器中，有机化合物即与碘作用而呈现出棕色的斑点。将薄层板自容器中取出后，应立即标记出斑点的形状和位置（薄板暴露在空气中时，由于碘挥发，棕色斑点在短时间内即会消失），计算比移值。

　　② 紫外显色法　如果被分离（或分析）的样品本身是荧光物质，可以在紫外灯下观察到荧光物质的亮点。如果样品本身不发荧光，可以在制板时，在吸附剂中加入适量的荧光剂或在制好的板上喷上荧光剂，制成荧光薄层板。荧光板经展开后取出，标记好展开剂的前沿，待溶剂挥发干净后，放在紫外灯下观察，有机化合物在亮的荧光背景上呈暗红色斑点。标记出斑点的形状和位置，计算比移值。

　　③ 试剂显色法　除了上述显色法之外，还可以根据被分离（分析）化合物的性质，采用不同的试剂进行显色。操作时，先将薄层板展开，风干，然后用喷雾器将显色剂直接喷到薄层板上，被分开的有机物组分便呈现出不同颜色的斑点。及时标记出斑点的形状和位置，计算比移值。常用的显色剂有：含 0.5％碘的氯仿溶液、中性 0.05％高锰酸钾溶液、碱性高锰酸钾溶液、1.6％高锰酸钾浓硫酸溶液、5％重铬酸钾浓硫酸溶液、5％磷钼酸乙醇溶液、硫酸乙醇溶液等。

实验 11　薄层色谱操作练习

【实验步骤】

　　(1) 硅胶 G 板的制备　取 7.5cm×2.5cm 左右的载玻片 2 块，洗净晾干。在 50mL 烧杯中，放入约 3g 硅胶 G，加入 0.5％羧甲基纤维素钠水溶液 8mL，调成糊状。用牛角匙将此糊状物倾倒于上述玻璃片上，用食指和拇指拿住玻璃片，做前后、左右振摇摆动，使流动的糊状物均匀地铺在载玻片上。将已涂好硅胶 G 的薄层板放置在水平的长玻璃片上，室温放置 30min 后，移入烘箱，缓慢升温至 110℃，恒温 30min。取出稍冷放入干燥器中备用。

　　(2) 点样　在小试管中，分别取少量 1％苏丹Ⅲ、1％偶氮苯[1] 的氯仿溶液及以上两个样品的混合溶液为试样。取 2 块上述方法制好（或市售）的薄层板，分别在离薄层板一端约 1cm 处，用铅笔轻轻画一直线。取管口平整的毛细管，插入试样溶液中（注意毛细管必须专用，不可弄混）于画线处轻轻点样[2]。在第一块板的起点线上点 1％的偶氮苯的氯仿溶液和混合样各一个点；在第二块板的起点线上点 1％的苏丹Ⅲ的氯仿溶液和混合液各一个点。样点间距离 1cm 左右。晾干、备用。

　　(3) 展开　以体积比为 9∶1 的正庚烷-乙酸乙酯为展开剂。在展开槽（或大的广口瓶）中加入展开剂，使其高度不超过 0.5cm。加盖，使展开剂蒸气达饱和。将点好样的薄层板小心放入展开槽中，点样一端朝下[3]，盖好盖子。观察展开剂前沿上升到一定高度时取出[4]，尽快在展开剂的前沿画出标记[4]。晾干，观察混合试样斑点出现的位置与相应样品斑点是否相符并计算 R_f 值。

【注释】

　　[1] 苏丹Ⅲ和偶氮苯的结构如下：

苏丹Ⅲ   偶氮苯

〔2〕点样时，毛细管刚接触薄层板即可。点样过量影响分离效果。

〔3〕展开剂不可浸没点样线。

〔4〕取出薄层板应立即在展开剂前沿画出标记，如不标记，展开剂挥发后，将无法确定其上升的高度。也可先画出前沿线，待展开剂到达该线立即取出，结束展开。

【思考题】

1. 如何利用 R_f 值来鉴定化合物？

2. 展开剂的高度超过点样线，对薄层色谱有什么影响？

柱色谱
（操作演示）

3.8.2 柱色谱

柱色谱是通过色谱柱来实现分离的。色谱柱内装有固体吸附剂作为固定相，如 Al_2O_3、MgO、硅胶等。其分离原理是：液体混合物从柱顶加入，在柱顶部被吸附剂（固定相）吸附，然后从柱顶部加入洗脱剂（流动相），由于吸附剂对各组分的吸附能力不同，各组分以不同的速率下移。吸附较弱的组分在洗脱剂中的含量较高，首先被洗脱下来。

柱色谱常用的有吸附色谱和分配色谱两种。吸附色谱常用氧化铝和硅胶为吸附剂。分配色谱以硅胶、硅藻土和纤维素为支持剂。下面主要介绍以吸附剂氧化铝为例的柱色谱分离方法。

（1）吸附剂

吸附剂一般要经过纯化和活性处理，颗粒大小均匀一致。有专供色谱用的氧化铝。柱色谱用的氧化铝以通过 100～150 目筛孔的颗粒为宜，颗粒太粗，溶液流出太快，分离效果不好。颗粒太细，表面积大，吸附能力高，但溶液流速太慢。因此应根据实际需要而定。供色谱使用的氧化铝有酸性、中性和碱性三种。

多数吸附剂都能强烈地吸水，而且水不易被其他化合物置换，因此其活性降低，且降低的程度与含水量有关。如氧化铝放在高温炉（350～400℃）中烘烤 3h，得无水物，加入不同量的水分，即可得到不同程度的活性氧化铝。

（2）溶质的结构和吸附能力

化合物的吸附性和它们的极性成正比。化合物分子中含有极性较大的基团时其吸附性较强。氧化铝对各种化合物的吸附性按下列顺序递减：

酸、碱＞醇、胺、硫醇＞酯、醛、酮＞芳香族化合物＞卤代物、醚＞烯＞饱和烃。

（3）溶解试样的溶剂

试样溶剂的选择是重要的一环，通常根据被分离化合物中各种成分的极性、溶解度和吸附剂活性等来考虑。

① 溶剂要求较纯，如氯仿中含有乙醇、水分及不挥发物质，都会影响试样的吸附和洗脱。

② 溶剂和氧化铝不能起化学反应。

③ 溶剂的极性应比试样极性小一些，否则试样不易被氧化铝吸附。

④ 溶剂对试样的溶解度不能太大，否则影响吸附；也不能太小，如太小，溶液的体积增加，易使色谱分散。

⑤ 有时可使用混合溶剂，如有的组分含有较多的极性基团，在极性小的溶剂中溶解度太小，可先选用极性较大的溶剂溶解，而后加入一定量的非极性溶剂，这样既降低了溶液的极性，又减少了溶液的体积。

（4）洗脱剂

试样吸附在氧化铝柱上后，用合适的溶剂进行洗脱，这种溶剂称为洗脱剂。如果用于溶解试样的溶剂冲洗柱子不能达到分离的目的，可改用其他溶剂。一般极性较大的溶剂影响试样和氧化铝之间的吸附，容易将试样洗脱下来，达不到将试样逐一分离的目的。因此常使用一系列极性渐次增大的溶剂。为了逐渐提高溶剂的洗脱能力和分离效果，也可用混合溶剂作为过渡。通常可利用薄层色谱选择好适宜的洗脱剂体系。常用洗脱溶剂的极性按以下次序递增：

正己烷、石油醚＜环己烷＜四氯化碳＜二硫化碳＜甲苯＜苯＜二氯甲烷＜三氯甲烷＜乙醚＜乙酸乙酯＜丙酮＜丙醇＜乙醇＜甲醇＜水＜吡啶＜乙酸

（5）柱色谱操作步骤

① 装柱 色谱柱的大小，视处理量而定。装置如图 3.22 所示，先用洗液洗净玻璃管，用水清洗后再用蒸馏水清洗，干燥。在玻璃管底铺一层玻璃棉或脱脂棉，轻轻塞紧，再在脱脂棉上盖一层厚约 0.5cm 的石英砂（或用一张比柱直径略小的滤纸代替），而后将氧化铝装入管内。装入的方法分湿法和干法两种。

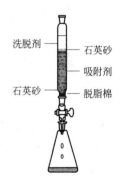

洗脱剂 —— 石英砂
—— 吸附剂
石英砂 —— 脱脂棉

图 3.22 柱色谱装置图

湿法是将备用的溶剂装入管内，约为柱高的 3/4，而后将氧化铝和溶剂调成糊状，慢慢地倒入管中。此时应将管的下端旋塞打开，控制流出速度为每秒 1 滴。用套橡皮管的玻璃棒轻轻敲击柱身，使装填紧密。再在上面加一层约 0.5cm 厚的石英砂，以保证氧化铝上端顶部平整，不受流入溶剂干扰。如果氧化铝顶端不

平，将易产生不规则的色带。操作时应保持流速，注意不能使液面低于石英砂上端，上面可装一滴液漏斗。另外湿法装柱也可先将溶剂加入管内，约为柱高的 3/4 处，而后将氧化铝通过一粗颈玻璃漏斗慢慢倒入并轻轻敲击柱身。此法较简便，注意氧化铝应慢慢加入，不能太快，否则容易使氧化铝有裂缝或气泡，影响分离效果。

干法是在管的上端放一干燥漏斗，使氧化铝均匀地经干燥漏斗成一细流慢慢装入管中，中间不应间断，时时轻轻敲打柱身，使装填均匀。全部加入后，下端抽气填实氧化铝后再加入溶剂，使氧化铝全部润湿，并同时把其中的空气在抽气作用下全部赶除。

② 加样 把要分离的试样配制成适当浓度的溶液。调整色谱柱内洗脱剂的高度至柱内液体表面接近氧化铝上层石英砂的表面时，小心加入试样溶液，注意不要使溶液把氧化铝冲松浮起，试样溶液加完后，开启下端旋塞，使液体渐渐放出至与上层石英砂表面相齐，使分离试样完全被氧化铝吸附，即可开始用洗脱剂洗脱。

③ 洗脱和分离 在洗脱和分离的过程中，应当注意：

a. 应连续不断地加入洗脱剂，并保持一定高度的液面，在整个操作中勿使固定相表面

的溶液流干。一旦流干，易使氧化铝柱产生气泡和裂缝，影响分离效果。

b. 收集洗脱液。如试样各组分有颜色，在氧化铝柱上可直接观察。洗脱后分别收集各个组分。在多数情况下，化合物没有颜色，收集洗脱液时，多采用等份收集，每份洗脱剂的体积随所用氧化铝的量及试样的分离情况而定。一般若用 50g 氧化铝，每份洗脱液的体积常为 50mL。如洗脱液极性较大或试样的各组分结构相似时，每份收集量要更少。

c. 要控制洗脱液的流出速率，一般不宜太快，太快了柱中交换来不及达到平衡，因而影响分离效果。

d. 由于氧化铝表面活性较大，有时可能促使某些成分破坏，所以应尽量在一定时间内完成一个柱色谱的分离，以免试样在柱上停留的时间过长，发生变化。

实验 12　柱色谱操作练习

【实验步骤】

(1) 装柱　选择一支 15cm×1.5cm 的色谱柱，于柱的底部先后放入少许脱脂棉[1] 和约 0.5cm 厚的石英砂（或一张略比柱内径小的圆形小滤纸），将柱垂直固定于铁架台上，关住旋塞。向柱中缓慢倒入适量的 95％乙醇（为柱高的 3/4）、取一定量中性氧化铝，通过一个干燥粗颈的玻璃漏斗连续而缓慢地加入柱中。在加入中性氧化铝的同时打开旋塞，使乙醇的流出速度约为每秒 1 滴。或将 95％乙醇与中性氧化铝先调成糊状，再徐徐倒入装有乙醇的柱中。并随时用橡皮管或洗耳球轻轻敲打柱身，装入量约为柱的 3/4。最后在柱的上端加入约 0.5cm 厚的石英砂（或少量棉花或一张略比柱内径小的圆形小滤纸）。

(2) 上样　当 95％乙醇的液面流至接近上层石英砂表面时，立即小心加入 1mL 已配好的含有 1mg 荧光黄与 1mg 碱性湖蓝 BB[2] 的 95％乙醇溶液。当试样溶液流至接近上层石英砂表面时，立即用少量 95％乙醇洗下管壁上的有色物质，如此连续 2～3 次，确保样品全部被氧化铝吸附[3]。

(3) 洗脱　从柱的上端分批加入 95％乙醇的洗脱液，控制流出速度。观察色带的出现，并用锥形瓶收集洗脱液。蓝色的碱性湖蓝 BB 因极性小，首先向下移动，极性较大的荧光黄留在柱的上端。当蓝色的色带快洗出时，更换另一接收器，改用 2％氨水作为洗脱液，至黄绿色荧光黄开始滴出，用另一接收器收集至黄绿色全部洗出为止，分别得到两种染料的溶液。

实验完毕，先让溶剂尽量流干，然后倒出柱中的中性氧化铝等物[4]，并将柱洗净倒挂于铁架台上晾干。

【注释】

[1] 脱脂棉塞得太紧会影响洗脱液的流速。

[2] 荧光黄为橙红色，商品一般是二钠盐，稀的水溶液带有荧光黄色。碱性湖蓝 BB 又称为亚甲基蓝，为深绿色的有铜光的结晶，其稀的水溶液为蓝色。两物质的结构式见下页。

[3] 可观察上层石英砂上面的洗脱剂颜色，如无色透明即达要求。

[4] 可倒置色谱柱，用洗耳球从活塞口向管内挤压空气，将柱内固体物质挤压至垃圾桶内，切勿倒入水槽，以免堵塞。

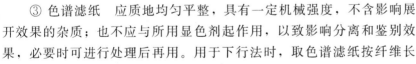

荧光黄　　　　　　　　　　　　碱性湖蓝 BB

【思考题】

1. 为什么极性大的组分要用极性较大的溶剂洗脱？
2. 柱子中若有气泡或装填不均匀，将给分离造成什么样的结果？如何避免？

3.8.3　纸色谱

纸色谱法不是以滤纸的吸附作用为主，而是以滤纸作为载体，以纸上所含水分或其他物质为固定相，用展开剂进行展开的分配色谱。供试品经展开后，可用比移值（R_f）表示其各组成成分的位置，但由于影响比移值的因素较多，因而一般采用在相同实验条件下与对照物质对比的方法以确定其异同。作为样品的鉴别时，供试品在色谱图中所显主斑点的 R_f 与颜色（或荧光），应与对照品在色谱图中所显主斑点相同。作为药品的纯度检查应用时，可取一定量的供试品，经展开后，按各品种项下的规定，检视其所显杂质斑点的个数或呈色深度（或荧光强度）。进行药品的含量测定时，将主色谱斑点剪下洗脱后，再用适当的方法测定。

（1）仪器与材料

① 展开容器　通常为圆形或长方形玻璃缸，缸上盖磨口玻璃盖加以密闭，如图 3.23 所示。用于上行法时，在盖上的孔中加塞，塞中插入玻璃悬钩，以便将点样后的色谱滤纸挂在钩上；用于下行法时，盖上有孔，可插入滴液漏斗，用于加入展开剂。在近顶端有一用支架架起的玻璃槽作为展开剂的容器，槽内有一玻棒，用于压住色谱滤纸。槽的两侧各支一玻棒，用于支持色谱滤纸使其自然下垂，避免展开剂沿色谱滤纸与溶剂槽之间发生虹吸现象。

② 点样器　常用具支架的微量注射器或定量毛细管，点样位置应正确、集中。

③ 色谱滤纸　应质地均匀平整，具有一定机械强度，不含影响展开效果的杂质；也不应与所用显色剂起作用，以致影响分离和鉴别效果，必要时可进行处理后再用。用于下行法时，取色谱滤纸按纤维长

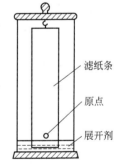

图 3.23　纸色谱
上行法装置图

丝方向切成适当大小的纸条，离纸条上端适当的距离（使色谱滤纸上端能足够浸入溶剂槽内的展开剂中，并使点样基线能在溶剂槽侧的玻璃支持棒下数厘米处）用铅笔画一点样基线。必要时，可在色谱滤纸下端切成锯齿形便于展开剂滴下。用于上行法时，色谱滤纸长约 25cm，宽度则按需要而定，必要时可将色谱滤纸卷成筒形；点样基线距底边约 2.5cm。

（2）操作方法

① 下行法　将供试品溶解于适宜的溶剂中制成一定浓度的溶液。用定量毛细管或微量注射器吸取溶液，点于点样基线上，溶液宜分次点加，每次点加后，等其自然干燥、低温烘

干或经温热气流吹干，样点直径为 2～4mm，点间距离为 1.5～2.0cm，样点通常为圆形。将点样后的色谱滤纸的点样端放在溶剂槽内并用玻璃棒压住，使色谱滤纸通过槽侧玻璃支持棒自然下垂，点样基线在支持棒下数厘米处。展开前，展开缸内用展开剂的蒸气饱和，一般可在展开缸底部放一装有展开剂的小容器或将浸有规定溶剂的滤纸条附着在展开缸内壁上，放置一定时间，待溶剂挥发使缸内充满饱和蒸气。然后添加展开剂至溶剂槽内，使色谱滤纸上端浸没在槽内的展开剂中。展开剂因毛细作用沿色谱滤纸移动展开，展开至规定的距离后，取出色谱滤纸，标明展开剂前沿位置，展开剂挥散后按规定方法检出色谱斑点。

　　② 上行法　点样方法同下行法。展开缸内加入展开剂适量，放置，待展开剂蒸气饱和后，再下降悬钩，使色谱滤纸浸入展开剂约 0.5cm，展开剂因毛细管作用沿色谱滤纸上升。除另有规定外，一般展开约 15cm 后，取出晾干，按规定方法检视。展开可以单向展开，即向一个方向进行；也可双向展开，即先向一个方向展开，取出，待展开剂完全挥发后，将滤纸转动 90°，再用原展开剂或另一种展开剂进行展开；亦可多次展开、连续展开或径向展开等。

第4部分 有机化合物物理常数的测定方法

有机化合物的物理常数是指化合物物理性质的常数，主要包括熔点、沸点、折射率、比旋光度、相对密度等。物理常数反映了分子结构的特性，通常可通过熔点、沸点、折射率、比旋光度等物理常数的测定，对有机化合物的结构进行鉴定。对某一相同的物理常数来说，对应的化合物可能不止一种，但所有物理性质都相同的不同化合物却非常罕见。所以，物理常数的测定对有机化合物结构的鉴定是比较有效的方法。

熔沸点的测定
（理论讲解）

本书中制备的有机化合物产品纯度鉴定方法是测定其相关物理常数，然后将之与文献值进行对比。对纯物质而言，杂质存在必然会引起物理常数的改变，所以测定物理常数可用来鉴定原料、中间体和产品是否符合质量要求，也是检验化合物纯度的重要指标。

4.1 熔点的测定

熔点（Melting Point，mp）是固态有机化合物重要的物理常数之一。通常指固体物质加热到一定温度时，从固态转变为液态时的温度。严格地说，熔点是指化合物在标准大气压下固液两相处于平衡时的温度。纯粹的固体有机化合物一般都有固定的熔点，从刚刚开始熔化（初熔）至全部熔化（全熔）的温度范围，即熔距（熔程、熔点范围）。纯物质的熔程一般不超过 0.5～1℃。如果该物质含有杂质，则其熔点往往较纯物质低，且熔程也较宽。大多数有机化合物的熔点都在 300℃以下，较易测定，测定固体有机化合物的熔点是鉴定其纯度的经典方法。

要确定未知物 A 与已知物 B 是否为同一种物质，可采用混合熔点法。将它们研成粉末后按比例混合，测定混合物的熔点。如果混合物的熔点与 B 均相同，可以判断 A 和 B 为同一种物质；如果混合物的熔点比 B 的熔点低得多且熔程明显加大，可以判断 A 和 B 不是同一种物质。测定时一般将两个样品以 1:9、1:1、9:1 三种不同的比例混合后再测定熔点。

纯物质具有固定和敏锐的熔点。图 4.1 纯物质的温度与蒸气压曲线图中，曲线 SM 表示纯物质固相的蒸气压与温度的关系，曲线 ML 表示液相的蒸气压与温度的关系，在交叉点 M 处，固液两相可平衡共存，此时的温度（T）为该物质的熔点。当最后一点固体熔化后，继续加热温度将线性上升。为使熔化过程尽可能接近于两相平衡状态，在测定熔点的操作过程中，当接近熔点时必须控制好升温速度，以每分钟上升 1℃为宜。这样可保证整个熔化过程尽可能接近于两相平衡条件，使结果记录更精准。

图 4.2 随时间和温度的变化图也表明，测定纯的有机化合物熔点时，在温度达到熔点之前化合物以固相存在。温度升高至熔点时，开始有少量液体出现，之后固液相平衡，继续加热，温度不再变化，此时加热所提供的热量使固相不断转变为液相，两

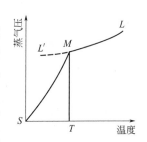

图 4.1 纯物质的温度与
蒸气压曲线图

相间仍为平衡，最后固体完全熔化，若再继续加热，温度则线性上升。

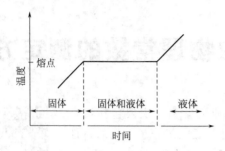

图 4.2　相随时间和温度的变化

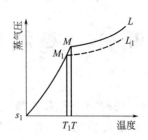

图 4.3　物质蒸气压随温度变化曲线

当有杂质存在时（形成固溶体除外），根据拉乌耳（Raoult）定律可知，在一定的压力和温度下，在溶剂中增加溶质的物质的量会导致溶剂蒸气分压降低（图 4.3 中 M_1L_1）。两相交点 M_1 所代表的是含有杂质化合物达到熔点时固液相平衡共存点，T_1 为含杂质时的熔点，必然比纯物质熔点 T 要低，即发生熔点下降。事实上，当有杂质存在时，熔化过程中固、液两相平衡时的相对量不断发生改变，使得两相平衡不是一个温度点 T_1，而是从最低熔点（与杂质共同结晶或形成混合物，其熔化的温度称最低共熔点）到 T_1 的一段距离，所以，有杂质存在不仅使初熔温度降低，还会使熔程变宽。

含有杂质的有机化合物的熔点比纯物质的熔点降低是普遍情况，但有时两种熔点相同的不同物质混合后（如形成新的化合物或固溶体）熔点不降反升。另外，少数易分解的有机化合物虽然很纯，但没有固定的熔点，因为它们在尚未达到熔点之前已经发生分解，此时往往有颜色变化或气体产生，这类有机化合物的熔点其实就是它们的分解点。

测定一个有机化合物的熔点，至少要有两次重复操作。每次测定需用新的毛细管重新装样测定，不能用已测过熔点的样品冷却固化后再测（某些化合物会部分分解，有些化合物经加热会转变为具有不同熔点的其他结晶形式）。若是测定未知物的熔点，应先对样品粗测一次，加热可以稍快，测出大致的熔程。待导热液冷却下来，另取一根毛细管重新取样、装样做出精密测定。

用毛细管法（微量法）测熔点的要点如下：

（1）熔点管的准备

通常取一端封闭的内径约 1mm，长 60～70mm 的毛细管作为熔点管。这种毛细管的拉制见 2.2.2 节。

（2）样品的填装

取 0.1～0.2g 干燥样品，置于干净的表面皿或玻璃片上，用空心玻璃塞或不锈钢刮刀将其研成粉末并堆成一堆。将毛细管开口一端垂直插入样品堆中，使样品挤入管内。然后将开口端朝上竖立，轻敲管子使样品落入管底。之后，将装有样品的毛细管开口朝上，通过一根垂直桌面的长 50～60cm 玻璃管中（注：玻璃管下可放一块表面皿或蒸发皿），使装样的毛细管由玻璃管上端自由落下，如此反复几次，把样品装结实。样品装紧后高度以 2～3mm 为宜。注意此操作要迅速，以防止样品吸潮。装入的样品一定要研细、夯实，不能有空隙，否则不易传热，受热不均匀，影响测定结果。另外，熔点管外的样品粉末要擦干净，以免污染导热液。如果样品不是粉状而是蜡状，为了使样品装得紧密结实，宜选择内径较大（2mm 左右）的熔点管。

（3）实验装置的选择

毛细管法测定熔点的装置有很多，常见的有三种。

第一种装置，如图 4.4，应用 Thiele 管（提勒管、b 形管）。将 b 形管夹在铁架台上，装入导热液，装入的导热液略高于 b 形管上侧管即可（导热液不足不能保证热循环，太多又会使橡皮圈浸入其中而逐渐溶胀、溶解，甚至炭化）。将装有样品的熔点管用橡皮圈固定在温度计下端，样品部分靠在温度计水银球侧面中部（见图 4.5）。然后将缚有熔点管的温度计小心地插入导热液中（注意不要贴壁），并且使得温度计水银球恰好处于 b 形管两侧管的中部位置。

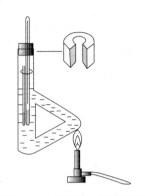

图 4.4　b 形管熔点测定装置

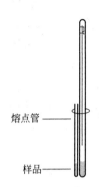

图 4.5　毛细管附在温度计上的位置

第二种装置，如图 4.6，将一个 100mL 烧杯置于放有石棉网的铁环上，烧杯中放入一支玻璃搅拌棒（可按 2.2.2 节所述方法弯曲一个一端为一个环的搅拌棒，以方便上下搅拌），加入约 60mL 导热液，装有样品的熔点管同第一种装置方法固定在温度计旁，温度计上端套上一个软木塞，以方便铁夹夹住，使之垂直固定在离烧杯底约 1cm 的中心处。

第三种装置，如图 4.7，为双浴式熔点测定装置。将一支试管经软木塞的一侧开口处插入 250mL 平底或圆底烧瓶内，直至离瓶底 1cm 处，试管口也配一个开口软木塞，以插入温度计，温度计水银球距试管底 0.5cm。烧瓶内装入约 2/3 体积的导热液，试管内也装入导热液，使温度计插入后，液面高度与烧瓶内基本相同。熔点管中样品的位置也同样靠在温度计水银球侧面中部（图 4.5）。

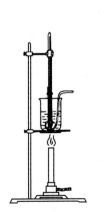

图 4.6　毛细管法熔点测定装置

图 4.7　双浴式熔点测定装置

（4）测定方法

以 b 形管熔点测定装置为例。装置搭建完成后，先用小火在图 4.4 中所示的 b 形管部位加热。先快速加热，测定化合物的大概熔点，然后再做第二次测定。第二次测定应换一根样品管重新装样，且导热液温度宜冷却至熔点之下 20℃ 左右。重新搭好装置，开始加热，以每分钟 5～8℃ 的速度升温；当距粗测初熔温度 10℃ 左右时，即刻减缓加热速度，以每分钟 1～2℃ 的速度升温（加热途中，试将热源移去，观察温度，如停止加热后温度亦停止上升，说明加热速度比较合适），快接近熔点时，升温应控制在每分钟上升 0.2～0.3℃。此时要特别关注温度的上升和毛细管中样品的变化情况。当毛细管中样品开始塌落、有湿润现象并出现小液滴时，表明样品开始熔化，记录此时对应的温度，即样品的初熔温度；继续微热至固体样品刚刚消失成为透明液体时，对应的为全熔温度。初熔至全熔温度即为样品的熔程。有的样品会出现萎缩、颜色变化、发泡、碳化等现象，应同时记录下来。

例如，某一化合物在 120℃ 开始萎缩塌落，121℃ 出现小液滴，122℃ 全部变为透明液体，可记录为该化合物熔点 121～122℃（120℃ 萎缩塌落），并注明熔化前后颜色变化。

注意，加热速度是准确测定熔点的关键，要保证有充分时间使热量透过熔点管传至内部固体，而且熔化温度与温度计所示温度一致。

测定完毕，待导热液冷却至室温，才能把它倒回原来的试剂瓶。温度计冷却后，用纸擦去导热液再用水冲洗干净。另外，熔点测定完成后，温度计的读数需对照校正图进行校正。

（5）温度计校正

测熔点时，温度计上的熔点读数与真实熔点之间常有一定的偏差。主要原因有：温度计的材质不均匀，毛细孔径不均匀，刻度不准确等；另外，温度计有全浸式和半浸式两种。全浸式温度计刻度是在温度计汞线全部均匀受热的情况下刻出来的，而测熔点时仅有部分汞线受热，因而露出的汞线温度较全部受热者低。为了校正温度计，可选用纯有机化合物的熔点作为标准或选用一标准温度计来校正。选择数种已知熔点的纯化合物为标准，测定它们的熔点，以测得的熔点为纵坐标，测得熔点与已知熔点差值为横坐标，作出曲线，那么从曲线上可读出任一温度的校正值（见图 4.8）。

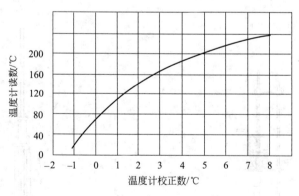

图 4.8　温度计刻度校正曲线

（6）导热液的选择参考

导热液的选择视所测物质的熔点而定：

① ＜140℃ 时可用液体石蜡或甘油（药用液体石蜡可加热至 220℃ 仍不变色）。

②＞140℃时可用浓硫酸。注意：a. 用浓硫酸作导热液时要戴护目镜；b. 浓硫酸变黑后可加一些硝酸钾晶体；c. 温度超过 250℃，浓硫酸冒白烟，妨碍温度的读数，不宜选用。

③＞250℃时可用浓 H_2SO_4 和 K_2SO_4 的饱和溶液（浓 H_2SO_4 与 K_2SO_4 的质量比为 7∶3 时可加热到 325℃，为 3∶2 时可加热到 365℃）；还可用 H_3PO_4（可加热到 300℃）、硅油（可加热到 365℃）等。

毛细管微量法测定熔点的优点是仪器简单，操作方便，但是比较费时，而且不能观察到晶体受热后晶形的变化情况，为了克服这些缺点，可以使用显微熔点测定仪（见图 4.9）来测定熔点。

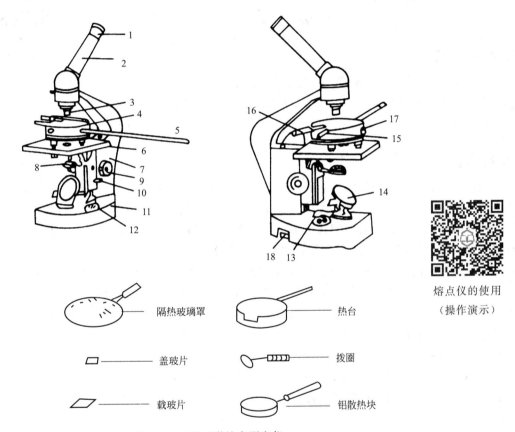

熔点仪的使用
（操作演示）

图 4.9　X 型显微熔点测定仪

1—目镜；2—棱镜检偏部件；3—物镜；4—热台；5—温度计；6—载热台；7—镜身；8—起偏振件；
9—粗动手轮；10—止紧螺钉；11—底座；12—波段开关；13—电位器旋钮；14—反光镜；
15—拨动圈；16—上隔热玻璃；17—地线柱；18—电压表

显微熔点测定仪通过显微镜对样品进行观察，能清晰地观察到样品在受热过程中细微的变化，如晶形的改变、结晶的萎缩、失水等现象。使用显微熔点测定仪可以测定微量样品，还可以测定高熔点样品的熔点，操作方法如下：

取一块洁净的载玻片轻轻放在加热台上，然后小心地把微量样品粉末平铺在其上，盖上盖玻片。移动载玻片使被测样品位于加热台中央的小孔上，再将隔热玻璃盖在加热台上，移动反光镜及旋转手轮使显微镜对焦获取清晰的图像，拨动载玻片使样品处于视场内（保证晶体的晶形清晰可见）。把选择开关调至快速升温挡，当加热器的温度升至离样品熔点 30～

40℃时，将选择开关调至缓慢升温的位置。当离熔点约 10℃时，控制升温速度每分钟 1℃以下。当样品的晶体形状开始变圆和有液滴出现时，表明样品开始熔化，记录初熔温度，继续加热至刚好完全变成液体瞬间，记录全熔温度。

实验 13　微量法测熔点

【实验目的】

    1. 了解熔点测定的意义。

    2. 熟悉测定熔点的原理。

    3. 掌握微量法测定熔点的仪器装置、操作技术。

微量法测熔点
（操作演示）

【仪器和药品】

    主要仪器：温度计、b 形管（Thiele 管）、熔点管。

    主要试剂：丙三醇（甘油，作为导热液）、样品 A 和样品 B（苯甲酸、乙酰苯胺、苯甲酸：乙酰苯胺＝1：1 的混合物，三者中的两个；使用前需将样品研细）。

【实验步骤】

    先测样品 A。用熔点管装 A 样品 2～3mm（要求均匀且结实），按图 4.5 将盛有样品的熔点管缚在温度计上。b 形管中装好导热液（略高于上侧管），根据酒精灯外焰的高度调整好 b 形管的位置，将 b 形管固定在铁架台上，缚有熔点管的温度计水银球插入到 b 形管两侧管的中部位置（见图 4.4）。然后开始加热。第一次为粗测，加热可以快些，将样品萎缩、塌落及开始出现液滴的温度（初熔）和刚好完全变为透明液体的温度（全熔）记录下来。待导热液温度下降到前次测定的初熔温度 20℃以下时进行第二次精确测定。重新取一根熔点管按要求装样，搭好装置开始加热，当离前次测定的初熔温度以下 10℃时控制每分钟上升 1～2℃，当样品萎缩、塌落快接近熔点时，控制每分钟升温 0.2～0.3℃，仔细观察，记录下初熔和全熔温度。

    再测样品 B，依照测定样品 A 的方法，先粗测再精测，记录下两组数据。

    将 A、B 两样品的测定值和理论值分别进行比较，判定出 A、B 样品各是什么？并说明原因。

【思考题】

    1. 在鉴定未知物时，测得其熔点与某已知物熔点相同，能否断定它就是该已知物？

    2. 精测熔点时加热速度为什么要严格控制？

4.2　沸点的测定

    沸点是液体有机化合物重要的物理常数之一。在分离、纯化、鉴定有机化合物及判断液体有机化合物纯度等方面具有重要意义。

    液体分子由于分子热运动有从表面逸出的倾向，这种倾向随着温度的升高而增大，进而在液面上部形成蒸气。当分子由液体逸出的速率与分子由蒸气中回到液体中的速率相等时，液面上的蒸气达到饱和，称为饱和蒸气。它对液面所施加的压力称为饱和蒸气压。实验证明，液体的蒸气压只与温度有关。即液体在一定温度下具有一定的蒸气压。

当液体受热时，有大量的蒸气产生，当液体的蒸气压与外界施加给液体表面的总压力（外界压力）相等时，就有大量气泡从液体内部逸出，液体开始沸腾，此时的温度为该液体化合物的沸点（Boiling Point，bp）。不同的化合物由于液体蒸气压达到外界压力时的温度不同，所以沸点就不同。

根据液体的蒸气压-温度曲线（图 4.10）可知，同一种化合物的沸点随外界压力的改变而改变。外界压力增大，液体沸腾时的蒸气压增大，沸点升高；相反，若降低外界压力，则沸腾时的蒸气压也下降，沸点降低。故讨论或报道一个化合物的沸点时需注明测定时外界压力，以方便与文献值比较。通常所说的沸点，是指外界压力为 1 个大气压（1.013×10^5 Pa，760mmHg）时液体沸腾的温度。

纯净的液体有机化合物在一定的压力下具有一定的沸点。通过沸点的测定，可以初步判定液体的纯度。但是具有恒定沸点的液体不一定都是纯化合物，因为某些有机化合物常和其他组分形成二元或三元共沸混合物，它们也有一定的沸点。

测沸点常用的方法有常量法（蒸馏法）和微量法（沸点管法），常量法测沸点的装置见蒸馏装置图（见 3.4.1 节），此法样品用量较大，一般需 10mL 以上。若样品量较少，可采用微量法测定。

将一端封口、一端开口的毛细管开口端朝下插入盛有被测样品的沸点外管中（图 4.11）。开始受热时，毛细管内存的空气受热膨胀后逸出，继续加热，被测液体受热膨胀，当受热温度超过液体的沸点时，毛细管内蒸气压大于外界施于液面的总压力，液体汽化逸出，当一连串气泡出现时停止加热，毛细管内蒸气压随温度降低而降低，气泡逐渐减少，当"最后一个气泡"刚逸出又要缩回毛细管内的瞬间，毛细管内压力恰好等于外界施于液面的总压力，此时对应的温度即被测液体的沸点。

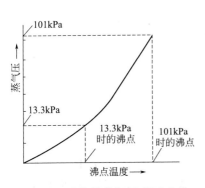

图 4.10　液体的蒸气压-温度曲线

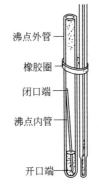

图 4.11　微量法测定沸点装置

沸点的测定
（操作演示）

微量法测沸点的具体步骤如下：

取被测样品 4～5 滴置于一根沸点外管中，使液柱高约 1cm。在此管中插入一端封口的毛细管（沸点内管），注意使封口端朝上、开口端浸入样品中（见图 4.11），然后将沸点外管用橡皮圈附在温度计旁，插入盛有导热液的 b 形管中进行加热（注意加热不能过快，被测液体不宜太少，以防液体全部汽化）。当温度升至比沸点稍高时，有连串的小气泡快速逸时停止加热，气泡逸出的速度即逐渐减慢。当"最后一个气泡"刚要缩回沸点内管的瞬间表示管内蒸气压与外界压力相等，此时的温度即为被测样品的沸点。为校正起见，可在温度下降几度后再缓慢升温，记下刚刚出现气泡时的温度，此温度与"最后一个气泡"对应的温度应该大致相同，温差不超过1℃。每只沸点内管用于一次测定，一份样品应重复测定2~3次，温差应不超过1℃。

实验 14　微量法测沸点

【实验目的】

1. 了解沸点测定的意义。
2. 熟悉测定沸点的原理。
3. 掌握微量法测定沸点的仪器装置、操作技术。

【仪器和药品】

主要仪器：温度计、b 形管（Thiele 管）、沸点内管和沸点外管。
主要试剂：丙三醇（甘油，作为导热液）、水。

【实验步骤】

用沸点外管取适量样品水（高度约1cm），将沸点内管开口端朝下插入其中，外管如图4.11缚在温度计上，然后将其插入装有导热液（略高于上侧管）的 b 形管中，温度计水银球位于 b 形管两侧管的中部位置，注意整个测定过程导热液都不能进入沸点外管！

开始加热，随着温度的上升，沸点内管管口开始有小气泡缓缓逸出，随后有连串的小气泡快速逸出时停止加热，抓住"最后一个气泡"对应的温度即为样品水的沸点。重复操作几次，误差应小于1℃。

【思考题】

1. 具有恒定沸点的液体都是纯化合物吗？为什么？
2. 分析样品水的沸点与理论值100℃偏差的原因。

4.3　折射率的测定

（1）测量原理

折射率又称折光率，是液体化合物最重要的物理常数之一，是有机化合物纯度标志之一。折射率的测定值可精确到万分之一，比沸点更可靠，是定性鉴别有机化合物的一种手段。

一般地说，光在两种不同介质中的传播速度是不相同的，当光线从一种透明介质进入另一种透明介质，传播方向与两介质的界面不垂直时，在界面处的传播方向就发生改变，这种现象称为光的折射现象。

如图4.12所示，根据折射定律，波长一定的单色光在确定的外界条件（温度、压力等）下，从介质 A 进入介质 B，入射角 α 和折射角 β 的正弦之比与两介质的折射率成反比，如下式所示：

$$\frac{\sin\alpha}{\sin\beta} = \frac{n_B}{n_A} = \frac{n}{N} \tag{4-1}$$

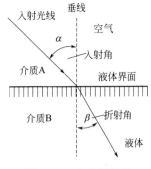

图 4.12　光的折射图

若介质 A 是真空，则 $N=1$，n 为介质 B 的绝对折射率，即光线从真空进入这个介质时的入射角和折射角的正弦之比，如下式所示：

$$n = \frac{\sin\alpha}{\sin\beta} \tag{4-2}$$

通常测定折射率时，介质 A 是空气，$N_{空气}=1.00027$（空气的绝对折射率），则：

$$\sin\alpha / \sin\beta = n/N_{空气} = n/1.00027 = n'$$

n' 是介质 B 的相对折射率，n 与 n' 数值相差很小，常以 n 代替 n'。如果进行精密测定，则需对其进行校正。物质的折射率与它本身的结构和入射光波长有关，而且也受温度、压力等因素的影响。折射率常用 n_D^t 表示。D 表示以钠光灯的 D 线（589.3nm）作光源，t 是与折射率相对应的温度。通常大气压的变化对折射率的影响不显著，一般测定中不考虑压力的影响。

当温度增高或降低 1℃，液体有机化合物的折射率会减少或增加 $3.5\times10^{-4} \sim 5.5\times10^{-4}$，不同温度测定的折射率，可换算成另一温度下的折射率。为了便于计算，一般采用 4×10^{-4} 为温度每变化 1℃ 的校正值。这个粗略计算所得的数值可能略有误差，但却有参考价值。通常文献中列出的某物质的折射率是温度在 20℃ 的数值。当实际测定时的温度高于（或低于）20℃ 时，所测折射率值应减去（或加上）$\Delta t\times4\times10^{-4}$。

折射率能方便而精确地测定出来，利用测定值不仅可以鉴定未知化合物，还可用于确定液体混合物的组成。比如在蒸馏两种或两种以上的液体混合物且当各组分的沸点相接近时，可利用折射率来确定馏分的组成，因为当组分的结构相似且极性小时，混合物的折射率和物质的量组成之间常呈线性关系。

如果介质 A 对于介质 B 是光疏物质，即 $n_A < n_B$ 时，折射角 β 必小于入射角 α，当入射角 α 为 90° 时，$\sin\alpha=1$，这时折射角达到最大值，称为临界角，用 β_0 表示。在一定波长与一定条件下，β_0 是一个常数，它与折射率的关系如下式所示：

$$n = 1/\sin\beta_0 \tag{4-3}$$

通过测定临界角 β_0，就可以得到折射率，这就是阿贝（Abbe）折光仪的基本光学原理。

（2）阿贝折光仪

2W 型阿贝折光仪的结构如图 4.13 所示，主要组成部分是两块直角棱镜，上面一块表面光滑的为折光棱镜，下面一块是磨砂面的进光棱镜。两块棱镜可以开启和闭合，测定时，样品液薄层就在两棱镜之间。此外，右侧镜筒是测量目镜，用来观察折光情况，筒内装有消色散棱镜即消色补偿器，通过它的作用将复色光变为单色光。因此，直接利用日光测定折射率，所得数据和用钠光时所测得的数值完全一样。左侧镜筒是读数目镜，用于观察刻度盘，盘上有两行数值。右边一行是折射率数值（1.3000～1.7000），左边一行是工业上测量糖溶液浓度的标度（0～95%）。

光线由反射镜射入进光棱镜，发生漫射，以不同角度射入两棱镜间的样品液薄层，然后射到折光棱镜表面上。临界角以内均有光线进入测量目镜，是明亮的，临界角以外的光线发生全反射，测量目镜看不到光线，是暗的。调节测量目镜中的视野，使明暗两区的界限与

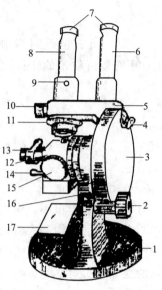

折射率的测定
（操作演示）

图 4.13　2W 型阿贝折光仪

1—底座；2—棱镜转动手轮；3—圆盘组；4—小反光镜；5—支架；6—读数镜筒；7—目镜；8—测量镜筒；
9—物镜调节螺钉；10—消色散棱镜手轮；11—色散值刻度圈；12—折射棱镜组；13—温度计座子；
14—恒温器接头；15—保护罩；16—主轴；17—反光镜

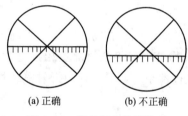

(a) 正确　　　　(b) 不正确

图 4.14　折光仪在临界角时
的目镜视野

"十"字交叉点重合（图 4.14），此时从读数目镜刻度盘中即可读得该样品的折射率。

用阿贝折光仪测定折射率的主要步骤如下：

① 将阿贝折光仪置于靠窗口的桌上或白炽灯前，但要避免阳光直射。在棱镜外套上装好温度计，折光仪用橡皮管将两棱镜上保温夹套的进出水口与超级恒温槽相连，调至测定温度，或者直接在室温下测定，再根据温度变化常数进行换算。

② 松开锁钮，打开棱镜，滴 1~2 滴丙酮在镜面上，合上两棱镜，待镜面全部被丙酮湿润后再打开，用擦镜纸从内向外轻轻擦干净。

（3）读数的校正

① 用二次蒸馏水校正　打开棱镜，取 1~2 滴二次蒸馏水均匀滴于进光棱镜的磨砂面上，在保持折光棱镜水平的情况下关闭棱镜（注意保护棱镜镜面，滴加液体时要防止滴管口划伤镜面；每次擦拭镜面时，只能用擦镜纸轻擦，测试完毕，也要用丙酮洗净镜面，待干燥后才能合笼棱镜）。调节反射镜使两目镜内视场最明亮。转动左侧的棱镜转动手轮，使刻度盘上的读数等于蒸馏水的折射率（$n_D^{20}=1.33299$，$n_D^{25}=1.3325$）。转动右侧的消色散棱镜手轮，消除色散，得到清晰的明暗界线。观察测量目镜镜筒内明暗分界线是否通过十字交叉点。如果有偏差，则用仪器附带的方孔调节扳手转动测量目镜上的物镜调节螺钉（也称指示调节螺钉），使明暗线对准十字交点，校正完毕。

② 用标准折光玻璃块校正　打开棱镜，取折光仪所附带的标准玻璃块（上面刻有其折射率），在其抛光面上加一滴 1-溴代萘（$n=1.66$），使之黏附在折光仪有抛光面的棱镜上

（标准玻璃块的抛光面朝上，以便接收光线），调节刻度盘使读数与标准玻璃块上数值一致，按①的方法调节使测量目镜内明暗分界线恰好通过十字交叉点。

（4）样品的测定

① 用丙酮清洗镜面后，将 1～2 滴样品均匀滴于磨砂面棱镜上（不能测量带有酸性、碱性或腐蚀性的液体；要求液体无气泡并充满视场），闭合两棱镜，旋紧锁钮。如样品很易挥发，可用滴管从棱镜间小槽中滴入。

② 调节反光镜，使两目镜内视场明亮。

③ 转动棱镜转动手轮，直到视场中出现半明半暗现象（若目镜中看不到半明半暗，是畸形的，说明棱镜间没有充满液体；若出现弧形光环，可能是光线没有经过棱镜面而直接照在光透镜上；如果样品的折射率不在 1.3～1.7 之间，阿贝折光仪不能测定，也就调不到明暗界限），若在交界处有彩色光带，则转动消色散棱镜手轮，使彩色光带消失，得到清晰的明暗界线，继续转动棱镜转动手轮，使明暗界线正好与测量目镜中的十字交叉点重合。从刻度盘上直接读取折射率（若无恒温槽，所得数据要加以修正，通常温度升高 $1℃$，液态化合物折射率大约降低 $4×10^{-4}$），重复测定 2～3 次，取平均值即为样品的折射率。同时，记录下测定时的温度。

④ 测量完毕，拆下连接恒温槽的胶皮管，排尽棱镜夹套内的水。用丙酮清洗两棱镜表面，晾干后关闭保存。

实验 15　折射率的测定

【实验目的】

1. 了解阿贝折光仪的构造和折射率测定的基本原理。
2. 掌握用阿尔折光仪测定液态有机化合物折射率的方法。

【仪器和药品】

主要仪器：阿贝折光仪，恒温水浴。

主要药品：丙酮，乙酸异戊酯。

【实验内容】

依据本节实验操作步骤，采用阿贝折光仪测定乙酸异戊酯的折射率，重复测定 2～3 次，求平均值即为待测液的折射率。

【思考题】

为什么每次测定前后都要擦洗两棱镜表面，擦洗的要点有哪些？

4.4　旋光度的测定

一般来说，具有手性的化合物能使平面偏振光的振动平面旋转一定角度，这一角度称为旋光度，用 $α$ 表示。具有这种性质的化合物称为旋光性物质。旋光性物质有左旋（－）和右旋（＋）之分，当观察者正对着入射光看时，它们分别能使偏振光振动平面逆时针或顺时针旋转。

旋光度的大小，不仅与物质的结构有关，而且还与待测液的浓度、样品管的长度、测定时的温度、光源波长及溶剂的种类等有关。为了增加可比性，规定：将每 mL 含 1g 旋光性物质的溶液置于 1dm 长的样品管中测定的旋光度称为比旋光度 $[\alpha]$，它与旋光度的关系如下式所示：

$$[\alpha]_\lambda^t = \frac{\alpha}{cl} \tag{4-4}$$

式中，$[\alpha]$ 为比旋光度；t 为测定温度，一般为 20℃；λ 为所用光源的波长，nm；α 为旋光度；c 为溶液浓度，g/mL；l 为盛液管长度，dm。注意：给出比旋光度时还需注明测定时配制样品所用的溶剂。

比旋光度是旋光性物质重要物理常数之一。测定旋光度的仪器称为旋光仪（图 4.15）。虽然旋光仪有不同的种类，但归纳起来，其主要部件和测定原理基本相同，从光源发出的自然光通过起偏棱镜成为平面偏振光，平面偏振光通过盛有样品溶液的样品管，振动方向如有旋转，可调节附有刻度盘的检偏棱镜，使最大量的光线通过。检偏棱镜所旋转的度数显示在刻度盘上可读出，即为实测的旋光度 α。见图 4.16。

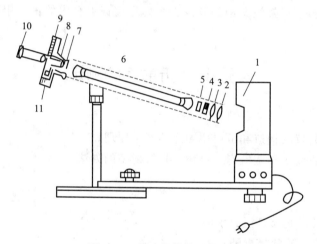

图 4.15 旋光仪结构示意图

1—光源；2—会聚透镜；3—滤色片；4—起偏镜；5—石英片；6—测试管；
7—检偏镜；8—物镜；9—刻度盘；10—目镜；11—刻度盘转动手轮

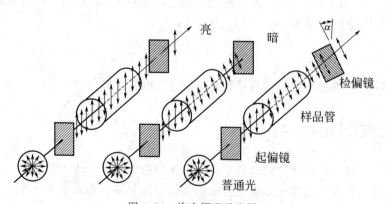

图 4.16 旋光原理示意图

用旋光仪测定液体物质旋光度的实验步骤如下：

（1）预热

接通电源，开启电源开关，约 5min 后钠光灯发光正常，即可开始工作。

（2）旋光仪零点的校正

在测定样品前先校正旋光仪的零点，方法是先将样品管用蒸馏水洗 2～3 次，再装入蒸馏水使之充满样品管，将石英玻璃盖沿管口轻轻地平推至盖好，尽量不要带入气泡。之后，装上橡皮圈、旋上螺帽至不漏水，但也不能太紧，以免护片玻璃发生变形，影响读数的准确性。然后将样品管两头残余溶液小心擦干，以免影响观察清晰度及测定精度。装好溶液后如果发现管内有气泡，可使之进入样品管的凸出部分，以免影响测量结果。

将样品管放入旋光仪内，开启光源，将刻度盘调到零点，观察零度视场亮度是否一致（见图 4.17）。若一致，则说明仪器零点准确，若不一致，应转动刻度盘手轮，使检偏镜旋转一定角度，直至视场内三部分亮度一致，记下刻度盘读数，重复操作两次，取其平均值作为零点值。在测定样品溶液时，应从读数中减去零点值。

 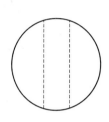 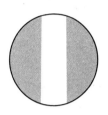

　　小于或大于零点视场　　　　　　　零点视场　　　　　　小于或大于零点视场

图 4.17　目镜中的视野

（3）样品旋光度的测定

每次测定前应先用少量待测样品液润洗样品管 2～3 次，使测定的样品溶液浓度一定。装上样品溶液，盖好、旋紧后放入旋光仪内，开启光源，调到零点视场，记下读数。每个样品重复读数三次，取其平均值。该数值与零点值之间的差值为所测样品的旋光度。同时，记录样品管长、测定时的温度、所用溶剂等。测定完毕，将样品管中的溶液倒出、洗净、吹干。在橡皮垫上加滑石粉保存。

实验 16　旋光度的测定

【实验目的】

1. 加深对光学活性物质旋光性的理解。
2. 了解旋光仪的构造。
3. 掌握旋光仪测定物质旋光度的操作方法。

【仪器和药品】

主要仪器：WZX-1 型光学度盘旋光仪或 IP-digi300 自动旋光仪。

主要药品：葡萄糖（5%），蔗糖（5%），未知浓度的葡萄糖、蔗糖水溶液各一份。

【实验内容】

依据本节旋光度测定的实验步骤，选择适宜的样品管测定：①已知浓度的葡萄糖（5g/100mL）和蔗糖（5g/100mL）水溶液的旋光度，计算出比旋光度；②未知浓度的葡萄糖、果糖的水溶液，测定其旋光度，计算出其浓度。注意需多次测量求平均值。

【思考题】

1. 如何根据旋光度的测量结果，判断所测的糖溶液是左旋还是右旋？
2. 用样品管装溶液时应注意什么问题？

4.5 相对密度的测定

密度是指单位体积的物质的质量。相对密度指在一定的温度和压力下，某一物质的密度与水的密度的比值，实验中先后称量密度瓶内同体积化合物和水的质量之比，即可测定相对密度。纯化合物的相对密度在一定条件下，一般是常数。若化合物不纯，其相对密度的测定值会随着纯度的变化而改变。因此，可通过测定化合物的相对密度，来检测化合物的纯度。

液体化合物相对密度的测定，一般用密度瓶测定，测定易挥发液体的相对密度，可用韦氏比重秤。以下重点介绍密度瓶法。

密度瓶法测定液体化合物的相对密度按如下步骤进行。

（1）密度瓶的准备

先按玻璃仪器清洗的标准洗涤密度瓶，然后依次用乙醇和丙酮进行清洗，最后需在干燥的空气流下使密度瓶的内壁和外壁保持干燥。

称量密度瓶时，密度瓶的温度应与待测化合物保持一致。密度瓶若有瓶塞，应称取包括瓶塞在内的密度瓶的质量（m_1）。

（2）蒸馏水的称量

在密度瓶内注满蒸馏水后，装上温度计，需保证瓶内无气泡。置于20℃的水浴中，静置30min，当密度瓶内温度与水浴温度达到平衡时，将密度瓶取出，并用滤纸将瓶的外壁擦干，准确称取包括瓶塞的密度瓶（m_2）。由上可得蒸馏水的质量为：

$$\Delta m' = m_2 - m_1$$

按照以上操作，测量三次取平均值。

（3）化合物的称量

将密度瓶倒空，按步骤（1）清洗并干燥。将待测化合物装入密度瓶中，按步骤（2）进行操作，测量。对于液体样品的测量，密度瓶需要插入带有毛细管的瓶塞。密度瓶在水浴上加热时，随着待测液体的温度上升，会有液体从塞孔溢出，此时，可用滤纸及时擦干，待液体不再从瓶塞溢出时，迅速将密度瓶自水浴中取出，擦干瓶外壁并称量（m_3）。称量方法同操作步骤（2）。由上可得化合物的质量为：

$$\Delta m'' = m_3 - m_1$$

由此，待测化合物的相对密度则为：

$$\rho = \Delta m'' / \Delta m'$$

实验 17　相对密度的测定

【实验目的】

1. 了解化合物相对密度测定的意义。
2. 熟悉测定相对密度的原理。
3. 掌握测定液体相对密度的仪器装置、操作技术。

【仪器和药品】

主要仪器：密度瓶，温度计。

主要药品：乙酸乙酯（分析纯），蒸馏水。

【实验内容】

依据本节实验操作，选择合适的密度瓶测定。①测定已知浓度的分析纯乙酸乙酯的相对密度；②对未知浓度的乙酸乙酯溶液，测定其相对密度，计算其浓度。比较液体化合物纯度与相对密度的关系。

【思考题】

1. 如何根据相对密度的测量结果，判断所测液体的纯度？
2. 将密度瓶中的液体在恒温水浴中加热时，应注意什么问题？

第5部分 基础有机合成实验

基础有机合成实验是有机化学实验中最重要的组成部分，其涉及的反应众多，由于篇幅限制，本书按反应类型收录了其中 32 个比较经典的实验。对每一个目标产物，根据相关有机合成反应原理和文献资料，整理出了合理的反应条件和步骤，在实验室中通过实验基本操作技能的综合运用，每个实验都可以达到预期结果。

对于初学者而言，学习有机合成实验，必须有正确的学习方法，逐步掌握有机合成的实验思路，为后续的综合实验（多步有机合成）打下扎实的基础。

① 理解反应原理，熟悉每一个合成实验的反应式，明确每步操作的目的性。通过每个实验流程图，了解实验的全过程，把握实验全局，避免盲目操作。

② 掌握每个实验装置的安装及用途，不同的反应往往有不同特点的反应装置。通过安装（拆卸）不同的反应装置，掌握其使用方法并具备预防和处置实验事故的能力。

③ 掌握每个合成实验的主要反应条件，包括反应物投料、反应温度、反应时间、催化剂等。有机化学反应大多有副反应存在，反应条件不同反应产物往往不同，只有在适当的条件下才能得到目标产物，所以要重视每一步的反应条件，未经实验验证，不宜随意变换反应条件。

④ 明确合成实验的后处理即分离与提纯的方法与技巧。要得到较纯的目标产物，一定要经过除杂与提纯操作，如蒸馏、分馏、萃取、升华、结晶、酸碱中和、色谱……操作过程中对每一步要除去什么、得到什么思路要清晰，否则容易造成错误操作而前功尽弃。

⑤ 完成反应产物的验证。本书列出的 32 个基础合成实验项目，制备的化合物都是已知的，可以通过测定主要的物理常数来确认。固体化合物测定熔点或红外光谱（部分谱图见附录），液态化合物测定沸点、折射率或红外光谱来验证。

5.1 傅-克反应

傅瑞德尔-克拉夫茨（Friedel-Crafts）反应，简称傅-克反应，该反应是向芳环上引入烷基和酰基最重要的方法，在合成上具有很大的实用价值。

（1）傅-克烷基化反应

卤代烷在 $AlCl_3$、$FeCl_3$、$SnCl_4$、BF_3、$ZnCl_2$ 等路易斯酸催化下与芳烃或其衍生物反应，催化剂的作用是使卤代烷转变成烷基碳正离子（亲电试剂）。结果在芳环上引入了一个烷基。反应如下：

$$ArH + RX \xrightarrow{AlCl_3} ArR + HX$$

现以苯环上引入烷基为例说明其亲电取代反应机理：

$$RX + AlCl_3 \rightleftharpoons R^+[AlCl_3X]^- \rightleftharpoons R^+ + [AlCl_3X]^-$$

$$[AlCl_3X]^- + H^+ \Longrightarrow AlCl_3 + HX$$

除了用卤代烷外，还可用烯或醇在酸催化下发生烷基化反应，如：

$$\text{(苯)} + CH_3CH_2CH = CH_2 \xrightarrow{H_2SO_4} \text{(产物)}$$

（2）傅-克酰基化反应

酰卤或酸酐在路易斯酸催化下与芳烃或其衍生物反应，酰卤或酸酐与催化剂作用生成进攻芳环的酰基正离子，结果在芳环上引入了一个酰基。反应如下：

$$RCOX + ArH \xrightarrow{AlCl_3} RCOAr + HX$$

现以苯环上引入酰基为例说明其亲电取代反应机理：

$$RCOCl + AlCl_3 \Longrightarrow [RCO]^+[AlCl_4]^- \Longrightarrow [\overset{+}{RCO}] + [AlCl_4]^-$$

$$\text{(苯)} + [\overset{+}{RCO}] \Longrightarrow \text{(中间体)} \longrightarrow \text{(产物)COR} + H^+$$

$$[AlCl_4]^- + H^+ \longrightarrow AlCl_3 + HCl$$

傅-克反应的局限性：当芳环上连有—NO$_2$、—SO$_3$H、—CN、—CHO、—COOH 等致钝基团时，这些吸电子基将使芳环活性降低，傅-克烷基化和傅-克酰基化反应均不能发生。当芳环上连有氨基或取代氨基时，氨基会与三氯化铝形成配合物 $ArNH_2\text{-}\overset{+}{AlCl_3}$ 而使氨基转变成强的吸电子基，导致反应产率很低或不能进行。

另外，傅-克烷基化反应与傅-克酰基化反应有两点不同：其一，由卤代烷产生的烷基碳正离子可能会发生重排，傅-克烷基化反应引入的烷基可能不是原先卤代烷中的烷基。如苯与1-氯丙烷在三氯化铝存在下反应，只得到少量的正丙基苯，较多的是异丙基苯；其二，由于芳环连上烷基后变得更活泼，所以傅-克烷基化易发生多取代。

傅-克酰基化反应常用酸酐代替酰氯作酰化试剂，这是因为酸酐原料易得，纯度高；操作方便，无明显的副反应或有害气体放出；反应平稳且产率高，产物相对容易提纯。由于酰基的致钝作用，不存在生成多取代产物，因此制备纯净的侧链烷基苯通常是先发生酰化反应，然后还原羰基来实现。

相对于傅-克烷基化反应，傅-克酰基化催化剂三氯化铝用量较多，因三氯化铝会与反应中生成的酮形成配合物；当使用酸酐时，反应中产生的有机酸也会与三氯化铝反应。

二茂铁具有芳香性，其茂环上能发生亲电取代反应，活性比苯更高。二茂铁与乙酸酐经过傅-克酰基化反应可制得乙酰二茂铁。但由于二茂铁分子中存在亚铁离子，对氧化剂的敏感限制了它在合成中的应用，如不能用混酸对其硝化制备硝化产物。

实验 18　乙酰二茂铁的制备

【实验目的】

1. 掌握 Friedel-Crafts 反应合成乙酰二茂铁的反应机理和方法。
2. 掌握用薄层色谱跟踪反应进程、检测产品纯度的方法。
3. 巩固回流、抽滤、薄层色谱等操作技术。

【产品介绍】

乙酰二茂铁（Acetylferrocene，CAS 号：1271-55-2），分子式为 $C_{12}H_{12}FeO$，分子量为 228.07。橙色针状结晶粉末，熔点 81～83℃。不溶于水，微溶于醇。可作汽油的抗震剂、紫外线的吸收剂、火箭燃料添加剂等。

【反应式】

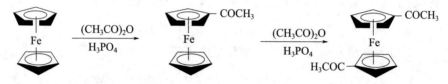

根据反应条件不同，生成的产物可以是单乙酰基取代物或双乙酰基取代物，并且由于乙酰基的钝化作用，第二个乙酰基将引入另一个茂环。

【仪器和试剂】

主要仪器：100mL 圆底烧瓶，回流装置，抽滤装置等。

主要试剂：二茂铁 1g（0.0054mol），乙酸酐 10.8g（10mL，0.1mol），磷酸，饱和碳酸钠溶液，石油醚，乙酸乙酯。

【实验流程】

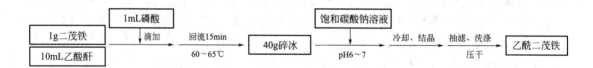

【实验步骤】

（1）乙酰二茂铁的合成

在 100mL 圆底烧瓶[1] 中，加入 1g 二茂铁和 10mL 乙酸酐，置于冷水浴中，在振荡下用滴管慢慢加入 1mL 85％磷酸[2]。投料毕，装上配有无水氯化钙干燥管的球形冷凝管，60～65℃水浴中加热 15min 并不时振荡。然后将反应混合物倾入盛有 40g 碎冰的 400mL 烧杯中，并用 10mL 冷水涮洗烧瓶，将涮洗液并入烧杯。在搅拌下，慢慢加入饱和碳酸钠溶液[3] 至溶液 pH 值为 6～7。将中和后的反应混合物置于冰浴中冷却 15min，抽滤收集析出的橙黄色固体，每次用 10mL 冰水洗两次[4]，压干后干燥得橙黄色固体，约 1.3g。

（2）用薄层色谱检测粗产品纯度

取少许粗产物溶于乙醚，在硅胶 G 板上点样，用 10：1 石油醚/乙酸乙酯作展开剂，将粗产品与二茂铁标准样对照展开，展开板上从上到下出现黄色、橙色和红色三个点，分别代表二茂铁、乙酰二茂铁和 $1,1'$-二乙酰二茂铁，计算其 R_f 值。

本实验需 4～6h。

【安全提示】

乙酸酐具有强刺激性，量取时应小心。实验需在通风橱内进行，严禁烟火，严禁皮肤接触，牢记有机化学实验常规安全防范知识和急救措施。

【注释】

[1] 烧瓶要干燥，反应时应用干燥管，避免空气中的水汽进入烧瓶内。

[2] 因为磷酸有氧化性，因此滴加磷酸时一定要在振摇下用滴管慢慢加入，否则易产生深棕色黏稠氧化聚合物。

[3] 用碳酸钠中和粗产物时应小心操作，防止因加入过快使产物逸出，要避免碳酸钠过量，但要足量，否则乙酰二茂铁析出不充分。

[4] 乙酰二茂铁在水中有一定的溶解度，洗涤时最好用冰水，洗涤次数也切忌过多。

【思考题】

1. 二茂铁酰化形成二酰基二茂铁时，第二个酰基为什么不能进入第一个酰基所在的环上？

2. 二茂铁比苯更容易发生亲电取代，为什么不能用混酸进行硝化？

3. 在调节 pH 值时，能否用碳酸氢钠替代碳酸钠？

5.2 卤化反应

向有机化合物分子中引入卤素的反应称为卤化反应。卤化反应包括加成卤化、取代卤化和置换卤化，卤化反应的主要产物之一是卤代烃。卤代烃是一类重要的有机合成中间体。通过卤代烷的亲核取代反应，能制备多种有用的化合物。根据与卤素所连的烃基的结构不同，卤代烃可以分为卤代烷、卤代烯和芳香族卤代物。

（1）卤代烷

实验室制备卤代烷最常用的方法是将结构对应的醇通过亲核取代反应转变为卤代物，常用的卤代试剂有氢卤酸、三卤化磷和氯化亚砜。例如：

① $ROH + HX \rightleftharpoons RX + H_2O$（可逆反应，有重排）

② $ROH + \begin{matrix} PX_3 \\ PX_5 \end{matrix} \rightarrow \begin{cases} RX + P(OH)_3 (b. p. 180℃,分解),制低沸点 RX \\ RX + POX_3 (b. p. 105.8℃),制高沸点 RX \end{cases}$ 不重排

醇与氢卤酸的反应是制备卤代烷最常用的方法，根据醇的结构不同，反应存在着两种不同的机理。一般来说，叔醇按 S_N1 机理，伯醇、仲醇按 S_N2 机理进行。

历程：

$$R{-}OH \xrightarrow{H^+} R{-}\overset{+}{O}H_2 \xrightarrow{X^-} RX \text{ (伯醇、仲醇: } S_N2)$$

差的离去基团　　　好的离去基团

$$R{-}OH \xrightarrow{H^+} R{-}\overset{+}{O}H_2 \xrightarrow{-H_2O} R^+ \xrightarrow{X^-} RX \text{ (叔醇: } S_N1)$$

碳正离子

酸的作用主要是促使醇质子化，将较难离去的基团—OH 转变成较容易离去的—$\overset{+}{O}H_2$，加快反应速率。需要指出，消去反应与取代反应是同时存在的竞争反应，还可能存在着分子重排反应。如：

$$CH_3-\underset{\underset{CH_3}{|}}{\overset{\overset{CH_3}{|}}{C}}-CH_2OH \xrightarrow{HBr} CH_3-\underset{\underset{Br}{|}}{\overset{\overset{CH_3}{|}}{C}}-CH_2CH_3 + CH_3-\underset{\underset{CH_3}{|}}{\overset{\overset{CH_3}{|}}{C}}-CH_2Br$$

主要产物   次要产物

因此针对不同的反应对象，醇与氢卤酸反应制备卤代烃可能存在着醚、烯烃或重排的副产物。

醇与氢卤酸反应的难易随所用醇的结构与氢卤酸不同而有所不同。反应的活性次序为：烯丙醇（或苄醇）>3°ROH>2°ROH>1°ROH>CH_3OH，HI>HBr>HCl。

（2）芳香族卤代物

芳香族卤代物可以通过苯或取代苯在 Lewis 酸的催化下与卤素发生亲电取代反应来制备。

o-二溴苯   p-二溴苯

常用的催化剂有三卤化铁、三卤化铝等。由于无水溴化铁极易吸水，不便保存，实验中常用铁屑作催化剂，后者与溴在反应中产生溴化铁。整个取代反应的历程是：

$$FeCl_3+Cl_2 \rightleftharpoons FeCl_4^-+Cl^+$$
$$FeBr_3+Br_2 \rightleftharpoons FeBr_4^-+Br^+$$

亲电试剂

π-配合物   σ-配合物

（3）烯丙型卤代物

实验室制备烯丙型和 α-溴代烷基苯可以用 N-溴代丁二酰亚胺（简称 NBS）作溴代试剂进行，例如：

N-溴代丁二酰亚胺

这是一个通过光照或加过氧化物引发的自由基反应。

实验 19　溴乙烷的制备

【实验目的】

1. 掌握卤代烃的制备方法，加深对双分子亲核取代反应（S_N2）历程的理解。
2. 巩固蒸馏等基本操作技术。

【产品介绍】

溴乙烷（Bromoethane，CAS 号：74-96-4），分子式为 C_2H_5Br，分子量为 108.97。无色油状液体，有类似乙醚的气味，露置空气或见光逐渐变为黄色，有挥发性。蒸气有毒，浓度高时有麻醉作用。熔点 $-119℃$，沸点 $38.4℃$，折射率（n_D^{20}）1.4239。水中溶解度（g/100g）：0℃时 1.067，20℃时 0.914；能与乙醇、乙醚、氯仿混溶。溴乙烷是有机合成的重要原料，可用作仓储谷物、仓库及房舍等的熏蒸杀虫剂、汽油的乙基化试剂、冷冻剂和麻醉剂。

【反应式】

为了合成和使用上的方便，一般实验室中使用的卤代烷是溴代烷。它的主要合成方法是由醇和氢溴酸作用，为了加速反应提高产率，常用浓 H_2SO_4 作催化剂，或者用浓硫酸和溴化钠作为溴代试剂。

主反应：

$$NaBr + H_2SO_4 \longrightarrow HBr + NaHSO_4$$
$$CH_3CH_2OH + HBr \longrightarrow CH_3CH_2Br + H_2O$$

副反应：

$$2CH_3CH_2OH \longrightarrow CH_3CH_2OCH_2CH_3 + H_2O$$
$$CH_3CH_2OH \longrightarrow CH_2{=}CH_2 + H_2O$$
$$2HBr + H_2SO_4 \longrightarrow Br_2 + 2H_2O + SO_2 \uparrow$$

反应完成后，要用浓硫酸洗涤副产物烯或醚以及多余的原料醇。

【仪器和试剂】

主要仪器：100mL 圆底烧瓶，分液漏斗，蒸馏装置等。

主要试剂：乙醇 6.0g（7.5mL，0.13mol）（95%），无水溴化钠 11.6g（0.113mol），浓硫酸。

【实验流程】

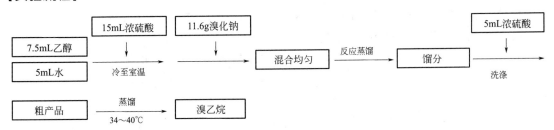

【实验步骤】

在 100mL 圆底烧瓶中加入 7.5mL 95％的乙醇及 5mL 水[1]，在不断振荡和冷却下，缓慢加入浓硫酸 15mL，混合物冷却到室温，加入 11.6g 研细的溴化钠和磁力搅拌子，以磁力加热搅拌器为热源搭建蒸馏装置，接收器内放入少量冷水并浸入冰水浴中，接引管末端稍微浸入接收器的冷水中[2]。

开始加热，使反应液保持微微沸腾[3]，让反应平稳进行，直到无油状物流出为止。将接收器中的液体倒入分液漏斗，静置分层后，将粗溴乙烷（哪层?）转移至干燥的锥形瓶中[4]。在冰水冷却下，小心加入约 5mL 浓硫酸[5]，边加边摇动锥形瓶进行冷却。用干燥的分液漏斗分去浓硫酸（哪层?），将溴乙烷转移至 50mL 烧瓶中，加热蒸馏，将干燥的圆底烧瓶（浸入冰水浴中冷却），收集 34～40℃[6]的馏分，产量约 7.5g，测其折射率。

本实验需 4～6h。

【安全提示】

浓硫酸具有腐蚀性，废液需倒入指定回收瓶。溴乙烷的蒸气有毒，浓度高时有麻醉作用，能刺激呼吸道，应储存于阴凉、通风的库房，远离火种、热源，防止阳光直射。实验需在通风橱内进行，严禁烟火，严禁皮肤接触，牢记有机化学实验常规安全防范知识和急救措施。

【注释】

[1] 加少量水可防止反应中产生大量泡沫，减少副产物乙醚的生成和避免氢溴酸的挥发。

[2] 溴乙烷在水中溶解度甚小（1：100）。为了减少其挥发，常在接收器内预装冷水，并使接引管的末端稍微浸入水中，注意防止倒吸！反应结束前，应先将接引管与接收器分离，再关热源。同时需选用效果较好的冷凝管，装置各接口处要求严密不漏气。

[3] 蒸馏速度宜慢，否则蒸气来不及冷却而逸失，而且在开始加热时，常有很多泡沫发生，若加热太剧烈，会使反应物冲出。

[4] 要避免将水带入分出的溴乙烷中，否则加硫酸处理时将产生较多的热量而使产物挥发损失。

[5] 加入浓硫酸的步骤一定在冰水浴中进行，可除去乙醚、乙醇及水等杂质。

[6] 当洗涤不够时，馏分中仍可能含极少量水及乙醇，它们与溴乙烷分别形成共沸物（溴乙烷-水，沸点 37℃，含水约 1％；溴乙烷-乙醇，沸点 37℃，含醇约 3％）。

【思考题】

1. 本实验中得到的产品溴乙烷产量往往不高，试分析可能的几种因素？
2. 溴乙烷的制备中浓 H_2SO_4 洗涤的目的何在？
3. 溴乙烷沸点低（38.4℃），实验中采取了哪些措施减少溴乙烷的损失？

实验 20　正溴丁烷的制备

【实验目的】

1. 掌握卤代烃的制备方法，加深对双分子亲核取代反应（S_N2）历程的理解。
2. 掌握蒸馏、洗涤等基本操作技术。

【产品介绍】

正溴丁烷（l-Bromobutane，CAS 号：109-65-9），分子式为 C_4H_9Br，分子量为 137.03。无色透明液体，熔点 $-112.4℃$，沸点 $101.6℃$，折射率（n_D^{20}）1.4390，相对密度 1.2758。不溶于水，溶于醇、醚和氯仿等有机溶剂。用作稀有元素萃取剂、烃化剂及有机合成原料，还可用作医药、染料和香料的原料及医药、染料、农药中间体，同时可用于合成麻醉药盐酸丁卡因和半导体中间原料等。

【反应式】

主反应

$$NaBr + H_2SO_4 \longrightarrow HBr + NaHSO_4$$
$$n\text{-}C_4H_9OH + HBr \longrightarrow n\text{-}C_4H_9Br + H_2O$$

副反应：

$$CH_3CH_2CH_2CH_2OH \longrightarrow CH_3CH_2CH{=}CH_2 + H_2O$$
$$2n\text{-}C_4H_9OH \longrightarrow (n\text{-}C_4H_9)_2O + H_2O$$
$$2HBr + H_2SO_4 \longrightarrow Br_2 + SO_2\uparrow + 2H_2O$$

【仪器和试剂】

主要仪器：100mL 圆底烧瓶，分液漏斗，回流装置，吸收装置，蒸馏装置等。

主要试剂：正丁醇 7.5g（9.3mL，0.102mol），无水溴化钠 13.05g（0.126mol），饱和碳酸氢钠溶液，浓硫酸，无水氯化钙。

【实验流程】

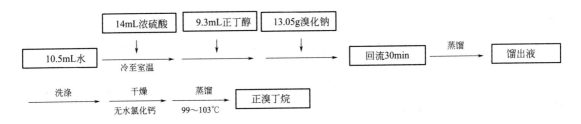

【实验步骤】

在圆底烧瓶中加入 10.5mL 水，再慢慢加入 14mL 浓硫酸，混合均匀并冷至室温后，再依次加入 9.3mL 正丁醇和 13.05g 溴化钠[1]，充分振荡。加入磁力搅拌子，以磁力加热搅拌器为热源，安装回流装置，并在冷凝管上端连上尾气吸收装置［见图 2.6(d)］。开动搅拌加热至沸，调整加热速度，保持微沸，反应约 30min。待反应液冷却后，改回流装置为蒸馏装置，蒸出粗产物（注意判断粗产物是否蒸完？）[2]。将馏出液移至分液漏斗中，用等体积的水洗涤[3]（产物在哪层？），静置分层后，将产物转入另一干燥的分液漏斗中，用等体积的浓硫酸洗涤，尽量分去硫酸层（哪层？）。有机相依次用等体积的水、饱和碳酸氢钠溶液和水洗涤后，转入干燥的锥形瓶中，加入适量无水氯化钙[4]干燥，间歇摇动锥形瓶，直到液体澄清为止。将干燥好的产物移至蒸馏瓶中，加热蒸馏[5]，收集 99～103℃的馏分，产量约 7g，测其折射率。

本实验需 6～8h。

【安全提示】

浓硫酸具有腐蚀性，废液需倒入指定回收瓶中。吸入正溴丁烷蒸气可引起咳嗽、胸痛和呼吸困难，高浓度时有麻醉作用，引起神志障碍，眼和皮肤接触可致灼伤，易燃，其蒸气与空气混合，能形成爆炸性混合物。产物应储存于阴凉、通风的库房，远离火种、热源，防止阳光直射。实验须在通风橱内进行，严禁烟火，严禁皮肤接触，牢记有机化学实验常规安全防范知识和急救措施。

【注释】

[1] 如用含结晶水的溴化钠，可按物质的量换算，并酌减水量；加入溴化钠时，应防止药品粘在圆底烧瓶磨口处。

[2] 正溴丁烷是否蒸完，可以从下列几方面判断：①蒸出液是否由浑浊变为澄清；②蒸馏瓶中的上层油状物是否消失；③取一试管收集几滴馏出液；加水摇动观察有无油珠出现。如无，表示馏出液中已无有机物，蒸馏完成。

[3] 若水洗后产物呈红色，可用少量的饱和亚硫酸氢钠水溶液洗涤，以除去由于浓硫酸的氧化作用生成的游离溴。

[4] 正丁醇和正溴丁烷可形成共沸物（bp 98.6℃，含正丁醇 13%），故必须除净正丁醇。无水氯化钙能以结晶醇的形式吸收体系中微量的醇。

[5] 产品是否清亮透明，是衡量产品是否合格的外观标准。因此在蒸馏已干燥的产物时，所用蒸馏仪器都应充分干燥。

【思考题】

1. 本实验硫酸的作用是什么？浓硫酸的用量和浓度过高或过低有什么不好？

2. 反应后的粗产物中含有哪些杂质？各步洗涤的目的何在？

3. 用分液漏斗时，正溴丁烷时而在上层，时而在下层，如不知道产物的密度时，可用什么简便的方法加以判别？

4. 为什么用饱和碳酸氢钠溶液洗涤前先要用水洗一次？

5. 为什么要搭建带有气体吸收功能的回流装置？

5.3　消除反应

　　消除反应是指从有机分子中消去简单小分子（如 H_2O、HX、NH_3 等）形成不饱和键的反应。烯烃是重要的有机化工原料。简单的烯烃如乙烯、丙烯和丁二烯工业上通过石油裂解和催化脱氢分离提纯制得。实验室制备烯烃主要通过消除反应得到，即醇的分子内脱水和卤代烷脱卤化氢两种方法。

　　实验室小量制备烯烃通常采用酸催化脱水的方法，常用的脱水剂有硫酸、磷酸、对甲苯磺酸、硫酸氢钾等。一般认为，醇在酸催化作用下发生分子内脱水反应，是按单分子历程（E1）进行的，即质子化的醇解离得碳正离子，然后在 β-碳原子上消除氢而得烯烃。当有可能生成两种以上的烯烃时，反应遵循札依采夫（Saytzeff）规则，脱去的是羟基和含氢较少的 β-碳上的氢原子，反应总是偏向于形成一个对称分子。反应历程表明，形成碳正离子后可通过氢或烷基的 1,2-迁移形成一个更稳定的碳正离子，然后再按札依采夫规则脱去一个 β-H 原子生成烯烃。即某些醇脱水过程中常发生碳骨架的变化或双键重排。例如：

$$\text{(CH}_3\text{)}_3\text{C}-\text{CH(OH)CH}_3 \xrightarrow[80℃]{85\%\,H_3PO_4} \text{CH}_3-\text{C(CH}_3\text{)}=\text{C(CH}_3\text{)}-\text{CH}_3 \quad 80\%$$

$$\text{CH}_3\text{CH}_2\text{CH(CH}_3\text{)}-\text{CH}_2\text{OH} \xrightarrow{H^+} \text{CH}_3\text{CH}_2\text{CH(CH}_3\text{)}-\text{CH}_2\overset{+}{O}H_2 \xrightarrow{-H_2O} \text{CH}_3\text{CH}_2\text{CH(CH}_3\text{)}-\overset{+}{C}H_2$$

$$\xrightarrow{1,2\text{-氢迁移}} \text{CH}_3\text{CH}_2\overset{+}{C}(CH_3)-\text{CH}_3 \longrightarrow \text{CH}_3\text{CH}=\text{C(CH}_3\text{)}-\text{CH}_3 + \text{CH}_3\text{CH}_2\text{C(CH}_3\text{)}=\text{CH}_2$$

$$\text{(CH}_3\text{)}_3\text{CCH(OH)CH}_3 \xrightarrow[\triangle]{80\%\,H_3PO_4} \text{(CH}_3\text{)}_3\text{CCH}=\text{CH}_2 + \text{(CH}_3\text{)}_2\text{C}=\text{C(CH}_3\text{)}_2 + \text{(CH}_3\text{)}_2\text{CHC(CH}_3\text{)}=\text{CH}_2$$

$$3\% \qquad\qquad 64\% \qquad\qquad 33\%$$

　　醇的脱水也可用氧化铝或分子筛在高温（350～400℃）下进行催化脱水。脱水剂经再生后可重复使用。该条件下，反应过程中很少有重排现象发生。例如：

$$\text{CH}_3\text{CH}_2\text{CH}_2\text{CH}_2\text{OH} \xrightarrow[350\sim400℃]{Al_2O_3} \text{CH}_3\text{CH}_2\text{CH}=\text{CH}_2$$

　　醇的脱水所需温度和酸的浓度与醇的结构有关。一般而言，脱水速率是：叔醇＞仲醇＞伯醇。

　　由于高浓度的硫酸容易导致烯烃的聚合、碳架重排以及醇分子间脱水，所以醇脱水成烯的主要副产物是烯烃的聚合物、重排产物和醚。

　　根据产物烯的沸点比原料醇的沸点低得多的特点，可将醇和酸的混合物加热到烯与醇的沸点温度之间。烯和水汽化后从反应瓶中蒸馏出来，未反应的醇进一步和酸作用直至反应完成。如此操作尽可能提高烯烃的产率。

实验 21　环己烯的制备

【实验目的】

1. 掌握浓磷酸催化环己醇脱水制备环己烯的原理与方法。
2. 巩固分馏、洗涤等基本操作技术。

【产品介绍】

环己烯（Cyclohexene，CAS 号：110-83-8），分子式为 C_6H_{10}，分子量为 82.15。无色易燃液体，有特殊刺激性气味。熔点 $-103.7℃$，沸点 $82.98℃$，折射率（n_D^{20}）1.4465，相对密度 0.8111。不溶于水，易溶于醚，溶于醇、丙酮、苯、四氯化碳。用于有机合成、制药工业、催化剂和石油萃取剂、高辛烷值汽油稳定剂。

【反应式】

【仪器和试剂】

主要仪器：50mL 圆底烧瓶，分液漏斗，分馏装置，蒸馏装置等。

主要试剂：环己醇 15.0g（15.6mL，0.15mol），浓磷酸 3mL（85%），食盐，无水氯化钙，20%氢氧化钠溶液。

【实验流程】

```
┌──────────────┐                                           ┌────────┐        20%氢氧化钠
│15.6mL环己醇  │                         出现白雾         │        │            ↓          萃取
├──────────────┤ → 混合摇匀 → 分馏 → 停止蒸馏 → │ 馏出液 │ → ──────── → ────
│3mL 85%磷酸   │                                           │        │       pH7          洗涤
└──────────────┘                                           └────────┘

       干燥              蒸馏            ┌────────┐
  → ──────────── → ──────────── → │ 环己烯 │
     无水氯化钙        80~85℃         └────────┘
```

【实验步骤】

在 50mL 干燥的圆底烧瓶中，加入 15.6mL 环己醇、3mL 85%浓磷酸[1] 和磁力搅拌子，开动搅拌使之混合[2]。选用短分馏柱搭建分馏装置，用 50mL 锥形瓶（置于冰水浴中）作为接收瓶。

控制加热，将烧瓶中的反应液加热至沸腾，且控制分馏柱顶部的馏出温度不超过 90℃[3]，慢慢地蒸出生成的环己烯和水[4]。若无液体蒸出时，可将加热火力加大。当烧瓶中只剩下少量残液并出现阵阵白雾时，即可停止加热。全部蒸馏时间约需 1h。

将馏出液用 20%氢氧化钠溶液中和至中性，然后加入适量食盐使水相饱和。将混合液转入分液漏斗中，振摇后静置分层，放出下面的水层，上层的粗产品转入干燥的锥形瓶中，加入适量无水氯化钙干燥[5]，间歇摇动锥形瓶，直到液体澄清为止。将干燥好的产物移至

50mL 烧瓶中，加热蒸馏，收集 80～85℃的馏分。若蒸出产品浑浊，必须重新干燥后再蒸馏，产量约 6g，测其折射率。

本实验需 4～6h。

【安全提示】

环己醇为可燃物，对皮肤有刺激性；浓磷酸具有腐蚀性。环己烯具有中等毒性，属一级易燃液体。实验须在通风橱内进行，严禁烟火，严禁皮肤接触，牢记有机化学实验常规安全防范知识和急救措施。

【注释】

[1] 本实验脱水剂可以是磷酸或硫酸。磷酸的用量必须为硫酸的一倍以上，但它却比硫酸有明显优点：一是不生成炭渣，二是不产生难闻气体（用硫酸易生成 SO_2 副产物）。

[2] 环己醇在常温是黏稠液体（m.p.24℃），若用量筒量取时，应注意转移中的损失，可用称量法进行称取。若用硫酸，环己醇与浓硫酸应充分混合，否则在加热过程中会局部炭化。

[3] 最好用简易空气浴，即将烧瓶底部向上移动，稍微离开加热套底部 1～2mm 进行加热，使蒸馏瓶受热均匀。因为反应中环己烯与水形成共沸物的沸点为 70.8℃（含水 10%）；环己醇与环己烯形成共沸物的沸点为 64.9℃（含环己醇 30.5%）；环己醇与水形成共沸物的沸点为 97.8℃（含水 80%），所以温度不可过高，蒸馏速度不宜太快，以 2～3s 1 滴为宜，减少未作用的环己醇蒸出。

[4] 在收集和转移环己烯时，最好保持充分冷却，以免因挥发而损失。

[5] 水层应尽可能分离完全，否则将增加无水氯化钙的用量，使产物更多地被干燥剂吸附而导致损失加大。这里用无水氯化钙干燥较适宜，因它还可除去少量环己醇。

【思考题】

1. 在制备过程中为什么要控制分馏柱顶部的温度？
2. 在粗制环己烯中，加入食盐使水层饱和的目的何在？
3. 写出无水氯化钙吸水后的化学变化方程式，为什么蒸馏前一定要将其过滤掉？

5.4 格氏反应

卤代烃与金属镁作用生成的有机镁化合物称为格氏试剂（Grignard 试剂）。格氏试剂与多种碳-杂原子不饱和键发生亲核加成反应，再经水解得到烃化产物的过程称为格氏反应。

利用格氏反应是实验室合成各种结构复杂醇的重要方法。卤代烷与金属镁在无水乙醚中反应生成烷基卤化镁。芳香型和乙烯型卤化物，则需要用四氢呋喃为溶剂，才能发生反应。

卤代烃生成格氏试剂的活性次序为：RI＞RBr＞RCl。实验室通常使用活性居中的溴化物。因为氯化物反应较难进行，碘化物价格较贵，且容易在金属表面发生偶联，产生副产物（R—R）。

醚在格氏试剂的制备中有重要作用，醚分子中氧原子上的非键电子可以与试剂中带部分正电荷的镁形成配合物，使有机镁化合物稳定，并能溶解于乙醚。格氏试剂中，碳-金属键是极化的，带部分负电荷的碳具有显著的亲核性质，在增长碳链的方法中有重要用途，其最重要的性质是与醛、酮、羧酸衍生物、环氧化合物、二氧化碳及腈等发生亲核加成，加成产物水解后生成相应的醇、羧酸和酮等化合物。

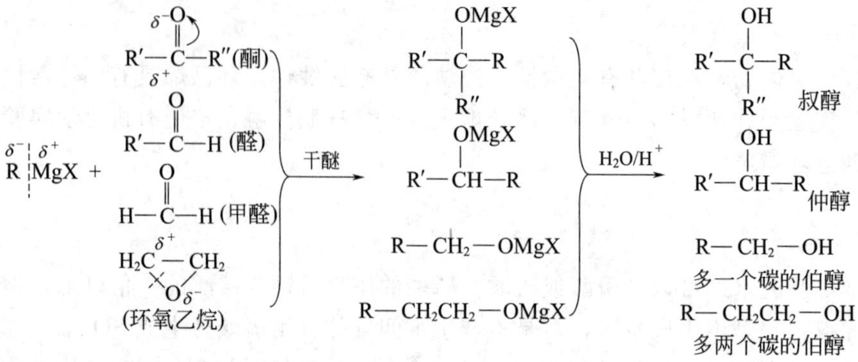

注意格氏试剂的制备必须在无水条件下进行，所用仪器和试剂均需干燥，因为微量水分的存在抑制反应的引发，而且会分解形成的格氏试剂，从而影响产率。

实验 22 2-甲基己-2-醇的制备

【实验目的】

1. 熟悉制备格氏试剂的原理和方法。
2. 掌握羰基化合物与格氏试剂的反应特点。
3. 巩固无水操作技术。

【产品介绍】

2-甲基己-2-醇（2-Methylhexan-2-ol，CAS 号：625-23-0），分子式为 $C_7H_{16}O$，分子量为 116.20。无色液体，具特殊气味。熔点 $-30.45℃$，沸点 $141\sim142℃$，折射率（n_D^{20}）1.4175，相对密度 0.8119。微溶于水，易溶于醚、酮液。能与水能形成共沸物（沸点 $87.4℃$，含水 27.5%），可用作溶剂并用于有机合成。

【反应式】

主反应：

$$n\text{-}C_4H_9Br + Mg \xrightarrow{\text{无水乙醚}} n\text{-}C_4H_9MgBr$$

$$n\text{-}C_4H_9MgBr + CH_3COCH_3 \xrightarrow{\text{无水乙醚}} \underset{\underset{OMgBr}{|}}{n\text{-}C_4H_9C(CH_3)_2}$$

$$\underset{\underset{OMgBr}{|}}{n\text{-}C_4H_9C(CH_3)_2} + H_2O \xrightarrow{H^+} \underset{\underset{OH}{|}}{n\text{-}C_4H_9C(CH_3)_2}$$

副反应：

$$n\text{-}C_4H_9MgBr \xrightarrow{[O]} n\text{-}C_4H_9OMgBr \xrightarrow{H_2O} n\text{-}C_4H_9OH$$

【仪器和试剂】

主要仪器：250mL 三口烧瓶，分液漏斗，搅拌装置，回流装置，蒸馏装置等[1]。

主要试剂：镁条 2.25g（0.09mol），正溴丁烷 12.15g（9.6mL，约 0.09mol），丙酮 6g（7.5mL，0.102mol），无水乙醚，乙醚，10% 硫酸溶液，5% 碳酸钠溶液，无水碳酸钾，碘。

【实验流程】

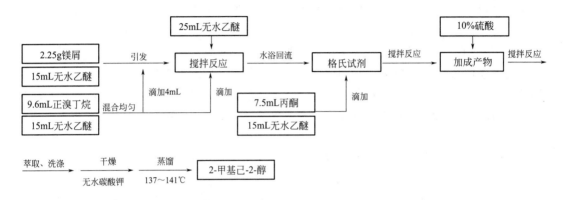

【实验步骤】

在 250mL 三口烧瓶上分别装上搅拌器[2]、冷凝管及滴液漏斗，在冷凝管及滴液漏斗的上口接上氯化钙干燥管。向三口烧瓶内投入 2.25g 镁条[3]、15mL 无水乙醚及一小粒碘；在滴液漏斗中加入 9.6mL 正溴丁烷和 15mL 无水乙醚混合液。先向瓶内滴入约 4mL 混合液，数分钟后溶液呈微沸状态，碘的颜色消失[4]。反应开始时比较剧烈，必要时可用冷水浴冷却。待反应缓和后，自冷凝管上端加入 25mL 无水乙醚。开动搅拌器（用手帮助旋动搅拌棒的同时启动调速旋钮，至合适转速），并滴入其余的正溴丁烷-无水乙醚混合液，控制滴加速度维持反应液呈微沸状态。滴加完毕，在热水浴上回流 20min，使镁条几乎作用完全。

将上面制好的格氏试剂在冰水浴冷却和搅拌下，自滴液漏斗中滴入 7.5mL 丙酮和 15mL 无水乙醚的混合液，控制滴加速度，勿使反应过于猛烈。加完后，在室温下继续搅拌 15min（溶液中可能有白色黏稠状固体析出）。

将反应瓶在冰水浴冷却和搅拌下，自滴液漏斗中分批加入 70mL 10% 硫酸溶液，分解上述加成产物（开始滴入宜慢，以后可逐渐加快）。待溶液澄清透明后，将溶液倒入分液漏斗中，分出醚层。水层用乙醚萃取（20mL×2），合并醚层，用 20mL 5% 碳酸钠溶液洗涤一次，分液后醚层用无水碳酸钾干燥[5]。

将干燥后的醚溶液转至圆底烧瓶中，水浴加热蒸馏去除乙醚[6]，再直接加热蒸馏，收集 137～141℃ 馏分，产量约 5g，测其折射率。

本实验需 6～8h。

【安全提示】

反应的全过程应控制好滴加速度，使反应平稳进行，格氏试剂的制备所需仪器必须干燥，产物应储存于阴凉、通风的库房，远离火种、热源，防止阳光直射。实验须在通风橱内进行，严禁烟火，严禁皮肤接触，牢记有机化学实验常规安全防范知识和急救措施。

【注释】

［1］本实验所用仪器及试剂必须充分干燥。正溴丁烷用无水氯化钙干燥并蒸馏纯化，丙酮用无水碳酸钾干燥，亦经蒸馏纯化。所用仪器，在烘箱中烘干后，取出稍冷即放入干燥器中冷却；或将仪器取出后，在开口处用塞子塞紧，以防在冷却过程中玻璃壁吸附空气中的水分。

［2］本实验使用机械搅拌，搅拌棒的密封可采用聚四氟乙烯搅拌套装置。若采用简易密封装置，应用石蜡油润滑。装搅拌器时应注意：搅拌棒应保持垂直，其末端不要触及瓶底；装好后应先用手旋动搅拌棒，试验装置无阻滞后，方可开动搅拌器。

［3］可用镁屑，但不宜采用长期放置的。如长期放置，镁屑表面常有一层氧化膜，可采用下法除去之：用5％盐酸溶液作用数分钟，抽滤除去酸液后，依次用水、乙醇、乙醚洗涤。抽干后置于干燥器内备用。也可用镁条代替镁屑，使用前用细砂纸将其表面擦亮，剪成小段。

［4］为了使开始时正溴丁烷局部浓度较大，易于发生反应，故搅拌应在反应开始后进行。若5min后反应仍不开始，可用温水浴温热。

［5］2-甲基己-2-醇与水能形成共沸物，因此必须很好地干燥，否则前馏分大大地增加。

［6］由于醚溶液体积较大，可采取分批过滤蒸去乙醚。

【思考题】

1. 为何用的药品仪器必须干燥？采取了什么措施？
2. 反应开始前加入大量正溴丁烷有什么不好？
3. 本实验有哪些可能的副反应，如何避免？
4. 为何得到的粗产物不能用无水氯化钙干燥？
5. 用格氏试剂法制备 2-甲基己-2-醇，还可用什么原料？写出反应式并比较几种不同路线。
6. 为什么要待格氏试剂制备完成后再加入丙酮？

5.5 氧化、还原反应

在有机化学反应中，狭义地讲，得氧失氢的反应称氧化反应，反之称为还原反应，一个反应中既有氧化又有还原则称之为歧化反应。

5.5.1 氧化反应

有机化合物分子中，凡失去电子或电子偏移，使碳原子上电子云密度降低的反应称氧化反应。狭义的氧化反应，是在有机物分子中增加氧或失去氢的反应。

氧化反应是很多有机化合物的实验室制备途径。比如作为重要的化工原料及有机合成试剂的醛、酮。伯醇和仲醇可温和地氧化为相应的醛和酮。重铬酸钠（钾）是实验室常用的氧化剂。因为醛易被氧化，由伯醇经此法制备低级醛时，可及时将产物醛从反应混合物中蒸出，以避免继续氧化或发生其他副反应；仲醇的氧化脱氢是制备脂肪酮的主要方法。因为酮的稳定性比醛好，不容易进一步氧化，一般可以得到目标产物。

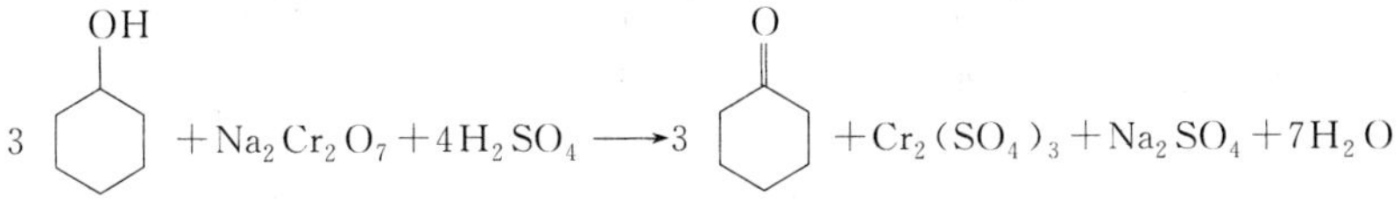

$$3\ \underset{}{\text{环己醇}} + Na_2Cr_2O_7 + 4H_2SO_4 \longrightarrow 3\ \underset{}{\text{环己酮}} + Cr_2(SO_4)_3 + Na_2SO_4 + 7H_2O$$

环己酮是对称酮，在碱作用下只能得到一种烯醇负离子，氧化生成单一化合物，若为不对称酮，就会产生两种烯醇负离子，每一种烯醇负离子氧化得到的产物不同，合成意义不大。

控制一定的反应条件，以铬酸为氧化剂，可将仲醇氧化成酮。铬酸长期存放不稳定，需要时可将重铬酸钠（或钾）或者 CrO_3 与过量酸（如硫酸或乙酸）反应制得。常用的是铬酸与硫酸的水溶液，即 Jones 试剂。

以 $KMnO_4$ 作为氧化剂时，会将生成的酮进一步氧化成羧酸，例如：

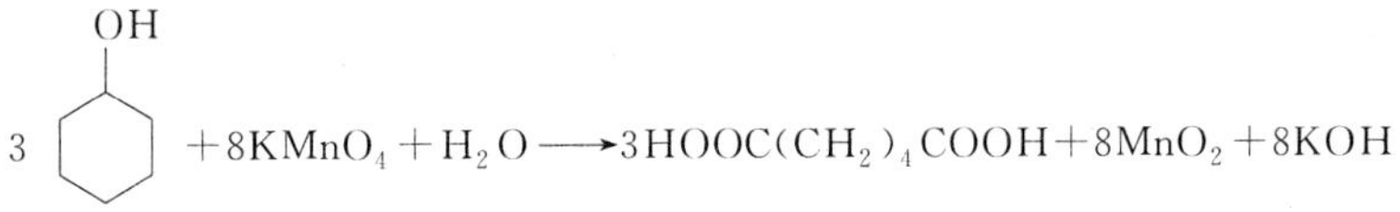

$$3\ \underset{}{\text{环己醇}} + 8KMnO_4 + H_2O \longrightarrow 3HOOC(CH_2)_4COOH + 8MnO_2 + 8KOH$$

反应机理可表示如下：

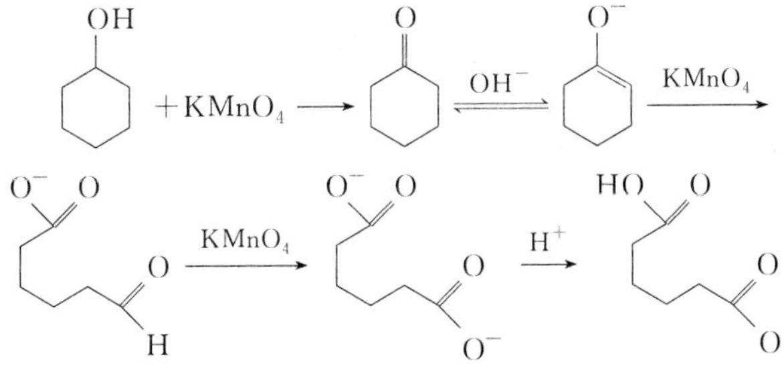

羧酸是重要的化工原料。羧酸的来源很广，例如将烯烃、醇、醛和烷基苯等氧化都能得到羧酸，另外，通过氰的水解、格氏试剂和二氧化碳作用、甲基酮的卤仿反应或丙二酸酯合成法等也能合成相应的羧酸。氧化法制备羧酸的常用氧化剂有重铬酸钾-硫酸、高锰酸钾、硝酸、过氧化氢及过酸等。

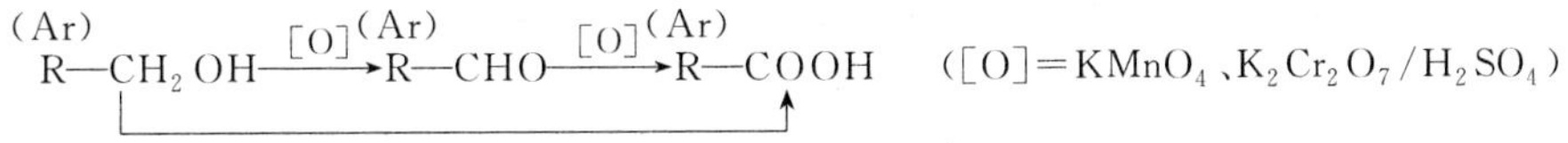

$$\underset{}{(Ar)}R-CH_2OH \xrightarrow{[O]} \underset{}{(Ar)}R-CHO \xrightarrow{[O]} \underset{}{(Ar)}R-COOH \qquad ([O]=KMnO_4 、K_2Cr_2O_7/H_2SO_4)$$

实验 23 正丁醛的合成

【实验目的】

1. 掌握由正丁醇氧化制备正丁醛的原理和方法。
2. 巩固分馏柱的使用等基本操作技术。

【产品介绍】

正丁醛（Butyraldehyde，CAS 号：123-72-8），分子式为 C_4H_8O，分子量为 72.11。无

色透明液体，有窒息性气味。熔点－99℃，沸点75.5℃，折射率（n_D^{20}）1.3971，相对密度0.8016。微溶于水，溶于乙醇、乙醚、丙酮、乙酸乙酯、甲苯等多种有机溶剂。性质活泼，用于有机合成，也是制造香料的原料。常用作树脂、塑料增塑剂、硫化促进剂、杀虫剂等的中间体，用于制取丁酸、丁酸纤维素、聚乙烯醇缩丁醛等，还可用作溶剂、橡胶促进剂、涂料、分散剂等。

【反应式】

$$CH_3(CH_2)_2CH_2OH \xrightarrow[\text{H}_2\text{SO}_4]{\text{Na}_2\text{Cr}_2\text{O}_7} CH_3(CH_2)_2CHO + H_2O$$

【仪器和试剂】

主要仪器：三口烧瓶，滴液漏斗，分液漏斗，简易分馏装置，蒸馏装置等。

主要试剂：正丁醇 7.5g（9.3mL，0.1mol），重铬酸钠（$NaCr_2O_7 \cdot 2H_2O$）11g（0.042mol），浓硫酸 8mL（0.15mol），无水硫酸镁或无水硫酸钠。

【实验流程】

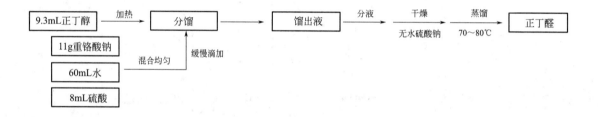

【实验步骤】

在100mL烧杯中，将11g重铬酸钠溶解于约60mL水中，充分搅拌，小心地缓缓加入8mL浓硫酸（放热，注意冷却!）[1]，将混好的氧化剂倒入滴液漏斗中。

在三口烧瓶中加入9.3mL正丁醇，放入磁力搅拌子，装好加有氧化剂的滴液漏斗，搭建简易分馏装置。加热，待正丁醇微沸且蒸气上升恰好到达分馏柱底部时，开始滴加氧化剂溶液，在20min内加完，控制滴加速度，保持反应瓶温度90～95℃，分馏柱顶部温度60～75℃。此时，正丁醛和水一起馏出[2]，接收瓶用冰浴冷却。

滴加完毕，继续小火加热30min，收集所有90℃以下的馏出物，即粗产品。将粗产品中的水用分液漏斗分去，上层油状物倒入干燥的锥形瓶中，加入适量无水硫酸镁或无水硫酸钠干燥至澄清透明，粗产物倒入干燥的50mL圆底烧瓶中，加热蒸馏，收集70～80℃馏分[3]，产量约2.5g，测其折射率。若继续蒸馏可收集80～120℃馏分，以回收正丁醇。

本实验需7～8h。

【安全提示】

重铬酸钠和还原后的三价铬离子均有毒，切勿溅到皮肤上。正丁醛对眼、呼吸道黏膜及皮肤有强烈刺激性。吸入可引起喉、支气管的炎症、水肿和痉挛，化学性肺炎，肺水肿等疾病。长期或反复接触对个别敏感者可引起变态反应。实验须在通风橱内进行，严禁烟火，严禁皮肤接触，牢记有机化学实验常规安全防范知识和急救措施。

【注释】

[1] 重铬酸钠和还原后的三价铬离子均有毒，切勿溅到皮肤上。重铬酸钠-硫酸是强氧化剂，使用时注意安全，残余物倒入指定酸缸内，以免污染环境。

[2] 正丁醛与水形成二元恒沸物，沸点 68℃，其中含正丁醛 90.3%；正丁醇与水也形成二元恒沸物，沸点 93℃，其中含正丁醇 55.5%。

[3] 正丁醛在 73~76℃馏出，回收保存在棕色玻璃磨塞瓶内。

【思考题】

1. 为什么要控制滴加氧化剂的速度？
2. 选择无水硫酸镁或无水硫酸钠作干燥剂的理由是什么？

实验 24　环己酮的制备

【实验目的】

1. 熟悉由环己醇氧化制备环己酮的原理和方法。
2. 掌握空气冷凝管的应用。
3. 巩固萃取、干燥等基本操作技术。

【产品介绍】

环己酮（Cyclohexanone，CAS 号：108.94-1），分子式为 $C_6H_{10}O$，分子量为 98.14。无色透明液体，带有泥土气息，含有痕量的酚时，则带有薄荷味。熔点 $-47℃$，沸点 155.6℃，折射率（n_D^{20}）1.4520，相对密度 0.9470。微溶于水，可混溶于醇、醚、苯、丙酮等多数有机溶剂。环己酮是一种重要的化工原料，是制造尼龙、己内酰胺和己二酸的主要中间体，也是重要的工业溶剂，如用于含有硝化纤维、氯乙烯聚合物等的涂料、农药，染料的溶剂等。

方法一　重铬酸钠氧化法

【反应式】

$$3\,\text{环己醇-OH} + Na_2Cr_2O_7 + 4H_2SO_4 \longrightarrow 3\,\text{环己酮=O} + Cr_2(SO_4)_3 + Na_2SO_4 + 7H_2O$$

【仪器和试剂】

主要仪器：250mL 圆底烧瓶，分液漏斗，空气冷凝管，蒸馏装置等。

主要试剂：环己醇 11.25g（12mL，0.113mol），重铬酸钠（$Na_2Cr_2O_7 \cdot 2H_2O$）11.85g（0.039mol），乙醚，无水硫酸镁，浓硫酸，食盐。

【实验流程】

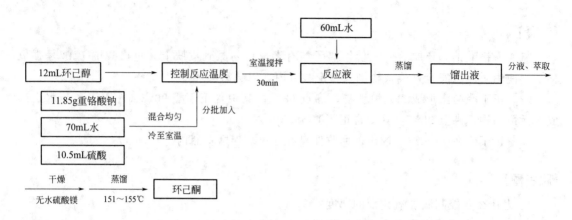

【实验步骤】

在 250mL 烧杯中，将 11.85g 重铬酸钠[1] 溶于 70mL 水中，然后边搅拌边慢慢加入 10.5mL 浓硫酸[2]，得橙红色铬酸溶液，冷却到室温备用。往 250mL 圆底烧瓶中加入 12mL 环己醇，分三次加入上述铬酸溶液，每次加入铬酸后都需振摇混匀。期间用温度计测量反应温度，并观察温度变化情况。如果温度上升至 55℃ 时，即用水浴冷却，控制反应温度在 55～60℃ 之间[3]。约 30min 以后，温度开始出现下降趋势，移去水浴再搅拌约 30min，至反应液呈墨绿色。反应完后往反应瓶中加入 60mL 水，加热蒸馏，将环己酮和水一并蒸出，至馏出液不再浑浊后再多蒸出少许[4]，共收集馏出液约 60mL。馏出液用食盐饱和（约需 10g）后，用分液漏斗分出有机层。水层用 15mL 乙醚萃取，合并有机层和萃取液，用无水硫酸镁干燥，水浴加热蒸馏去除乙醚后，改用空气冷凝管直接加热蒸馏，收集 151～155℃ 馏分，产量约 6.5g，测其折射率。

本实验需 5～7h。

方法二 次氯酸氧化法

【反应式】

$$\text{环己醇} \xrightarrow{\text{次氯酸钠-冰乙酸氧化体系}} \text{环己酮}$$

次氯酸钠-冰乙酸体系也是将仲醇氧化成酮的有效试剂，且价格低廉，产率较高，对环境污染较铬酸小。

【仪器和试剂】

主要仪器：三口烧瓶，滴液漏斗，分液漏斗，蒸馏装置等。

主要试剂：环己醇 11.25g（12mL，0.113mol），冰乙酸 6mL，9% 次氯酸钠溶液 140mL，饱和亚硫酸钠溶液，氢氧化钠溶液，淀粉-碘化钾试纸，百里酚蓝指示剂，无水硫酸镁，食盐。

【实验流程】

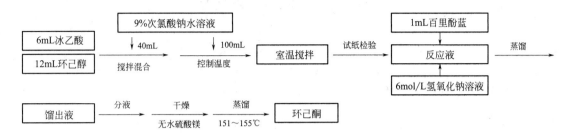

【实验步骤】

在通风橱中，往装有球形冷凝管、温度计和滴液漏斗的三口烧瓶中，加入 12mL 环己醇、6mL 冰乙酸及磁力搅拌子。在滴液漏斗中加入 140mL 9％次氯酸钠水溶液，分批加入反应瓶中。先加入 40mL 次氯酸钠水溶液，摇动使反应物充分混合。搅拌下，在 30min 之内加完余下的次氯酸钠水溶液，维持反应温度在 40～45℃（如需要可用冰水浴冷却，控制温度不低于 40℃）。加完后，室温下搅拌 20min。取一滴反应液用淀粉-碘化钾试纸检验次氯酸钠是否过量，如果试纸变蓝，则加入约 1mL 饱和亚硫酸钠溶液混匀再做检测，直至次氯酸钠除完为止。往除去过量氧化剂的反应液中加入 1mL 百里酚蓝指示剂，随后在 2min 内加入约 12mL 的 6mol/L 氢氧化钠溶液，继续搅拌，至指示剂变蓝为止[5]。然后加热蒸馏，收集约 55mL 馏出液。往馏出液中加入 5g 食盐，使之溶解，用分液漏斗分出有机层，用无水硫酸镁干燥后用空气冷凝管蒸馏，收集 151～155℃馏分，产量约 5g，测其折射率。

本实验需 5～7h。

【安全提示】

重铬酸钠和还原后的三价铬离子均有毒，切勿溅到皮肤上。环己酮与空气混合可形成爆炸混合物，爆炸极限为 3.2％～9.0％（体积分数），易刺激黏膜、损伤呼吸道。实验须在通风橱内进行，严禁烟火，严禁皮肤接触，牢记有机化学实验常规安全防范知识和急救措施。

【注释】

[1] 重铬酸钠是强氧化剂，有毒，避免与皮肤接触，反应残余物倒入指定容器处理。

[2] 浓硫酸的滴加要缓慢，分批滴加为宜。

[3] 铬酸氧化醇是个放热反应，须严格控制反应温度。该反应温度不能超过 60℃，因为硫酸存在，温度超过 60℃可能引起脱水成烯或开环反应。

[4] 水的馏出量不宜过多，否则即使之后用盐析，仍不可避免有少量环己酮溶于水中而损失。

[5] 中和过量乙酸，便于下步产物酮的分离纯化。

【思考题】

1. 由环己醇制备环己酮能否用 $KMnO_4/H_2SO_4$ 作氧化剂？

2. 馏出液用食盐饱和的目的是什么？

3. 次氯酸氧化方法中，用 6mol/L 氢氧化钠溶液除去什么？

实验 25　己二酸的制备

【实验目的】

1. 熟悉用环己醇氧化制备己二酸的基本原理和方法。
2. 巩固重结晶等基本操作技术。

【产品介绍】

　　己二酸（Adipic Acid，CAS 号：124-04-9），分子式为 $C_6H_{10}O_4$，分子量为 146.14。白色结晶粉末，熔点 152℃。微溶于水、环己烷，溶于丙酮、乙醇、乙醚，不溶于苯、石油醚。能升华，可燃，低毒。主要用于合成尼龙-66 和工程塑料的原料，也用于生产各种酯类产品，还用作聚氨基甲酸酯弹性体的原料、食品添加剂（食品饮料的酸味剂），还常用于制造增塑剂、高级润滑剂、杀虫剂和黏合剂等。实验室常用高锰酸钾氧化或硝酸氧化环己醇得到。

方法一　高锰酸钾氧化法

【反应式】

$$3 \text{环己醇} + 8KMnO_4 + H_2O \longrightarrow 3HOOC(CH_2)_4COOH + 8MnO_2 + 8KOH$$

【仪器和试剂】

　　主要仪器：滴液漏斗，抽滤装置等。

　　主要试剂：环己醇 2g（2.1mL，0.02mol），高锰酸钾 6g（0.038mol），10% 氢氧化钠溶液，亚硫酸氢钠，浓盐酸。

【实验流程】

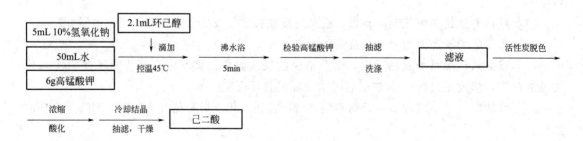

【实验步骤】

　　在装有搅拌装置、温度计的 250mL 烧杯中加入 5mL 10% 氢氧化钠溶液和 50mL 水，边搅拌边加入 6g 研碎的高锰酸钾。充分搅拌使高锰酸钾溶解后，用滴液漏斗缓慢滴加 2.1mL

环己醇[1]。控制滴加速度，使反应温度维持在 45℃左右[2]。滴加完毕，残余的环己醇用少量水洗后一并加入，待滴加完毕，反应温度开始下降时，在沸水浴上加热 5min，促使反应完全。

用玻璃棒蘸一滴反应混合物点到滤纸上做点滴实验。若有高锰酸钾剩余，会观察到棕色二氧化锰点的周围出现紫色的环，可加入少量固体亚硫酸氢钠直到点滴试验呈阴性为止。趁热抽滤混合物，用少量热水洗涤滤渣 3 次。将洗涤液与滤液合并于一烧杯中（若溶液有颜色，则加少量活性炭脱色，趁热抽滤），用约 4mL 浓盐酸调节 pH 值至 1～2，再加热浓缩[3] 至 10mL 左右，然后转移至洁净的烧杯中，冷却，结晶，抽滤[4]，干燥，得白色晶体，约 1.5g，测其熔点。

本方法需 4～5h。

方法二　硝酸氧化法

【反应式】

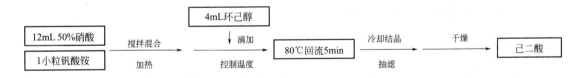

【仪器和试剂】

主要仪器：100mL 三口烧瓶，滴液漏斗，回流装置，抽滤装置等。

主要试剂：环己醇 3.75g（4mL，0.0375mol），50％硝酸 12mL，钒酸铵，10％的氢氧化钠溶液。

【实验流程】

```
┌──────────────┐                                          ┌──────────┐
│ 12mL 50%硝酸 │  搅拌混合                                  │ 4mL环己醇 │
├──────────────┤ ─────────→              ┌────────────┐    └────┬─────┘    冷却结晶           干燥
│ 1小粒钒酸铵   │   加热                   滴加│ 80℃回流5min │ ←──── 滴加  ─────────→ ─────────→  ┌──────┐
└──────────────┘                         控制温度└────────────┘         抽滤                     │ 己二酸 │
                                                                                               └──────┘
```

【实验步骤】

在 100mL 的三口烧瓶中，加入 12mL 硝酸（50％）和 1 小粒钒酸铵以及磁力搅拌子。三口烧瓶的三个口分别安装温度计、回流冷凝管和滴液漏斗。冷凝管上端接气体吸收装置，用 10％的 NaOH 溶液吸收反应中产生的 NO、NO₂ 气体[5]。开动搅拌，加热到 50℃左右，用滴液漏斗慢慢加入 4mL 环己醇。先滴加 4～5 滴环己醇，瓶内反应物温度升高伴有红棕色气体放出；再小心地逐滴滴加剩余的环己醇[6]，使温度控制在 50～60℃。滴加完毕后，加热至 80℃再反应 5min，至无红棕色气体放出。将三口烧瓶中物质趁热小心地倒入烧杯中，在冰水浴中冷却，有白色晶体析出。抽滤，用 2～3mL 的冰水洗涤，抽干后称量。产量约 3g，测其熔点。

本方法需 4～6h。

【安全提示】

　　要控制反应速率，以免飞溅或爆炸。实验中所用的浓酸都有腐蚀性，要避免接触皮肤。己二酸可燃，低毒，实验须在通风橱内进行，严禁烟火，严禁皮肤接触，牢记有机化学实验常规安全防范知识和急救措施。

【注释】

　　[1] 此反应属强放热反应，环己醇要逐滴加入。滴加速度不可太快，以免反应过剧，引起飞溅或爆炸。同时，不要在烧杯上口观察反应情况。

　　[2] 反应温度不可过高，否则反应就难以控制，易引起混合物冲出反应器。

　　[3] 浓缩蒸发时，加热不要过猛，以防液体外溅。

　　[4] 抽滤洗涤时必须用冰水，且应严格控制用量，因为己二酸在水中的溶解度较大，尤其在热水中。不同温度下己二酸的溶解度如下表。

温度/℃	15	34	50	70	87	100
溶解度/g・(100g 水)$^{-1}$	1.44	3.08	8.46	34.1	94.8	100

　　[5] 本实验应在通风橱中进行。因产生的 NO、NO_2 气体有毒，不可逸散到实验室内。实验装置应严密，不漏气。

　　[6] 此反应为强放热反应，应严格控制滴加速度，否则反应过剧，易引起爆炸。必要时用冰水浴冷却。

【思考题】

　　1. 本实验中为什么必须控制反应温度和环己醇的滴加速度？

　　2. 高锰酸钾氧化法中为什么要除去多余的高锰酸钾？

　　3. 加活性炭除色的操作要点有哪些？

5.5.2　还原反应

　　在还原剂作用下，使有机物分子得到电子或使参加反应的碳原子上的电子云密度增高的反应称还原反应。狭义的还原反应，是指有机物分子中增加氢或减少氧的反应。

　　芳香族伯胺一般由硝基化合物还原制备。将硝基苯还原是制备苯胺的一种重要的方法。实验室常用的还原剂有锡-盐酸、二氯化锡-盐酸、铁-盐酸、铁-乙酸及锌-乙酸等。用锡-盐酸作还原剂时，作用较快，产率较高，但价格较贵，同时，酸碱用量较多；铁-盐酸的缺点是反应时间较长，但成本低，酸的用量仅为理论量的 1/40。如用铁-乙酸，还原时间还能显著缩短，原因如下。

　　铁粉被活化，生成还原剂乙酸亚铁：

$$Fe + 2CH_3COOH \longrightarrow Fe(CH_3COO)_2 + H_2 \uparrow$$

　　乙酸亚铁被氧化生成碱式乙酸铁：

$$2Fe(CH_3COO)_2 + [O] + H_2O \longrightarrow 2Fe(OH)(OAc)_2$$

　　碱式乙酸铁与铁及水作用后，生成乙酸亚铁和乙酸，能够形成催化循环：

$$6Fe(OH)(OAc)_2 + Fe + 2H_2O \longrightarrow 2Fe_3O_4 + Fe(CH_3COO)_2 + 10CH_3COOH$$

实验 26　苯胺的制备

【实验目的】

掌握硝基苯还原成苯胺的原理和方法，巩固水蒸气蒸馏等基本操作技术。

【产品介绍】

苯胺（Aniline，CAS 号：62-53-3），分子式为 C_6H_7N，分子量为 93.12。无色油状液体，熔点 $-6.2℃$，沸点 184.4℃，折射率为 1.5863，相对密度 1.0217。微溶于水，易溶于乙醇、乙醚、氯仿等有机溶剂。很易被氧化，露置于空气中逐渐氧化成褐色。有特殊气味。有毒！可合成香料、氨基塑料、苯胺盐油漆，可用作火药安定剂、硫化增速剂、印染助剂等。苯胺是染料工业最重要的中间体之一，也是医药、橡胶促进剂和防老剂的重要原料。

【反应式】

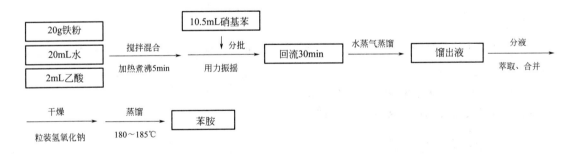

【仪器和试剂】

主要仪器：250mL 长颈圆底烧瓶，分液漏斗，回流装置，蒸馏装置，水蒸气蒸馏装置等。

主要试剂：硝基苯 12.3g（10.5mL，0.1mol），铁粉 20g（0.36mol），冰乙酸，乙醚，食盐，氢氧化钠。

【实验流程】

```
┌──────────┐                    ┌──────────────┐
│ 20g铁粉  │                    │ 10.5mL硝基苯 │
├──────────┤  搅拌混合           └──────┬───────┘   ┌──────────┐ 水蒸气蒸馏  ┌────────┐  分液
│ 20mL水   │ ────────────→      分批   ↓    ──────→ │ 回流30min│ ─────────→ │ 馏出液 │ ──────────→
├──────────┤  加热煮沸5min       用力振摇            └──────────┘            └────────┘  萃取、合并
│ 2mL乙酸  │
└──────────┘

    干燥            蒸馏
 ──────────→  ──────────────→  ┌──────┐
 粒装氢氧化钠     180～185℃      │ 苯胺 │
                                └──────┘
```

【实验步骤】

在 250mL 长颈圆底烧瓶中，加入 20g 还原铁粉[1]、20mL 水和 2mL 冰乙酸[2]，用力振摇使之充分混合，搭建回流装置，用小火煮沸 5min。稍冷后，从冷凝管顶部分批加入 10.5mL 硝基苯，每次加入后都需用力振摇使反应物充分混合[3]。反应强烈放热足以使反应瓶中溶液沸腾。加完后，加热回流 30min，并时加摇动。当回流液中黄色油状物消失，转变为乳白色油珠时，还原反应完全，可以结束反应。

将反应瓶改为水蒸气蒸馏装置，进行水蒸气蒸馏，直到馏出液变清后再多蒸出 10mL，总共收集约 100mL 馏出液[4]。用分液漏斗分出有机层（苯胺层）；水层用食盐饱和（约需 20～25g 食盐）[5]，用乙醚萃取（10mL×3），合并苯胺层和乙醚萃取液，用粒状氢氧化钠干燥。

将干燥后的苯胺醚溶液用漏斗分批加入干燥的小蒸馏瓶中，水浴加热蒸馏去除乙醚，除去残留溶剂后，换用空气冷凝管直接加热蒸馏，收集 180～185℃馏分，产量约 6.5g，测其折射率。

本实验需 6～8h。

【安全提示】

硝基苯和苯胺对人体均有较大的毒性，吸入过量蒸气或因皮肤接触而吸收，均会导致中毒，操作时须小心谨慎，如不慎触及皮肤，应立即用肥皂水及温水擦洗。实验须在通风橱内进行，严禁烟火，严禁皮肤接触，牢记有机化学实验常规安全防范知识和急救措施。

【注释】

[1] 铁粉质量的好坏对产率有很大影响，一般以 40～100 目较为适用。

[2] 目的是使铁粉活化，乙酸与铁粉作用产生乙酸亚铁，可使铁转化为碱式乙酸铁的过程加速，缩短还原时间。可以用盐酸代替冰乙酸，但反应较为剧烈。

[3] 开始可能无现象，是因为反应尚未引发，可小心加热，一旦反应启动后即比较剧烈。每加一次硝基苯均需剧烈振荡，待反应开始稳定后再加下一批硝基苯。如果反应液上冲很厉害，可以在冷凝管上方再加一根冷凝管。

[4] 反应完毕，圆底烧瓶上黏附的黑褐色物质，用 1:1（体积比）盐酸水溶液温热除去。

[5] 在 20℃时每 100g 水中可溶解 3.4g 苯胺，根据盐析原理，加入食盐使水层饱和，这样溶解在水中的大部分苯胺就成油状物析出，可减少损失。

【思考题】

1. 如果用盐酸代替冰乙酸，则反应后要加入饱和碳酸钠至溶液呈碱性，才能进行水蒸气蒸馏，为什么？

2. 如果产品苯胺中混有硝基苯，怎样提纯？

3. 简述用水蒸气蒸馏分离苯胺的原理。

5.5.3 自身氧化还原反应

芳醛和其他无 α-活泼氢的醛与浓碱溶液作用时，发生自身氧化还原反应，一分子醛被还原为醇，另一分子醛被氧化为酸，此反应称为 Cannizzaro 反应。例如：

$$2HCHO \xrightarrow[\triangle]{\text{浓 NaOH}} HCOONa + CH_3OH$$

甲醛　　　　　　　甲酸钠　　甲醇

苯甲醛　　　　　　　苯甲酸钠　　　　　苯甲醇

通常使用 50％的浓碱，其中碱的物质的量比醛的物质的量多一倍以上，否则反应不完全，未反应的醛与生成的醇混在一起，通过一般蒸馏很难分离。

芳香醛和甲醛在浓碱存在下发生交叉 Cannizzaro 反应，更活泼的甲醛作为氢的给体，即甲醛被氧化，芳香醛被还原。

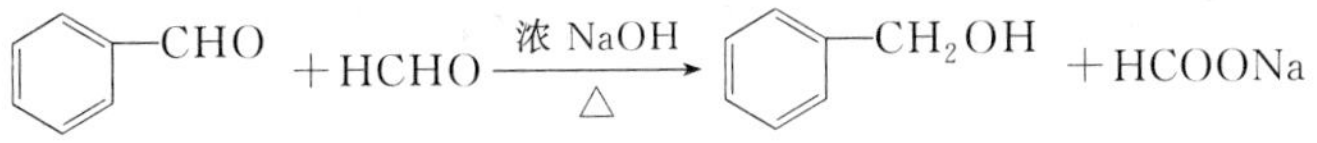

$$\text{C}_6\text{H}_5\text{—CHO} + \text{HCHO} \xrightarrow[\triangle]{\text{浓 NaOH}} \text{C}_6\text{H}_5\text{—CH}_2\text{OH} + \text{HCOONa}$$

Cannizzaro 反应实质是羰基的亲核加成。反应涉及了羟基负离子对一分子不含 α-H 的醛的亲核加成，加成物的负氢向另一分子醛的转移和酸碱交换反应，其反应机理表示如下：

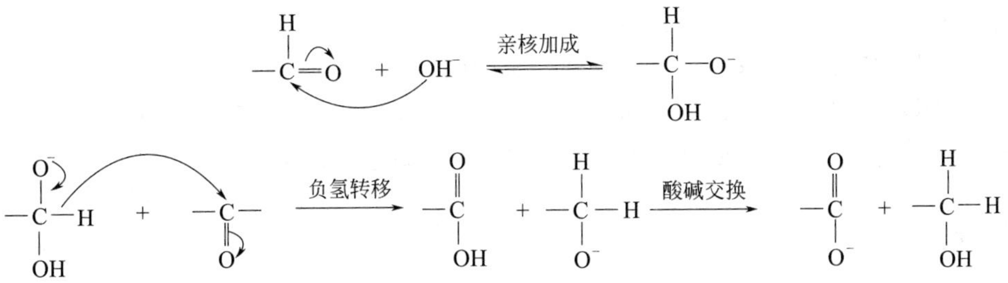

实验 27　苯甲酸和苯甲醇的制备

【实验目的】

1. 熟悉 Cannizzaro 反应，掌握苯甲酸和苯甲醇的制备方法。
2. 巩固萃取、洗涤、重结晶等基本操作技术。

【产品介绍】

苯甲醇（Benzyl Alcohol，CAS 号：100-51-6），又名苄醇，分子式为 $\text{C}_7\text{H}_8\text{O}$，分子量为 108.13。无色透明液体，稍有芳香气味，熔点 -15.4℃，沸点 205.4℃，折射率（n_D^{20}）1.5395，相对密度 1.0419。稍溶于水（25mL 水中约可溶 1g 苯甲醇），可与乙醇、乙醚、苯、氯仿等有机溶剂混溶。苄醇在工业化学品生产中用途广泛，用于涂料溶剂、照相显影剂、聚氯乙烯稳定剂、医药、合成树脂溶剂、维生素 B 注射液的溶剂、药膏或药液的防腐剂。可用作尼龙丝、纤维及塑料薄膜的干燥剂、染料、纤维素酯、酪蛋白的溶剂，制取苄基酯或醚的中间体。同时，广泛用于制笔（圆珠笔油）、涂料溶剂等。

苯甲酸（Benzoic Acid，CAS 号：65-85-0），又名安息香酸，分子式为 $\text{C}_7\text{H}_6\text{O}_2$，分子量为 122.12。无色鳞片状或针状结晶，具有苯或甲醛的气味，易燃。熔点 122.4℃，沸点 249℃。在 100℃时迅速升华，它的蒸气有很强的刺激性，吸入后易引起咳嗽。微溶于水，易溶于乙醇、乙醚、氯仿、苯、甲苯、二硫化碳、四氯化碳和松节油等有机溶剂。常以游离酸、酯或衍生物的形式广泛存在于自然界。苯甲酸为抑菌剂，对酶菌的抑制作用较强。在酸性环境中 0.1％的含量即有抑菌作用，但在碱性环境中则变成盐而效力大减。常用作防腐剂和治疗各种皮肤癣症。此外，也用作农药、染料、医药、媒染剂和增塑剂的生产原料，聚酰胺树脂和醇酸树脂的改性剂及钢铁设备的防锈剂等。

【反应式】

主反应：

$$2C_6H_5CHO + KOH \longrightarrow C_6H_5CH_2OH + C_6H_5COOK$$

$$C_6H_5COOK + HCl \longrightarrow C_6H_5COOH + KCl$$

副反应：

$$C_6H_5CHO \xrightarrow{O_2} C_6H_5COOH$$

【仪器和试剂】

主要仪器：150mL 锥形瓶，分液漏斗，蒸馏装置等。

主要试剂：苯甲醛 15.75g（15mL，0.15mol），氢氧化钾 13.5g（0.24mol），乙醚，亚硫酸氢钠饱和溶液，10%碳酸钠溶液，浓盐酸，无水硫酸镁。

【实验流程】

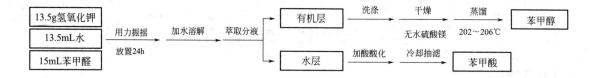

【实验步骤】

在 150mL 锥形瓶中，加入 13.5g KOH 和 13.5mL H$_2$O，完全溶解后冷至室温，加入 15mL 新蒸的苯甲醛[1]，盖上橡皮塞，用力振摇[2]得白色糊状物，放置 24h 以上。加 45mL 水溶解，置于分液漏斗中。用乙醚萃取（15mL×3），水层保留，合并乙醚萃取层。依次用饱和 NaHSO$_3$ 溶液、10%Na$_2$CO$_3$ 溶液、H$_2$O 各 10mL 洗涤醚层。醚层用无水 MgSO$_4$ 干燥，水浴加热蒸馏回收乙醚，再直接加热蒸馏收集 202～206℃馏分，产量约 5.5g，测其折射率。

上步保留的水层用浓盐酸酸化至 pH 值为 2～3，冷却、抽滤得白色固体，产量约 6g。必要时用水重结晶。

本实验需提前 24h 以上做好反应，后处理步骤需 4～6h。

【安全提示】

苯甲醛为无色液体，有苦杏仁气味，对眼睛、呼吸道黏膜有一定的刺激作用，小心量取。氢氧化钾有强腐蚀性，用力振摇时防止溅出。乙醚沸点低，易挥发，易燃，蒸气可使人失去知觉，蒸馏前首先要检查仪器各接口安装是否严密，在水浴上进行蒸馏，切忌直接用明火加热。实验须在通风橱内进行，严禁烟火，严禁皮肤接触，牢记有机化学实验常规安全防范知识和急救措施。

【注释】

[1] 应使用新蒸馏的苯甲醛，因久置的苯甲醛中含氧化性杂质。

[2] 充分振摇是反应成功的关键。

【思考题】

1. 试比较 Cannizzaro 反应与羟醛缩合反应中醛的结构上有何不同？

2. 本实验中两种产物是根据什么原理分离提纯的？用饱和的亚硫酸钠及 10％碳酸钠溶液洗涤的目的何在？

3. 乙醚萃取后的水溶液，用浓盐酸酸化到中性是否最适当？为什么？不用试纸或试剂检验，怎样知道酸化已经恰当？

4. 写出下列化合物在浓碱存在下发生 Cannizzaro 反应的产物。

① $o\text{-}C_6H_4(CHO)_2$ ② $OHC\text{-}CHO$ ③ C_6H_5COCHO

5. 为什么投料后，溶液要振摇至糊状？为什么还须放置 24h 以上？

实验 28　呋喃甲醇和呋喃甲酸的制备

【实验目的】

1. 掌握用呋喃甲醛制备呋喃甲醇及呋喃甲酸的方法。

2. 加深对 Cannizzaro 反应的理解和认识。

3. 巩固重结晶等基本操作技术。

【产品介绍】

呋喃甲醇（Furfuryl Alcohol，CAS 号：98-00-0），又名糠醇，分子式为 $C_5H_6O_2$，分子量为 98.10。无色易流动液体，暴露在日光或空气中会变成棕色或深红色，有苦味。熔点 $-31℃$，沸点 171℃，折射率（n_D^{20}）1.4868，相对密度 1.1296。能与水混溶，但在水中不稳定，易溶于乙醇、乙醚、苯和氯仿，不溶于石油烃。主要用于合成树脂和加工染料等。

呋喃甲酸（2-Furoic Acid，CAS 号：88-14-2），又名糠酸，分子式为 $C_5H_4O_3$，分子量为 112.08。白色单斜长棱形结晶，熔点 133℃，沸点 230～232℃。1g 该品可溶于 26mL 冷水或 4mL 沸水，易溶于乙醇和乙醚。在 130～140℃（6.65～8kPa）升华。在塑料工业中可用于增塑剂、热固性树脂等。在食品工业中用作防腐剂，也用作涂料添加剂、医药、香料等的中间体。

【反应式】

【仪器和试剂】

主要仪器：50mL 烧杯，分液漏斗，蒸馏装置，抽滤装置等。

主要试剂：呋喃甲醛 3.8g（3.3mL，0.04mol），氢氧化钠 1.6g（0.04mol），乙醚，盐酸，无水硫酸镁，刚果红试纸。

【实验流程】

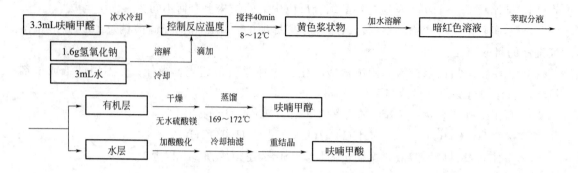

【实验步骤】

在 50mL 烧杯中加入 3.3mL 呋喃甲醛，并用冰水冷却；另取 1.6g 氢氧化钠溶于 3mL 水中，冷却。在搅拌下滴加氢氧化钠水溶液于呋喃甲醛中。滴加过程必须保持反应混合物温度在 8~12℃[1] 之间，加完后，保持此温度继续搅拌 40min，得一黄色浆状物。

在搅拌下向反应混合物中加入适量水（约 5mL），使其恰好完全溶解得暗红色溶液。将溶液转入分液漏斗中，用乙醚萃取（10mL×3），合并乙醚萃取液，用无水硫酸镁干燥后，水浴加热蒸馏回收乙醚，再直接加热蒸馏，收集 169~172℃ 馏分，产量约 1.2g，测其折射率。

上步保留的水层用浓盐酸（约 1mL）酸化[2]，搅拌至刚果红试纸变蓝，水浴冷却，结晶，抽滤，产物用少量冷水洗涤，抽干后，收集粗产物，然后用水（约 5mL）重结晶，得白色针状呋喃甲酸，产量约 1.4g，测其熔点。

本实验需 6~7h。

【安全提示】

乙醚沸点低，易挥发，易燃，蒸气可使人失去知觉，蒸馏前首先要检查仪器各接口安装是否严密；应在水浴上进行蒸馏，切忌明火加热。实验须在通风橱内进行，严禁烟火，严禁皮肤接触，牢记有机化学实验常规安全防范知识和急救措施。

【注释】

[1] 反应温度若高于 12℃，则反应难以控制，致使反应物变成深红色；若温度过低，则反应过慢，可能积累一些氢氧化钠。一旦反应过于猛烈会增加副反应，影响产量及纯度。由于氧化还原是在两相间进行的，因此必须充分搅拌。

[2] 酸要加够，以保证 pH≤3，使呋喃甲酸充分游离出来，这是影响呋喃甲酸收率的关键因素。

【思考题】

1. 乙醚萃取后的水溶液用盐酸酸化时，如果不用刚果红试纸，怎样知道酸化是否恰当？

2. 本实验根据什么原理来分离、提纯呋喃甲酸和呋喃甲醇？

5.6　酯化反应

　　羧酸酯可由羧酸和醇在催化剂的作用下直接合成，此反应也叫直接酯化反应。羧酸酯也可采用酸酐、酰氯和酰胺的醇解制备；还可利用羧酸盐与卤代烷或磷酸酯的反应来制备。

　　经酸催化直接合成羧酸酯，是工业和实验室最常用的方法，常用的催化剂有硫酸、氯化氢、对甲苯磺酸等。催化剂的作用是使羧酸中的羰基质子化，从而提高羰基的反应活性。

　　酯化反应是可逆的，为了使反应向生成酯的方向进行，通常采用羧酸过量或醇过量，或者移除反应中生成的酯或水，或者两者并用等方法。反应机理如下：

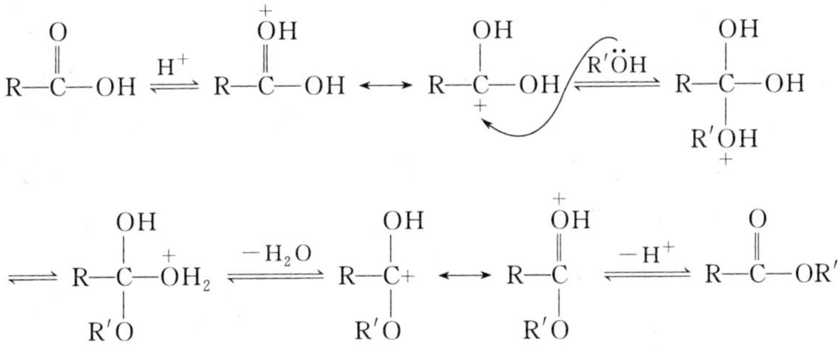

　　酯可以作溶剂、香料等，广泛用于塑料、橡胶、医药、食品等行业。

实验 29　乙酸异戊酯的合成

【实验目的】

　　1. 掌握酸催化合成有机酸酯的反应原理和方法。
　　2. 巩固萃取、洗涤、干燥、蒸馏等基本操作技术。

【产品介绍】

　　乙酸异戊酯（Isopentyl Acetate，CAS 号：123-92-2），分子式为 $C_7H_{14}O_2$，分子量为 130.19。折射率（n_D^{20}）1.4040，相对密度 0.885。无色透明液体，有愉快的香蕉香味，易挥发。几乎不溶于水，与乙醇、乙醚、苯、二硫化碳等有机溶剂互溶。乙酸异戊酯是重要的溶剂，广泛用于配制各种果味食用香精，如雪梨、香蕉等型，在烟用和日用化妆香精中亦有应用。

【反应式】

$$CH_3COOH + HOCH_2CH_2CH(CH_3)_2 \xrightarrow[\triangle]{\text{浓 } H_2SO_4} CH_3COOCH_2CH_2CH(CH_3)_2 + H_2O$$

【仪器和试剂】

　　主要仪器：50mL 圆底烧瓶，分液漏斗，回流装置，蒸馏装置等。
　　主要试剂：异戊醇 6.6g（8.1mL，0.075mol），冰乙酸 10.2g（9.6mL，0.17mol），5% 碳酸氢钠，饱和食盐水，无水硫酸镁，浓硫酸。

【实验流程】

【实验步骤】

将 8.1mL 异戊醇和 9.6mL 冰乙酸加入干燥的 50mL 圆底烧瓶中，摇动下慢慢加入 4～6 滴浓硫酸，充分混合均匀[1]。搭建回流装置，小火加热回流，保持微沸 1h，停止加热，稍冷后拆除回流装置。将烧瓶中的反应液倒入分液漏斗，用 20mL 冷水淋洗烧瓶内壁，洗涤液并入分液漏斗[2]。充分振摇，静置，待分界面清晰后，分去下层水溶液。酯层用 5% 碳酸氢钠水溶液洗涤（10mL×2）[3]，确保水层对 pH 试纸呈碱性[4]。然后酯层用 7mL 饱和食盐水洗涤一次[5]，分出水层。酯层转入锥形瓶中。加入适量无水硫酸镁干燥，过滤。滤液滤入干燥的圆底烧瓶中，加热蒸馏，收集 138～142℃ 馏分，产量约 6.5g，测其折射率。

本实验需 4～6h。

【安全提示】

冰乙酸有挥发性刺激，量取时应小心，最好在通风橱内操作；硫酸有腐蚀性，只能滴加，不能倾倒！碱洗时有大量热和二氧化碳产生，放气时不得对着人，防止伤人！实验须在通风橱内进行，严禁烟火，严禁皮肤接触，牢记有机化学实验常规安全防范知识和急救措施。

【注释】

[1] 加浓硫酸时，要逐滴加入，在冷却下充分振摇，以防异戊醇被氧化或炭化。

[2] 分液漏斗使用前要涂凡士林，试漏，防止洗涤时漏液，造成产品损失。

[3] 碱洗时有大量二氧化碳产生，因此洗涤时要不断放气，防止分液漏斗内的液体冲出来。

[4] 水层 pH 值呈碱性，可保证有机相中酸性杂质基本除尽。

[5] 用饱和食盐水洗涤可降低酯在水中的溶解度，减少酯损失，还可防止乳化。

【思考题】

1. 制备乙酸异戊酯时，使用的哪些仪器必须是干燥的，为什么？
2. 酯化反应制得的粗酯中含有哪些杂质？是如何除去的？洗涤时能否先碱洗再水洗？
3. 酯可用哪些干燥剂干燥？为什么不能使用无水氯化钙进行干燥？
4. 酯化反应时，实际出水量往往多于理论出水量，这是什么原因造成的？
5. 冰乙酸的投料量远大于异戊醇，目的何在？

实验 30　亚硝酸异戊酯的制备

【实验目的】

1. 掌握无机酸的酯化反应原理和方法。
2. 巩固萃取、洗涤等基本操作技术。

【产品介绍】

亚硝酸异戊酯（Isopentyl Nitrite，CAS 号：110-46-3），分子式为 $C_5H_{11}NO_2$，分子量为 117.15。淡黄色透明液体，沸点 97℃，折射率（n_D^{20}）1.3860，相对密度 0.872。不溶于水，能与乙醇、乙醚、氯仿或苯任意混合。遇光和空气会分解，易燃。亚硝酸异戊酯是一种起效最快、持续时间最短的抗心绞痛药物。作为药品时常被制成挥发性液体吸入剂，吸入后在肺部迅速吸收，不足半分钟即可奏效，作用只持续 3～10min。用量过大可引起低血压及心率加快，加重心绞痛症状，静脉滴注用药期间须密切观察心率和血压。用于香料、药物和重氮化合物的合成，也用作氧化剂、溶剂。

【反应式】

$$2HOCH_2CH_2CH(CH_3)_2 + 2NaNO_2 + H_2SO_4 \longrightarrow 2(CH_3)_2CHCH_2CH_2ONO + Na_2SO_4 + 2H_2O$$

【仪器和试剂】

主要仪器：100mL 三口烧瓶，滴液漏斗，分液漏斗等。

主要试剂：异戊醇 4.455g（5.5mL，0.05mol），亚硝酸钠 3.8g（0.055mol），硫酸，碳酸氢钠，氯化钠，无水硫酸钠。

【实验流程】

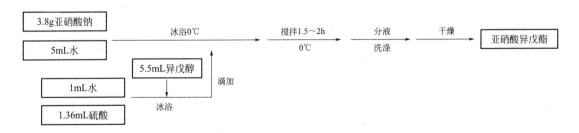

【实验步骤】

在装有搅拌器、温度计和恒压滴液漏斗的 100mL 三口烧瓶中，加入 3.8g 亚硝酸钠、5mL 水，搅拌溶解，在冰水浴中冷却至 0℃[1]。在小烧杯中加入 1mL 水，缓慢加入 1.3mL 浓硫酸，在冰水浴中搅拌滴入 5.5mL 异戊醇。冷却至 0℃后将上述混合物搅拌下由恒压滴液漏斗滴入三口烧瓶，维持反应温度 0℃，搅拌反应 2h。

反应完成后，将反应液倒入分液漏斗中，充分振摇，静置分液，上层粗产物用碳酸氢钠和氯化钠混合溶液（100mL 水中碳酸氢钠 2g，氯化钠 25g）洗涤两次，然后用无水硫酸钠干燥，滤除干燥剂收集产物，约 5.4mL。视情况干燥后可以减压蒸馏精制产品[2]，测其折射率。

本实验需 4~5h。

【安全提示】

浓硫酸有强腐蚀性，须小心量取。实验须在通风橱内进行。严禁烟火，严禁皮肤接触。牢记有机化学实验常规安全防范知识和急救措施。

【注释】

[1] 反应温度须维持 0℃左右，否则亚硝酸容易分解。

[2] 亚硝酸异戊酯高温、见光和空气下易分解，故一般不做蒸馏提纯。

【思考题】

反应完毕，静置分层后的水层可能有哪些物质？

实验 31   乙酰水杨酸的制备

【实验目的】

1. 掌握制备乙酰水杨酸的原理和方法。

2. 巩固抽滤等基本操作技术。

【产品介绍】

乙酰水杨酸（Acetylsalicylic acid，Aspirin，CAS 号：50-78-2），又称阿司匹林，分子式为 $C_9H_8O_4$，分子量为 180.16。白色结晶或粉末，无臭，微带酸味。熔点 135℃，沸点 273℃。微溶于水，能溶于乙醇、乙醚和氯仿，在氢氧化物的碱溶液或碳酸盐溶液中能溶解，但同时分解。在干燥空气中稳定，在潮湿空气中缓缓水解成水杨酸和乙酸。阿司匹林是应用最早、最广的解热镇痛药、抗风湿药。具有解热、镇痛、抗炎、抗风湿和抗血小板聚集等多方面的药理作用，发挥药效迅速，药效肯定，超剂量易于诊断和处理，很少发生过敏反应。

【反应式】

【仪器和试剂】

主要仪器：50mL 锥形瓶，抽滤装置等。

主要试剂：水杨酸 3g（0.021mol），乙酸酐 8.1g（7.5mL，0.075mol），饱和碳酸氢钠溶液，1%三氯化铁溶液，浓硫酸，1:1 盐酸。

【实验流程】

【实验步骤】

取小锥形瓶一个，加入 3g 水杨酸和 7.5mL 乙酸酐，再加 3～4 滴浓硫酸，盖上滤纸片，置于 80℃左右水浴中[1]，轻轻摇动小锥形瓶使水杨酸溶解。在此温度下继续加热 10min，并时加振摇。取出小锥形瓶，放冷至室温，加 5mL 冰水，搅拌 2～3min，再加 30mL 冰水，搅拌至结晶完全析出（必要时用玻棒摩擦锥形瓶内壁，使结晶析出），抽滤。用少量冷水洗涤结晶 1～2 次，抽干，即得乙酰水杨酸粗品。将粗产物转入小烧杯中，加 35mL 饱和碳酸氢钠溶液，搅拌，至无气泡产生。抽滤，副产物聚合物被滤除。用 5mL 水洗涤一次，合并滤液于一烧杯中，加 1:1 盐酸约 7.5mL 调节溶液的 pH 值小于 3，即有乙酰水杨酸的白色沉淀析出。把烧杯置冰浴中继续冷却，使结晶完全。抽滤，用少量冷水洗涤 2 次，干燥，产量约 2.2g，测其熔点。

取几粒产品于小试管中，用少量乙醇溶解，加入 1～2 滴 1%三氯化铁溶液，观察有无颜色反应。

【安全提示】

乙酸酐具有强刺激性，量取时应小心。硫酸有强腐蚀性，只能滴加，不能倾倒！加碳酸氢钠溶液时有大量热和二氧化碳产生，产物万一接触眼睛，立即使用大量清水冲洗并送医诊治。穿戴合适的防护服、手套并使用防护眼镜或者面罩。实验须在通风橱内进行，严禁烟火，严禁皮肤接触，牢记有机化学实验常规安全防范知识和急救措施。

【注释】

[1] 反应温度不宜过高，否则将有副反应发生。

【思考题】

1. 反应容器为什么要干燥无水？有水存在时，对该反应有什么影响？
2. 何谓酰化反应？常用的酰化剂有哪些？
3. 反应结束，为什么 35mL 冰水要分两次添加？

5.7　重氮盐反应

伯胺在强酸性介质中与亚硝酸作用生成重氮盐，称为重氮化反应。但是脂肪族重氮盐很不稳定，能迅速自发分解；只有芳香族重氮盐相对较为稳定，反应通常需在冰水浴低温下进行，生成的重氮盐不进行分离，直接与其他物质作用合成目标产物，比如芳香族重氮基可以进行偶联反应生成偶氮化合物，也可以被其他基团取代，生成多种类型的产物。所以芳香族重氮化反应在有机合成上很重要。

$$\text{\large 苯}-N_2Cl + H-\text{\large 苯}-OH \xrightarrow[0\sim5℃]{NaOH(pH=8\sim10)} \text{\large 苯}-N=N-\text{\large 苯}-OH + HCl$$

通常，重氮化试剂是由亚硝酸钠与盐酸作用直接制备使用。除盐酸外，也可使用硫酸、过氯酸和氟硼酸等无机酸。

实验 32 　甲基橙的制备

【实验目的】

1. 熟悉重氮化、偶联反应的原理及方法。
2. 掌握两性化合物结晶的方法。

【产品介绍】

甲基橙（Methyl Orange，CAS 号：547-58-0），学名：对二甲基氨基偶氮苯磺酸钠或 4-{[4-(二甲氨基)苯]偶氮}苯磺酸钠盐，分子式为 $C_{14}H_{14}N_3SO_3Na$，分子量为 327.33。橙色粉末或片状晶体，熔点约 300℃。微溶于水，易溶于热水，不溶于乙醇。甲基橙在酸性溶液中以磺酸形式存在，由于磺酸基能和分子内碱性的二甲氨基形成内盐，使一个苯环转变为对醌结构而变为红色；在中性或碱性溶液中都以磺酸钠盐形式存在而显黄色。甲基橙是常用的酸碱指示剂，pH 变色范围是 3.1（红色）～4.4（黄色）。用作染料、酸碱指示剂、强还原剂和强氧化剂的消色指示剂、细胞浆质指示剂、组织学对比染色剂等。

【反应式】

$$H_2N-\text{\large 苯}-SO_3H \longrightarrow H_3\overset{+}{N}-\text{\large 苯}-SO_3^- \xrightarrow{NaOH} H_2N-\text{\large 苯}-SO_3Na + H_2O$$

$$H_2N-\text{\large 苯}-SO_3Na \xrightarrow[HCl]{NaNO_2} \left[HO_3S-\text{\large 苯}-\overset{+}{N}\equiv N\right]Cl^- \xrightarrow[HOAc]{} $$

$$\left[HO_3S-\text{\large 苯}-\overset{+}{\underset{H}{N}}=N-\text{\large 苯}-\overset{CH_3}{\underset{CH_3}{N}}\right]OAc^- \xrightarrow{NaOH} NaO_3S-\text{\large 苯}-N=N-\text{\large 苯}-\overset{CH_3}{\underset{CH_3}{N}}$$

【仪器和试剂】

主要仪器：烧杯，抽滤装置等。

主要试剂：对氨基苯磺酸 1.5g（0.0087mol），亚硝酸钠 0.6g（0.0087mol），N,N-二甲苯胺 0.9g（1mL，0.0075mol），浓盐酸，5% 氢氧化钠溶液，乙醇，乙醚，冰乙酸，淀粉-碘化钾试纸。

【实验流程】

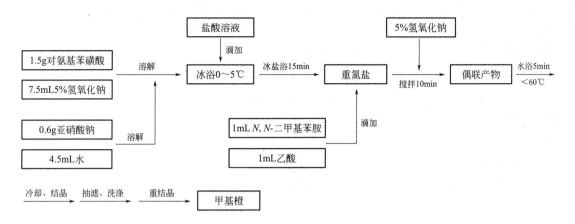

【实验步骤】

　　将 7.5mL 5％ NaOH 溶液和 1.5g 对氨基苯磺酸[1] 的混合物温热溶解。冷至室温后，向该混合物中加入溶于 4.5mL 水的 0.6g 亚硝酸钠，搅拌，在冰盐浴中冷至 0～5℃。在不断搅拌下，将 2.2mL 浓盐酸与 7.5mL 水配成的溶液缓缓滴加到上述混合溶液中，并控制温度在 5℃ 以下[2]。滴加完后，在冰盐浴中放置 15min[3]，以保证反应完全。将 1mL N,N-二甲基苯胺和 1mL 冰乙酸的混合溶液在不断搅拌下慢慢加到上述冷却的对氨基苯磺酸重氮盐溶液中。加完后继续搅拌 10min，边搅拌边滴加 5％NaOH 溶液，直至反应物变为橙色，这时有粗制的甲基橙呈细粒状沉淀析出。将生成物在热水浴（不宜超过 60℃）中加热搅拌 5min，然后经冰水浴冷却，晶体重新析出，抽滤，收集结晶，并依次用少量水、乙醇、乙醚洗涤[4]，压干。若要得到较纯产品，可用溶有少量氢氧化钠的沸水进行重结晶[5]，产量约 1.5g。

　　可取少量产品溶于水中，向其中加入几滴 1∶1 的盐酸，接着用稀氢氧化钠溶液中和，观察颜色变化。

　　本实验需 4～6h。

【安全提示】

　　浓盐酸具挥发性和腐蚀性，避免皮肤接触；N,N-二甲苯胺及甲基橙有毒，严禁吞食和接触皮肤。实验须在通风橱内进行，严禁烟火，严禁皮肤接触，牢记有机化学实验常规安全防范知识和急救措施。

【注释】

　　[1] 对氨基苯磺酸为两性化合物，酸性强于碱性，它能与碱作用成盐而不能与酸作用成盐。

　　[2] 重氮化过程中，应严格控制温度，反应温度若高于 5℃，生成的重氮盐易水解为酚，降低产率。

　　[3] 可用淀粉-碘化钾试纸检验，若试纸不显色，需补充亚硝酸钠溶液，充分搅拌，至

试纸刚好呈蓝色。若亚硝酸钠过量,可加入少量尿素分解除去过量的亚硝酸钠。

[4] 用乙醇和乙醚洗涤的目的是使其迅速干燥。

[5] 重结晶操作要迅速,否则由于产物呈碱性,在温度高时易变质,颜色变深。

【思考题】

1. 什么叫偶联反应?试结合本实验讨论一下偶联反应的条件。

2. 在本实验中,制备重氮盐时为什么要把对氨基苯磺酸变成钠盐?本实验如改成下列操作步骤:先将对氨基苯磺酸与盐酸混合,再滴加亚硝酸钠溶液进行重氮化反应,可以吗?为什么?

3. 试解释甲基橙在酸碱介质中的变色原因,并用反应式表示。

4. 为什么加 N,N-二甲基苯胺时还得同时加冰乙酸?

5. 请写出尿素与亚硝酸作用的反应式。

实验 33 甲基红的制备

【实验目的】

1. 掌握用重氮盐偶联反应制备甲基红的原理和方法。

2. 巩固抽滤、洗涤、重结晶等基本操作技术。

【产品介绍】

甲基红(Methyl Red,CAS 号:493-52-7),学名:对二甲氨基偶氮苯邻羧酸,分子式为 $C_{15}H_{15}N_3O_2$,分子量为 269.30。纯品为有光泽的紫色结晶或红棕色粉末,熔点 180~182℃。几乎不溶于水,易溶于乙醇、冰醋酸。作为酸碱指示剂,pH 变色范围是 4.4(红)~6.2(黄),适用于滴定氨、弱有机碱和生物碱,但不适用于除草酸和苦味酸以外的有机酸。也用于原生动物活体染色。

【反应式】

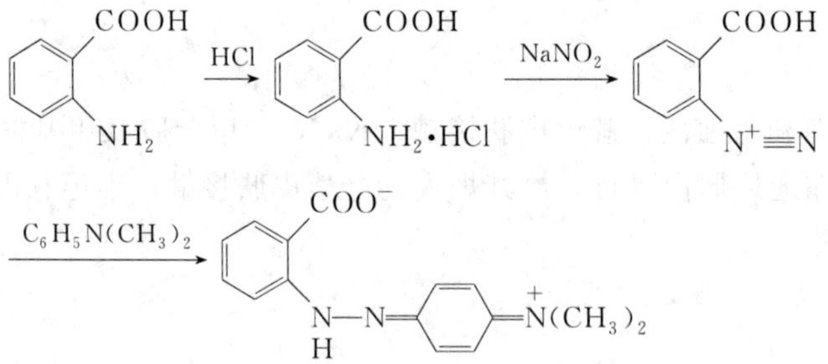

【仪器和试剂】

主要仪器:100mL 烧杯,抽滤装置等。

主要试剂:邻氨基苯甲酸 3g(0.022mol),亚硝酸钠 0.7g(0.01mol),N,N-二甲基苯胺 1.2g(0.01mol),5% 氢氧化钠溶液,1:1 盐酸,95% 乙醇,甲苯,甲醇。

【实验流程】

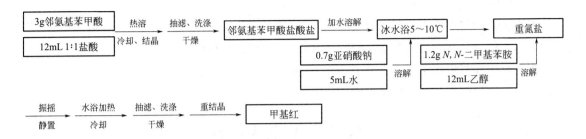

【实验步骤】

1. 重氮盐的制备

在 100mL 烧杯中，加入 3g 邻氨基苯甲酸及 12mL 1∶1 的盐酸，加热使其溶解。冷却后析出白色针状邻氨基苯甲酸盐酸盐，抽滤，用少量冷水洗涤晶体[1]，干燥后产量约 3g。在 100mL 锥形瓶中，将制得的邻氨基苯甲酸盐酸盐 1.7g 溶于 30mL 水中，在冰水浴中冷却至 5～10℃，倒入 0.7g 亚硝酸钠溶于 5mL 水的溶液，振摇后，制成的重氮盐溶液置于冰水浴中备用。

2. 偶合

另将 1.2g N,N-二甲基苯胺溶于 12mL 95％乙醇的溶液，倒至上述已制好的重氮盐中，塞紧瓶口，自冰水浴移出，用力振摇。静置，析出红色沉淀，不久凝成一大块，很难过滤，可用水浴加热，再使其缓缓冷却。放置 2～3min 后，抽滤，得到红色无定形固体，以少量甲醇洗涤，干燥后，粗产物约 2g。若要得较纯产品，可用甲苯重结晶[2]，产量约 1.5g，测其熔点。

可取少量甲基红溶于水中，向其中加入几滴 1∶1 盐酸，接着用稀氢氧化钠溶液中和，观察颜色变化。

本实验需 4～6h。

【安全提示】

浓盐酸具挥发和腐蚀性；N,N-二甲基苯胺有毒，严禁吞食和接触皮肤。实验须在通风橱内进行，严禁烟火，严禁皮肤接触，牢记有机化学实验常规安全防范知识和急救措施。

【注释】

[1] 邻氨基苯甲酸盐酸盐在水中溶解度很大，只能用少量冷水洗涤。

[2] 每克产品需 15～20mL 甲苯。为了得到较好的结晶，将趁热过滤下来的甲苯溶液再加热回流，然后放入热水中令其缓缓冷却。抽滤收集后，可得到有光泽的片状结晶。

【思考题】

1. 试结合本实验讨论一下偶联反应的条件。

2. 用反应式解释甲基红在酸碱介质中的变色原因。

5.8　水解反应

　　有机化合物与水发生的复分解反应称水解反应。水解过程中底物中的一个基团与水分子中的氢原子结合，其余部分与水中的羟基结合，生成两种产物。

　　水解反应在有机化合物中非常普遍。比如酯、卤代烃、羧酸衍生物等都能发生水解反应。水解反应在有机合成中应用也非常广泛。

实验 34　肥皂的制备

【实验目的】

　　1. 掌握肥皂的制备原理和方法。

　　2. 巩固抽滤等基本操作技术。

【产品介绍】

　　肥皂是脂肪酸金属盐的总称。通式为 RCOOM，式中 $RCOO^-$ 为脂肪酸根，M^+ 为金属离子。日用肥皂中的脂肪酸碳数一般为 $10\sim18$，金属主要是钠或钾等碱金属，也有用氨及某些有机碱如乙醇胺、三乙醇胺等制成特殊用途的肥皂。广义上，油脂、蜡、松香或脂肪酸等和碱类起皂化或中和反应所得的脂肪酸盐，皆可称为肥皂。肥皂一般为浅黄色至棕黄色块状固体，具有较强的发泡、去污性能，能溶于水，在水溶液中呈碱性。用于洗涤各种衣物及卫生用品。

【反应式】

$$\begin{matrix} RCOOCH_2 & & & RCOONa & & HOCH_2 \\ | & & & & & | \\ R'COOCH & \xrightarrow{NaOH/OH^-} & & R'COONa & + & HOCH \\ | & & & & & | \\ R''COOCH_2 & & & R''COONa & & HOCH_2 \end{matrix}$$

方法一　使用动物油脂制皂

【仪器和试剂】

　　主要仪器：烧杯，肥皂模具等。

　　主要试剂：动物油脂 10g，氢氧化钠，食盐，95％乙醇。

【实验流程】

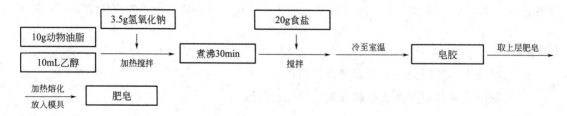

【实验步骤】

将干净的动物油脂[1] 或动物脂肪在水中煮沸，去除表面的污物，用滤布趁热过滤分离，洗净，称取 10g，放入烧杯中，加入 95％乙醇 10mL[2]。加热，边搅拌边加入 3.5g NaOH 颗粒，加热要慢，防止沸腾溢出。煮沸 30min 后，边搅拌边加入 20g 食盐颗粒，这一步称为"盐析"。混合物冷却至室温，肥皂漂浮在反应液上，撇出肥皂，将其加热熔化，再倒入肥皂模具中，冷却脱模即得肥皂成品。

方法二　使用植物油脂制皂

【仪器和试剂】

主要仪器：烧杯，肥皂模具等。

主要试剂：植物油脂 5mL，30％ NaOH 5mL，95％乙醇，饱和食盐水。

【实验流程】

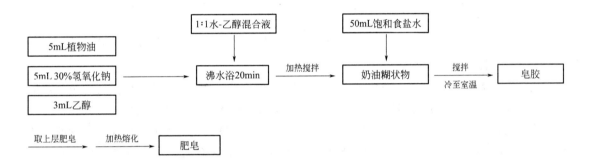

【实验步骤】

在烧杯中放入 5mL 植物油（橄榄油、油菜籽油、花生油、芝麻油、茶油等均可），5mL 30％ NaOH 溶液，3mL 95％乙醇[2]，在沸水浴中反应 20min。视情况添加 1∶1 的水与 95％乙醇混合液，保持原有体积，防止水浴时煮干。20min 后用玻棒取出几滴反应液加入 5～6mL 热水，振荡，静置若有油滴出现，说明皂化不完全，可补加碱液继续皂化。皂化完成后，向其中加入 50mL 热的饱和食盐水并搅拌。混合物冷却至室温，将上层肥皂取出，用水洗净。再将其加热熔化，再放入肥皂模具中，冷却脱模，便得肥皂成品。

【安全提示】

注意观察，防止沸溢，发生火灾！氢氧化钠具有强腐蚀性，严禁吞食和接触皮肤。实验须在通风橱内进行，严禁烟火，严禁皮肤接触，牢记有机化学实验常规安全防范知识和急救措施。

【注释】

[1] 所用油脂可选用硬化油和适量猪油混合使用。

[2]皂化时，边摇边加入乙醇，使油脂与碱液混为一相，加速皂化反应的进行，缩短反应时间。

【思考题】

1. 用氢氧化钾代替氢氧化钠制备肥皂，两种肥皂会有什么不同？
2. 在制备肥皂的过程中，为何要加入乙醇？

5.9 缩合反应

有机化学反应中，两个分子通过反应失去一个简单的无机物或有机物分子而形成一个新的较大分子的过程称为缩合反应。

如伯醇的分子间脱水缩合是制备单醚常用的方法，为 S_N2 反应。例如：

$$2CH_3CH_2OH \xrightarrow[140℃]{\text{浓 } H_2SO_4} CH_3CH_2OCH_2CH_3 + H_2O$$

实验室常用的脱水剂是浓硫酸，其作用是通过羟基的质子化将醇分子的羟基转变为更好的离去基团。

$$CH_3CH_2\ddot{O}H + CH_3CH_2{-}\overset{+}{O}H_2 \xrightarrow{S_N2} CH_3CH_2{-}\underset{\overset{|}{H}}{\overset{+}{O}}{-}CH_2CH_3 + H_2O \longrightarrow CH_3CH_2OCH_2CH_3 + H_3O^+$$

由于反应是可逆的，通常采用蒸出反应产物（醚或水）的方法，使反应向有利于生成醚的方向移动。同时必须严格控制反应温度，以减少副产物烯及二烷基硫酸酯的生成。

由卤代烷或硫酸酯（如硫酸二甲酯、硫酸二乙酯）与醇钠或酚钠缩合反应制备醚的方法称为 Williamson 合成法。它既可以合成单醚，也可以合成混合醚。反应机理是烷氧基（酚氧基）负离子对卤代烷或硫酸酯的亲核取代反应（S_N2）。冠醚常用这种方法合成。

$$RO^-Na^+(K) + R'{-}L \xrightarrow{S_N2} ROR' + NaL$$
$$L = Br, I, OSO_2R \text{ 或 } OSO_2OR$$

由于烷氧负离子是一个较强的碱，在与卤代烷反应时总伴随有卤代烷消除反应的产物烯烃生成，而三级卤代烷主要是生成烯烃。因此，用 Williamson 法制备醚，不能用三级卤代烷，而要采用一级卤代烷。

缩合反应涵盖的范围很广，在有机合成中有着重要意义。

例如，丙二酸二乙酯与脲缩合可以形成巴比妥酸，进一步反应以制备巴比妥类药物。利用 Perkin 反应，将芳醛和一种羧酸酐混合后，在相应羧酸盐存在下加热，发生羟醛缩合反应，再脱水可生成药物中间体肉桂酸。

又如，羟醛缩合反应可用来制备二苯亚甲基丙酮、查尔酮等 α,β-不饱和酮。

实验 35 正丁醚的制备

【实验目的】

1. 掌握醇分子间脱水制醚的反应原理和实验方法。

2. 掌握带分水器的回流反应装置的应用。

3. 巩固洗涤、干燥等基本操作技术。

【产品介绍】

正丁醚（Butyl Ether，CAS 号：142-96-1），分子式为 $C_8H_{18}O$，分子量为 130.23。无色透明液体，具有类似水果的气味，微有刺激性。熔点 $-98℃$，沸点为 $142.4℃$，折射率（n_D^{20}）1.3990，相对密度 0.764。几乎不溶于水，无水状态时能与乙醇和乙醚混溶，易溶于丙酮。易燃，能形成爆炸性过氧化物，可用作溶剂、电子级清洗剂、麻醉剂等。

【反应式】

主反应

$$2CH_3CH_2CH_2CH_2OH \xrightarrow[135℃]{H_2SO_4} CH_3CH_2CH_2CH_2OCH_2CH_2CH_2CH_3 + H_2O$$

副反应

$$CH_3CH_2CH_2CH_2OH \xrightarrow[>135℃]{H_2SO_4} CH_3CH_2CH=CH_2 + H_2O$$

【仪器和试剂】

主要仪器：50mL 三口烧瓶，分水器，分液漏斗，回流装置，蒸馏装置等。

主要试剂：正丁醇 18.75g（23.3mL，0.0255mol），浓硫酸，5% 的氢氧化钠溶液，饱和氯化钙溶液，无水氯化钙。

【实验流程】

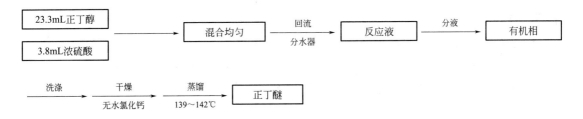

【实验步骤】

在 50mL 三口烧瓶中，加入 23.3mL 正丁醇、3.8mL 浓硫酸，摇匀[1] 后在三口烧瓶一侧口装上温度计，温度计水银球应浸入液面以下，另一口用塞子塞紧，中间口装分水器，分水器上接一回流冷凝管，先在分水器内放满水[2]，然后小心开启旋塞放出 2mL 水，把水的位置做好记号。然后小火加热，保持反应物微沸，回流分水。随着反应进行，回流液经冷凝管收集于分水器内，分液后水层沉于下层，上层有机相积至分水器支管时，即可返回烧瓶。

当烧瓶内反应物温度上升至 135℃[3] 左右，分水器几乎全部被水充满时，即可停止反应，大约需要 1.5h[4]。

待反应液冷至室温后，拆除装置，将反应液倒入盛有 35mL 水的分液漏斗中，充分振摇，静置分层后弃去下层水相，上层粗产物依次用 15mL 水、15mL 5％的氢氧化钠溶液[5]、15mL 水和 15mL 饱和氯化钙溶液洗涤，然后用适量无水氯化钙干燥。干燥后的产物滤入 25mL 蒸馏瓶中，蒸馏收集 139～142℃馏分，产量约 5g，测其折射率。

本实验需 6～8h。

【安全提示】

正丁醇易燃，其蒸气可与空气形成爆炸性混合物，爆炸极限 1.45％～11.25％（体积分数）。浓硫酸具有强腐蚀性，小心取用。产品正丁醚易燃，能形成爆炸性过氧化物。实验须在通风橱内进行，严禁烟火，严禁皮肤接触，牢记有机化学实验常规安全防范知识和急救措施。

【注释】

[1] 醇和 H_2SO_4 先混合均匀，否则加热后会变黑。

[2] 分水器内可使用饱和食盐水，以减少正丁醇和正丁醚的溶解度。本实验根据理论计算失水体积为 1.5mL，实际分出水的体积略大于计算量，否则产率很低。

[3] 制备正丁醚的较宜温度是 130～146℃，但在开始回流时很难达到这一温度，这是因为正丁醚可与水形成共沸物（沸点 94.1℃，含水 33.4％）。另外，正丁醚可与水及正丁醇形成三元共沸物（沸点 90.6℃，含水 29.9％，正丁醇 34.6％），正丁醇与水也可形成共沸物（沸点 93.0℃，含水 44.5％）。故应控制温度在 90～100℃之间较合适，而实际操作是在 100～115℃之间。

[4] 若继续加热，则反应液变黑并有较多的副产物生成。

[5] 在碱洗过程中，不要太剧烈地摇动分液漏斗，否则易乳化而影响分离。

【思考题】

1. 试根据本实验正丁醇的用量计算应生成水的体积。

2. 反应结束后为什么要将混合物倒入 25mL 水中？各步洗涤的目的何在？

3. 能否用本实验的方法由乙醇和丁-2-醇制备乙基仲丁基醚？你认为应用什么方法比较合适？

实验 36　苯乙醚的制备

【实验目的】

1. 掌握 Williamson 合成法的原理及方法。
2. 巩固蒸馏等基本操作技术。

【产品介绍】

苯乙醚（Ethoxybenzene，CAS 号：103-73-1），又名乙氧基苯，分子式为 $C_8H_{10}O$，分子量为 122.17。无色油状有芳香气味的液体、易燃，熔点 -30℃，沸点 172℃，折射率

(n_D^{20}) 1.5075，相对密度 0.9666。难溶于水，易溶于醇和醚。能随水蒸气蒸发。是一种醚类有机化合物，具有醚类的化学性质（如易挥发、易爆、可以形成过氧化物）；同时也是一种苯的衍生物，在有机合成中，可用于生产香料、染料、医药、农药，也用作溶剂。

【反应式】

$$C_6H_5OH + NaOH \longrightarrow C_6H_5ONa + H_2O$$
$$C_6H_5ONa + CH_3CH_2Br \longrightarrow C_6H_5OCH_2CH_3 + NaBr$$

【仪器和试剂】

主要仪器：50mL 三口烧瓶，滴液漏斗，分液漏斗，蒸馏装置等。

主要试剂：苯酚 7.5g（7mL，0.08mol），溴乙烷 13g（8.9mL，0.12mol），氢氧化钠 5g（0.125mol），乙醚，食盐，无水氯化钙。

【实验流程】

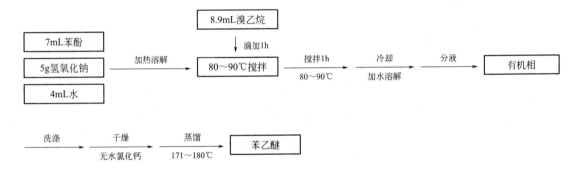

【实验步骤】

在装有回流冷凝管和滴液漏斗的 50mL 三口烧瓶中，加入 7mL 苯酚、5g 氢氧化钠、4mL 水和磁力搅拌子，开动电磁搅拌，加热使固体全部溶解。调节加热温度为 80～90℃，开始慢慢滴加 8.9mL 溴乙烷[1]，约 1h 滴加完毕[2]，继续保温搅拌 1h，然后冷至室温。加适量水（10～20mL）使固体全部溶解。将液体转入分液漏斗中，分出水相。有机相用等体积饱和食盐水洗两次[3]，分出有机相。合并两次的洗涤液，用 15mL 乙醚萃取一次，乙醚层与有机相合并，用无水氯化钙干燥。水浴加热蒸馏回收乙醚，再直接加热蒸馏，收集 171～180℃馏分，产量约 4.5g，测其折射率。

本实验需 5～6h。

【安全提示】

苯酚有毒，苯酚及其浓溶液对皮肤有强烈的刺激作用。若不慎将苯酚沾到皮肤上，应用酒精或聚乙二醇清洗；沾到衣服上需用大量水冲洗。溴乙烷易燃，有毒害性。氢氧化钠具有腐蚀性。苯乙醚易挥发、易爆，可以形成过氧化物。实验须在通风橱内进行，严禁烟火，严禁皮肤接触，牢记有机化学实验常规安全防范知识和急救措施。

【注释】

[1] 溴乙烷沸点低，回流时冷却水流量要大，或使用较长的冷凝管，以保证有足够量的溴乙烷参与反应。

[2] 若有结块出现，则应停止滴加溴乙烷，待充分搅拌后再继续滴加。

[3] 若出现乳化现象时，可抽滤后再重新分液。

【思考题】

1. 反应中，回流的液体是什么？出现的固体又是什么？为什么反应到后期回流不明显？

2. 制备苯乙醚时，用饱和食盐水洗涤的目的是什么？

实验 37　巴比妥酸的合成

【实验目的】

1. 熟悉巴比妥酸的制备原理和方法。

2. 掌握无水操作技术。

【产品介绍】

巴比妥酸（Barbituric Acid，CAS 号：67-52-7），又称丙二酰脲，分子式为 $C_4H_4N_2O_3$，分子量 128.09。白色结晶性粉末，无臭。熔点 248℃（部分分解），沸点 260℃（分解），在空气中易风化。难溶于冷水和醇，易溶于热水和醚，遇金属生成盐类。主要用作医药中间体，合成巴比妥、苯巴比妥、维生素 B_{12} 等药物，也用作聚合催化剂和染料的原料。

【反应式】

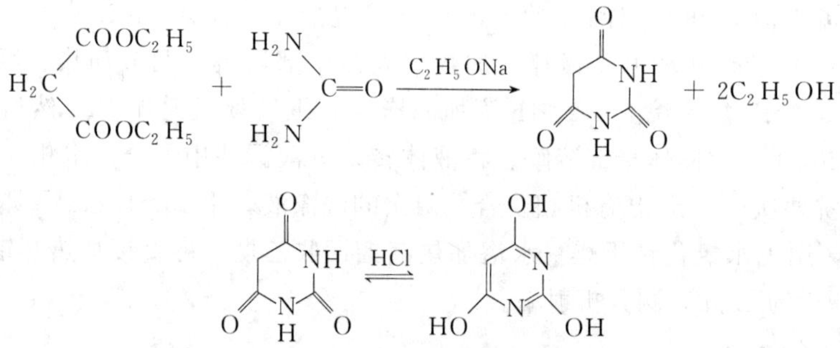

巴比妥酸

【仪器和试剂】

主要仪器：三口烧瓶，干燥管，5mL 吸量管，回流装置，抽滤装置等。

主要试剂：丙二酸二乙酯 2.6mL（0.016mol），金属钠 0.4g（0.017mol），尿素 0.96g（0.016mol），14mL 无水乙醇，浓盐酸，无水氯化钙。

【实验流程】

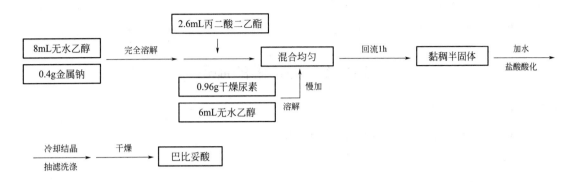

【实验步骤】

在一干燥的三口烧瓶中[1]，加入 8mL 无水乙醇，装好冷凝管，冷凝管上端装有无水氯化钙干燥管，从另一瓶口分批加入 0.4g 切成小块的金属钠[2]，开动电磁搅拌。待钠完全溶解后，用 5mL 吸量管准确量取 2.6mL 丙二酸二乙酯[3]，加入烧瓶中搅拌均匀，然后慢慢加入 0.96g 干燥过的尿素和 6mL 无水乙醇所配成的溶液，盖上瓶塞，水浴回流约 1h，使反应完全。

反应后期形成黏稠的白色半固体物，加入 12mL 热水，再用盐酸酸化至 pH＝3[4]，得到澄清溶液（如有杂质，趁热过滤），冰水浴充分冷却使其结晶。抽滤，用少量冰水洗涤[5]，得到白色棱柱形结晶，干燥后得产品约 1g，测其熔点[6]。

本实验需 4～5h。

【安全提示】

钠要安全使用，不得用手直接接触！剩余的钠要经乙醇处理，不得倒入水槽，否则引起火灾或爆炸！巴比妥酸有毒，有腐蚀性和刺激性，实验须在通风橱内进行，严禁皮肤接触，牢记有机化学实验常规安全防范知识和急救措施。

【注释】

[1] 本实验所用仪器与药品均应保证无水。无水乙醇应保证绝对无水，防止加入钠后，钠与水剧烈反应。

[2] 金属钠遇水即燃烧、爆炸，故使用时应严格防止与水接触。在称量或切片过程中应当迅速，以免空气中的水汽侵蚀或被氧化。金属钠的颗粒大小直接影响缩合反应的速率。

[3] 如丙二酸二乙酯的质量不够好，可进行减压蒸馏收集 82～84℃/11kPa 的馏分。

[4] 反应结束后，冷却，出现黏稠白色半固体物，再加入盐酸酸化的作用是将双酰胺环结构转变为嘧啶环结构。

[5] 在嘧啶环结构的巴比妥酸中，含有羟基，因此其在水中可溶。所以在过滤洗涤时，应用少量冰水洗涤，洗去附着的盐酸等杂质，不能用热水，否则产物溶解。

[6] 反应产物在水溶液中析出时为有光泽的结晶，放置后易风化转化为粉末状，粉末状产物有较正确的熔点。

【思考题】

1. 反应为什么要在无水条件下进行？
2. 提高巴比妥酸产率的要点是什么？

实验 38　肉桂酸的制备

【实验目的】

1. 掌握用 Perkin 反应制备肉桂酸的原理及方法。
2. 巩固回流、水蒸气蒸馏等基本操作技术。

【产品介绍】

肉桂酸（Cinnamic Acid，CAS 号：140-10-3），又名 β-苯基丙烯酸，分子式为 $C_9H_8O_2$，结构式为 $C_6H_5CH{=\!=}CHCOOH$，分子量 148.17，有顺式和反式两种异构体。肉桂酸通常以反式构型存在，为白色单斜结晶，微有桂皮气味，熔点 135~136℃，沸点 300℃。微溶于水，易溶于酸、苯、丙酮、冰乙酸，溶于乙醇、甲醇和氯仿。肉桂酸可用于合成治疗冠心病的药物；其酯类衍生物是配制香精和食品香料的重要原料；肉桂酸在农用塑料和感光树脂等精细化工产品的生产中也有着广泛的应用。

方法一　用无水碳酸钾作缩合试剂

【反应式】

$$\text{C}_6\text{H}_5\text{CHO} + \text{H}_3\text{C}\underset{\text{O}}{\text{C}}\text{O}\underset{\text{O}}{\text{C}}\text{CH}_3 \xrightarrow[\text{2)H}^+]{\text{1)K}_2\text{CO}_3,140\sim180℃} \text{C}_6\text{H}_5\text{CH}{=}\text{CHCOOH} + \text{CH}_3\text{COOH}$$

【仪器和试剂】

主要仪器：100mL 圆底烧瓶，水蒸气蒸馏装置，抽滤装置等。

主要试剂：苯甲醛（新蒸）3.8mL（3.98g，0.0375mol），乙酸酐（新蒸）10.5mL（11.25g，约 0.111mol），无水碳酸钾 5.25g，10%氢氧化钠溶液，浓盐酸，乙醇，活性炭。

【实验流程】

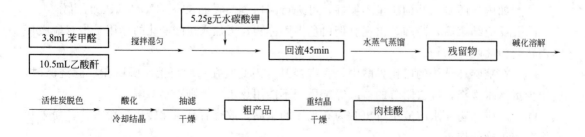

【实验步骤】

　　分别量取 3.8mL 新蒸馏过的苯甲醛[1] 和 10.5mL 新蒸馏过的乙酸酐于 100mL 干燥[2] 的圆底烧瓶中，摇匀，再加入 5.25g 研碎的无水碳酸钾，缓慢加热回流 45min[3]。反应结束，稍冷，倒至烧杯中捣碎块状固体，再转入长颈圆底烧瓶中，用约 30mL 热水分几次冲洗反应瓶和烧杯，洗液一并转入长颈圆底烧瓶。进行水蒸气蒸馏，至无油状物蒸出为止。将长颈圆底烧瓶中的剩余物转入一洁净烧杯中，冷却后，加入约 10% 氢氧化钠溶液中和至溶液呈碱性，再加入 20mL 水，并加入适量活性炭，煮沸 5min，趁热过滤，滤液冷却后，用浓盐酸酸化至 pH≤2，冷却。待晶体全部析出后抽滤，用少量冷水洗涤固体，干燥，产量约 3g[4]，测其熔点。

　　本方法需 4～5h。

方法二　用无水乙酸钾作缩合试剂

【反应式】

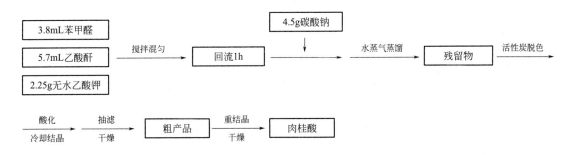

【仪器和试剂】

　　主要仪器：100mL 三口烧瓶，水蒸气蒸馏装置，抽滤装置等。

　　主要试剂：苯甲醛（新蒸）3.8mL（3.98g，0.0375mol），乙酸酐（新蒸）5.7mL（6g，0.0585mol），无水乙酸钾 2.25g，固体碳酸钠 4.5g，浓盐酸，乙醇，活性炭。

【实验流程】

```
┌─────────────────┐                          ┌──────────┐
│  3.8mL苯甲醛     │                          │4.5g碳酸钠 │
├─────────────────┤                          └──────────┘
│  5.7mL乙酸酐     │  ──搅拌混匀──→ ┌────────┐     ↓      水蒸气蒸馏  ┌────────┐  活性炭脱色
├─────────────────┤              │ 回流1h  │ ──────────────────→ │ 残留物 │ ──────────→
│  2.25g无水乙酸钾 │              └────────┘                      └────────┘
└─────────────────┘
```

```
      酸化        抽滤     ┌────────┐   重结晶   ┌────────┐
──────────────→ ───────→ │ 粗产品 │ ────────→ │ 肉桂酸 │
     冷却结晶      干燥     └────────┘    干燥    └────────┘
```

【实验步骤】

　　在干燥的 100mL 三口烧瓶中，依次加入 3.8mL 新蒸的苯甲醛和 5.7mL 新蒸馏过的乙酸酐以及新熔融并研细的无水乙酸钾[5] 粉末 2.25g，振荡使之混合均匀。加热回流，使反应温度维持在 150～170℃，反应时间为 1h。

　　将反应物趁热倒入长颈圆底烧瓶中，用少量热水冲洗反应瓶，使反应物全部转入烧瓶中。然后一边充分摇动烧瓶，一边慢慢地加入 4.5g 固体碳酸钠，直到反应混合物呈弱碱性为止。进行水蒸气蒸馏，直到馏出液无油珠为止[6]。

将长颈圆底烧瓶中的剩余物转入烧杯中，加入适量活性炭，煮沸 5min，趁热过滤，得无色透明液体。

向溶液中缓慢加入浓盐酸调节 pH＜2，然后用冷水浴冷却至肉桂酸呈无定形固体全部析出。抽滤，用少量冷水洗涤固体，干燥，产量约 3g[4]，测其熔点。

本方法需 5～6h。

【安全提示】

苯甲醛为无色液体，有苦杏仁气味，对眼睛、呼吸道黏膜有一定的刺激作用，小心量取。肉桂酸可燃，遇火可产生有害可燃气体和蒸气；可渗入皮肤，刺激眼睛，严禁皮肤接触。乙酸酐、浓盐酸有刺激性，在通风橱中量取。实验须在通风橱内进行，严禁烟火，牢记有机化学实验常规安全防范知识和急救措施。

【注释】

[1] 苯甲醛久置后含有苯甲酸，后者不但会影响反应的进行，而且混在产物中不易除去，会影响产品质量。另外，也会使反应体系的颜色较深。因此实验所用的苯甲醛必须重新蒸馏，收集 170～180℃的馏分。

[2] 本实验反应装置中使用的反应瓶及回流冷凝管都应事先干燥，否则缩合反应不能顺利进行。

[3] 在通风橱内进行，反应过程中有泡沫冒出，注意控制加热温度，以防泡沫冲入冷凝管。

[4] 可用 3:1 的水-乙醇溶液进行重结晶，提高产品纯度。

[5] 无水乙酸钾的粉末可吸收空气中水分，故每次称完药品后，应立刻盖上试剂瓶盖，并放回原干燥器中，以防吸水。

[6] 加入热的蒸馏水后，体系分为两相，下层水相；上层油相，呈棕红色。加 Na_2CO_3 的目的是中和反应中产生的副产品乙酸，使肉桂酸以盐的形式溶于水中。

【思考题】

1. 为什么乙酸酐和苯甲醛要在实验前重新蒸馏才能使用？
2. 在肉桂酸制备实验中，水蒸气蒸馏除去什么？是否可以不用水蒸气蒸馏？

实验 39　二苯亚甲基丙酮的合成

【实验目的】

1. 掌握利用羟醛缩合反应增长碳链的原理和方法。
2. 掌握通过反应物的投料比实现对反应产物的控制。
3. 巩固重结晶等基本操作技术。

【产品介绍】

二苯亚甲基丙酮（Dibenzalacetone，CAS 号：538-58-9），又名二苄叉丙酮，分子式 $C_{17}H_{14}O$，分子量 234。(E,E)-构型为片状白色晶体，熔点 110～111℃；(E,Z)-构型为亮

黄色针状晶体，熔点 60℃；(Z,Z)-构型为黄色油状物，沸点 130℃（0.003kPa）。合成的混合物为白色晶体，熔点 113℃（分解），不溶于水，溶于丙酮、乙醇、乙醚、氯仿，能吸收紫外线。可以作为汽油的抗震剂、紫外线的吸收剂、火箭燃料的添加剂等。

【反应式】

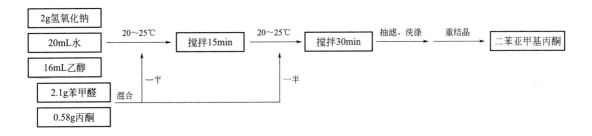

【仪器和试剂】

主要仪器：圆底烧瓶，抽滤装置等。

主要试剂：苯甲醛 2.1g（2mL，0.02mol），丙酮 0.58g（0.73mL，0.01mol），氢氧化钠，乙醇。

【实验流程】

```
2g氢氧化钠
20mL水      20~25℃                  20~25℃
16mL乙醇  ────────→ 搅拌15min ────────→ 搅拌30min ──抽滤、洗涤──→ ──重结晶──→ 二苯亚甲基丙酮
2.1g苯甲醛           ↑一半            ↑一半
0.58g丙酮   混合
```

【实验步骤】

将 2.0g 氢氧化钠溶于 20mL 水中，放冷，然后加入 16mL 乙醇。准备 2.1g 苯甲醛与 0.58g 丙酮的混合物[1]。将上述混合物一半加入碱溶液中，并快速搅拌，控温在 20～25℃[2]。2～3min 后，产生黄色絮状沉淀；15min 后，加入剩余混合物，用少量乙醇洗涤容器，一并转入反应体系。继续搅拌 30min 后抽滤，大量水洗，干燥，产量约 2.1g。将粗产品用乙醇重结晶、抽滤、干燥，测其熔点。

本实验需 4～5h。

【安全提示】

苯甲醛为无色液体，有苦杏仁气味，对眼睛、呼吸道黏膜有一定的刺激作用，小心量取。实验须在通风橱内进行，严禁烟火，严禁皮肤接触，牢记有机化学实验常规安全防范知识和急救措施。

【注释】

[1] 苯甲醛及丙酮的量应准确量取。丙酮一定不能过量。

[2] 反应温度不要太高，温度升高，副产物增多，产率下降。

【思考题】

1. 碱浓度偏高时对反应的影响是什么？
2. 本实验中可能发生哪些副反应？

实验 40　查耳酮的制备

【实验目的】

1. 掌握利用羟醛缩合反应增长碳链的原理和方法。
2. 掌握反应温度的控制方法。
3. 巩固洗涤、重结晶等基本操作技术。

【产品介绍】

查耳酮（Chalcone，CAS 号：94-41-7)，又名二苯基丙烯酮，分子式为 $C_{15}H_{12}O$，分子量为 208.26，有顺-(Z)、反 (E) 两种异构体。(Z)-构型为淡黄色晶体，熔点 45~46℃；(E)-构型为淡黄色棱状晶体，熔点 58℃。合成的混合物为淡黄色斜方或棱形结晶，有刺激性，熔点 55~57℃，沸点 345~348℃（微分解），折射率 1.6458，相对密度 1.0712。难溶于水，难溶于冷石油醚，微溶于乙醇，溶于乙醚、氯仿、二硫化碳和苯。能吸收紫外线，可用作有机合成试剂（如甜味剂）和指示剂。

【反应式】

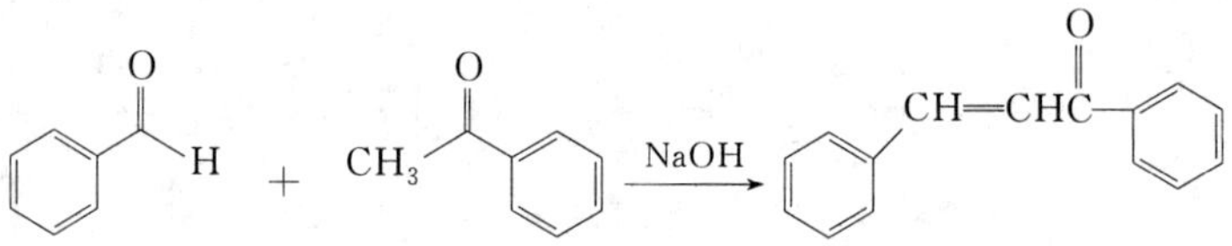

【仪器和试剂】

主要仪器：250mL 三口烧瓶，滴液漏斗，抽滤装置等。

主要试剂：苯甲醛 2.65g（5mL，0.025mol)[1]，苯乙酮 3g（6mL，0.025mol)，氢氧化钠，乙醇。

【实验流程】

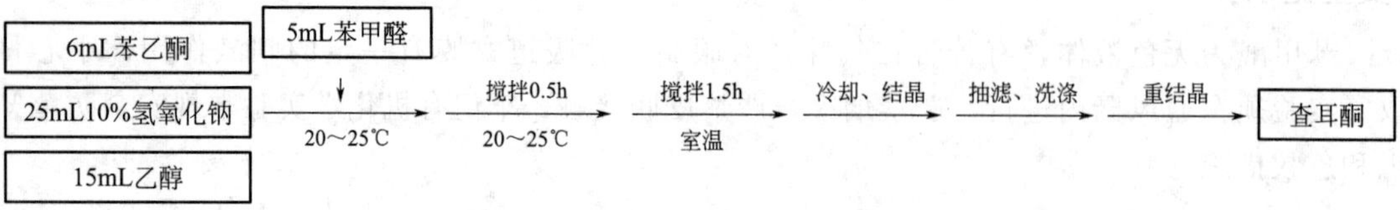

【实验步骤】

在装有搅拌器、温度计和恒压滴液漏斗的 250mL 三口烧瓶中，加入 25mL10％氢氧化钠溶液、15mL 乙醇和 6mL 苯乙酮。搅拌下由恒压滴液漏斗滴加 5mL 苯甲醛，控制滴加速度，保持反应温度在 20～25℃之间[2]，必要时用冷水浴冷却。滴加完毕，继续保持此温度搅拌 0.5h，然后室温下继续搅拌 1～1.5h，即有固体析出。反应结束后将三口烧瓶置于冰水浴中冷却 15～30min，使结晶完全。

抽滤，收集产物，用水充分洗涤，至洗涤液对石蕊试纸显中性。然后用少量冷乙醇（5～6mL）洗涤结晶，挤压抽干，得粗产品。粗产物用 95％乙醇重结晶[3]（每克产物约需 4～5mL 溶剂），若溶液颜色较深可加少量活性炭脱色，得浅黄色片状结晶约 6.5g[4]，测其熔点。

本实验需 4～6h。

【安全提示】

苯甲醛为无色液体，有苦杏仁气味，对眼睛、呼吸道黏膜有一定的刺激作用，小心量取。实验须在通风橱内进行，严禁烟火，严禁皮肤接触，牢记有机化学实验常规安全防范知识和急救措施。

【注释】

[1] 苯甲醛需新蒸馏后使用。

[2] 控制好反应温度，温度过低产物发黏，过高副反应多。最适温度为 25℃。

[3] 产物熔点较低，重结晶加热时易呈熔融状，故须加乙醇作溶剂使呈均相。

[4] 产物可能会引起皮肤过敏，注意尽量不要与皮肤接触。

【思考题】

1. 为什么本实验的主要产物不是苯乙酮的自身缩合或苯甲醛的 Cannizzaro 反应？

2. 本实验中如何避免副反应的发生？

3. 本实验中，苯甲醛与苯乙酮加成后为什么不稳定并会立即失水？

5.10　手性拆分

在非手性环境中，反应制备得到的化合物中如果形成了新的手性碳，那一般得到的手性化合物为等量的对映体组成的外消旋体。对映体除旋光方向相反外，其他物理性质都相同，因此虽然外消旋体是两种化合物的混合物，但用一般的物理方法，例如蒸馏、重结晶等不能把一对对映体分离开来。必须用特殊的方法才能把它们分开。外消旋体分离成旋光体的过程通常称为"拆分"。

拆分的方法很多，一般有下列几种。

① 选择吸附拆分法　用某种旋光性物质作为吸附剂，使之选择性地吸附外消旋体中的一种异构体，以达到拆分的目的。

② 诱导结晶拆分法　在外消旋体的过饱和溶液中，加入一定量的一种旋光体的纯晶体作为晶种。于是溶液中该种旋光体含量较多，且在晶种的诱导下优先结晶析出。将这种结晶滤出后，则另一种旋光体在滤液中相对较多。再加入外消旋体制成过饱和溶液，另一种旋光体将优先结晶析出。如此反复进行结晶，就可以把一对对映体完全分开。

③ 机械拆分法　利用外消旋体中对映体结晶形态上的差异，借肉眼直接辨认或通过放大镜进行辨认，而把两种结晶体挑拣分开。此法要求结晶形态有明显的不对称性，结晶大小适中。此法比较原始，目前极少应用，只在实验室中少量制备时偶尔采用。早在 1848 年，Louis Pasteur 就是利用一对光学活性酒石酸盐的晶体形态的不对称性，通过该法首次实现了外消旋体化合物的拆分。

④ 微生物拆分法　某些微生物或它们所产生的酶，对于对映体中的一种异构体有选择性的分解作用。利用微生物或酶的这种性质可以从外消旋体中把一种旋光体拆分出来。

⑤ 化学拆分法　这个方法应用最广。其原理是将对映体转变成非对映体，然后分离。外消旋体与无旋光性的物质作用并结合后，仍是外消旋体。但是若使外消旋体与旋光性物质作用并结合，则原来的一对对映体变成了两种互不对映的衍生物。于是外消旋体变成了非对映体的混合物。非对映体具有不同的物理性质，可以用一般的分离方法把它们分开。最后再把分离所得的两种衍生物分别变回原来的旋光化合物，即达到了拆分的目的。这种拆分法最适用于酸或碱的外消旋体的拆分。例如：对于酸，拆分的步骤可用通式表示如下：

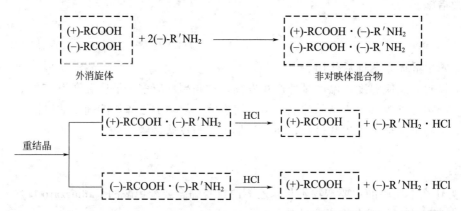

拆分酸时，常用旋光性生物碱，如（－）-奎宁、（－）-马钱子碱、（－）-番木鳖碱等。拆分碱时，常用旋光性酸，如（＋）-酒石酸、（＋）-樟脑-β-磺酸等。

实验 41　外消旋 α-苯乙胺的拆分

【实验目的】

熟悉用化学拆分法实现外消旋体 α-苯乙胺分离的原理，掌握酸碱成盐拆分技术。

【产品介绍】

α-苯乙胺（α-Phenylethylamine，CAS 号：618-36-0），又名 1-苯乙胺，分子式为 $C_8H_{11}N$，分子量为 121.18。由于手性碳原子的存在，存在左旋（－）、右旋（＋）和外消旋体（±）三种形式。三种形式均为无色液体，有毒，有腐蚀性，具有碱性。微溶于水，能与醇、醚混溶。三种旋光异构体的物理常数为：（－）-α-苯乙胺沸点 187～189℃，折射率 1.526，相对密度 0.952；（＋）-α-苯乙胺沸点 187～189℃，折射率 1.526，相对密度 0.952；（±）-α-苯乙胺沸点 187℃、87℃（11.6kPa），折射率 1.5253，相对密度 0.9395。可用作有机合成原料，用作医药、染料、香料、乳化剂、拆分剂等的中间体。

【反应式】

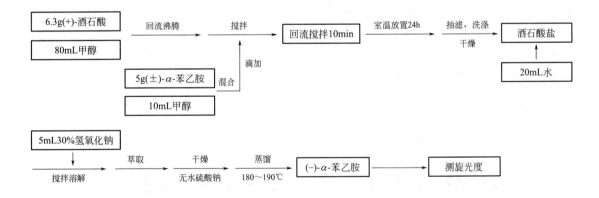

本实验用（＋）-酒石酸为拆分剂，它与外消旋 α-苯乙胺形成非对映异构体的盐。

旋光纯的酒石酸在自然界中颇为丰富，它是酿酒过程中的副产物。由于（－）-α-苯乙胺•（＋）-酒石酸盐比（＋）-α-苯乙胺•（＋）-酒石酸盐在甲醇中的溶解度小，故易从溶液中呈结晶析出，经稀碱处理，可使（－）-α-苯乙胺游离出来。而母液中含有的（＋）-α-苯乙胺•（＋）-酒石酸盐，理论上可以经提纯后得到光学纯的盐，并经稀碱处理后得（＋）-α-苯乙胺。但因为非对映异构体盐（－）-α-苯乙胺•（＋）-酒石酸盐没有完全有效析出，所以不易从母液中获取光学纯的盐。

【仪器和试剂】

主要仪器：圆底烧瓶，滴液漏斗，分液漏斗，回流装置，蒸馏装置等。

主要试剂：6.3g（0.042mol）（＋）-酒石酸，5g（0.041mol）（±）-α-苯乙胺，甲醇，乙醚，氢氧化钠，无水硫酸钠。

【实验流程】

（实验流程图）

```
6.3g(+)-酒石酸 ─回流沸腾→ ─搅拌→ 回流搅拌10min ─室温放置24h→ ─抽滤、洗涤 干燥→ 酒石酸盐
80mL甲醇                                                                    ↑
                          ↑滴加                                            20mL水
              5g(±)-α-苯乙胺 ─混合─
              10mL甲醇

5mL30%氢氧化钠 ─搅拌溶解→ ─萃取→ ─干燥 无水硫酸钠→ ─蒸馏 180~190℃→ (-)-α-苯乙胺 → 测旋光度
```

【实验步骤】

1. （S）-（－）-α-苯乙胺的分离

在 150mL 三口烧瓶中，加入 6.3g（＋）-酒石酸和 80mL 甲醇，搭建回流装置，在水浴下加热至接近沸腾，搅拌使酒石酸溶解。在搅拌下通过滴液漏斗缓慢滴加溶有 5g（±）-α-苯乙胺的 10mL 甲醇溶液。完全滴加完毕后，继续回流搅拌 10min 后，关闭加热和搅拌，静置冷至室温后，盖上磨口塞，放置 24h 以上，析出白色棱状晶体[1]。抽滤，并用少量冷甲醇洗涤，干燥后得（－）-α-苯乙胺•（＋）-酒石酸盐约 4g。

将 4g（－）-α-苯乙胺•（＋）-酒石酸盐置于 100mL 锥形瓶中，加入 20mL 水，搅拌使部分结晶溶解，接着加入 5mL30％氢氧化钠，搅拌混合物至固体完全溶解。将溶液转入分液

漏斗，用乙醚萃取（15mL×2），合并有机相，用无水硫酸钠干燥。水层倒入指定容器中回收（＋）-酒石酸。

将干燥后的乙醚溶液用滴液漏斗分批转入 25mL 圆底烧瓶，水浴加热蒸馏去除乙醚，然后直接加热蒸馏收集 180～190℃馏分[2]，产量约为 1g。

2. 比旋光度的测定

称量 0.5g 产品至 50mL 容量瓶中，使用甲醇定容。将溶液置于旋光仪样品管中，测定旋光度及比旋光度，并计算拆分后胺的光学纯度[3]。

本实验需 4～6h。

【安全提示】

甲醇对中枢神经系统有麻醉作用，对视神经和视网膜有特殊选择作用，引起病变，可致代谢性酸中毒，且易燃。乙醚具有麻醉作用并易燃，具有刺激性，其蒸气与空气可形成爆炸性混合物。氢氧化钠有强腐蚀性。实验须在通风橱内进行，严禁烟火，严禁皮肤接触，牢记有机化学实验常规安全防范知识和急救措施。

【注释】

[1] 必须得到棱状晶体，这是实验成功的关键。如溶液中析出针状晶体，可做如下处理：加热反应混合物到恰好针状结晶完全溶解而棱状结晶尚未开始溶解为止，重新放置过夜，冷却析出晶体。

[2] 蒸馏 α-苯乙胺时，容易起泡，可加入 1～2 滴消泡剂（含聚二甲基硅烷 0.001％的己烷溶液）。作为一种简化处理，可将干燥后的醚溶液直接过滤到事先称好的圆底烧瓶中，先在水浴上尽可能蒸去乙醚，再用水泵抽去残留的乙醚。称量烧瓶即可计算出（－）-α-苯乙胺的质量，省去进一步的蒸馏操作。

[3] 光学纯（S)-(－)-α-苯乙胺 $[a]_D^{25} = -39.5°$（甲醇）。

【思考题】

本实验中关键步骤是什么？如何控制反应条件分离出纯的旋光异构体？

实验 42　1,1′-联萘-2,2′-二酚的合成与手性拆分

【实验目的】

1. 熟悉氧化偶联的实验原理。
2. 熟悉分子识别原理及其在手性拆分中的应用。
3. 掌握制备光学纯 1,1′-联萘-2,2′-二酚的实验方法。

【产品介绍】

1,1′-联萘-2,2′-二酚（1,1′-Binaphthalene-2,2′-diol，BINOL），分子式为 $C_{20}H_{14}O_2$，分子量为 286.32。S-(－)1,1′-联萘-2,2′-二酚（CAS 号：18531-99-2），(R)-(＋)-1,1′-联萘-2,2′-二酚（CAS 号：18531-94-7）。白色至淡黄色晶体粉末，熔点 215～218℃。溶

于多种有机溶剂，通常在二氯甲烷、乙醚和四氢呋喃中使用。用于合成多种手性医药中间体。

【反应式】

手性是构成生命世界的重要基础，很多手性物质在生命体中表现特殊的生理活性，因此获得光学活性物质和其方法是当前有机化学研究中的热点和前沿领域之一。除了手性拆分方法，不对称催化合成是目前获得手性物质最有效的手段之一。使用催化量的光学纯催化剂就可以产生大量所需要的手性物质，既提高反应效率，又可以避免无用对映异构体的生成，符合当前绿色化学的要求。

$1,1'$-联萘-$2,2'$-二酚（BINOL）及其衍生物是不对称催化中应用最为广泛和成功的手性催化剂之一。外消旋 BINOL 的合成主要通过 2-萘酚的氧化偶联获得，常利用 Fe^{3+}、Cu^{2+}、Mn^{3+} 等作为氧化剂。利用 $FeCl_3$ 作为氧化剂时，使 2-萘酚粉末悬浮在含有 Fe^{3+} 水溶液的反应瓶中，略微搅拌加热即可高效获得 BINOL。2-萘酚被水溶液中的 Fe^{3+} 氧化为自由基后，与另一个萘酚形成新的 C—C 键，然后脱去一个 H 恢复稳定的芳环结构。

BINOL 中 8 与 $8'$ 位氢的位阻作用，使得 1 和 $1'$ 之间 C—C 键的旋转受阻，因而分子中两个萘环无法处于同一平面上，而存在一定夹角，所以分子中没有对称面与对称中心，因此 BINOL 是个典型无手性碳原子的手性分子。对于 BINOL 的手性拆分方法有很多文献报道，在这些众多类型的手性拆分方法中，通过分子识别的方法对映选择性地形成主-客体（或超分子）络合物，已经被证实是最有效、实用而且方便的手段之一。

例如采用手性 N-苄基氯化辛可宁作为手性拆分剂能够选择性地与消旋体 BINOL 中的（＋）-对映异构体形成稳定的分子络合物晶体，而（－）-BINOL 则被留在母液中，从而实现 BINOL 的手性拆分。其原理类似化学拆分法，但拆分剂（称为客体）与 BINOL（称为主体）两者没有酸碱成盐的作用方式，主客体之间主要通过分子间氢键作用以及氯负离子与拆分剂 N-苄基氯化辛可宁季铵正离子的静电作用结合。氢键作用出现在（＋）-BINOL 分子的羟基氢与氯负离子间以及邻近的另一个（＋）-BINOL 分子的羟基氢与氯负离子间，氯负离子在两个 BINOL 分子间起桥梁作用，此外，N-苄基辛可宁正离子的静电作用以及 N-苄基辛可宁分子中羟基氢与（＋）-BINOL 分子中的一个羟基氧间也存在氢键作用。手性客体也可以利用 L-脯氨酸等手性分子实现 BINOL 的主客体拆分。

【仪器和试剂】

主要仪器：圆底烧瓶，分液漏斗，回流装置，蒸馏装置等。

主要试剂：β-萘酚 3.6g（0.025mol），$FeCl_3 \cdot 6H_2O$ 8.1g（0.03mol），N-苄基氯化辛可宁 0.884g（2.1mmol），L-脯氨酸 0.576g（5mmol），盐酸，甲苯，乙腈，乙酸乙酯，二氯甲烷，无水硫酸镁。

【实验流程】

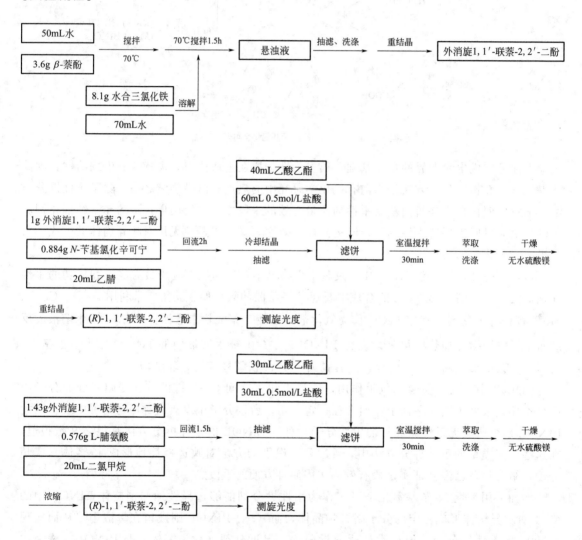

【实验步骤】

1. 外消旋 1,1′-联萘-2,2′-二酚的合成

在 250mL 三口烧瓶中，加入 50mL 水，然后加入 3.6g 粉末状[1] β-萘酚，搅拌升温至 70℃，加入 70mL 溶有 8.1g $FeCl_3 \cdot 6H_2O$ 的水溶液，在此温度下搅拌 1.5h。随着反应进行，反应液由黄褐色悬浊液变为浅黄绿色悬浊液[2]。

冷却至室温后过滤，并用蒸馏水洗涤以除去铁离子，得到浅黄色或浅灰色粉末状粗产品。用适量甲苯重结晶，得到白色针状晶体约 3.2g。本部分实验需 2～3h。

2. 1,1′-联萘-2,2′-二酚的拆分

（1）以 N-苄基氯化辛可宁为拆分剂

在 50mL 圆底烧瓶中，加入 1.0g（3.5mmol）外消旋体 BINOL 和 0.884g（2.1mmol）N-苄基氯化辛可宁以及 20mL 乙腈。加热回流 2h，然后冷却至室温，有白色固体析出。过滤并用少量乙腈洗涤白色固体[3]3 次。

将白色固体加入 40mL 乙酸乙酯和 60mL 稀盐酸水溶液（0.5mol/L）的混合体系中，室温搅拌 30min，直至白色固体消失。分出有机相，水相用 10mL 乙酸乙酯萃取一次，合并有机相，并用饱和食盐水洗涤，无水硫酸镁干燥。浓缩，残余物用苯重结晶，得到无色柱状晶体，产量约 0.35g，即（R）-（＋）-BINOL。本部分实验需 4～5h。

（2）以 L-脯氨酸为拆分剂

在 50mL 圆底烧瓶中加入 1.43g 外消旋体 BINOL 和 0.576g L-脯氨酸[4] 以及 20mL 二氯甲烷。搅拌加热回流 1.5h[5]，停止反应。

抽滤，然后将滤饼加入 30mL 乙酸乙酯和 30mL 稀盐酸（0.5mol/L）混合液，室温搅拌 30min，直至白色固体消失。分出水相，有机相再用稀盐酸洗涤（30mL×2），无水硫酸镁干燥。滤去干燥剂，浓缩，晾干后得到白色固体约 0.6g。本部分实验需 4～5h。

3. 比旋光度的测定

分别称量不同方法拆分得到的 0.25g 样品至 25mL 容量瓶中，使用 THF 定容。将溶液置于旋光仪样品管中，测定比旋光度，并计算拆分后 BINOL 的光学纯度[6]。

本实验所需时间：10～13h。

【安全提示】

β-萘酚对眼睛、皮肤、黏膜有强烈刺激作用，可引起出血性肾炎，可燃，具有刺激性。甲醇对中枢神经系统有麻醉作用，对视神经和视网膜有特殊选择作用，引起病变，可致代谢性酸中毒，且易燃。硫酸具有强腐蚀性。甲苯、乙腈均易燃，具有刺激性，会对环境造成危害和污染。实验须在通风橱内进行，严禁烟火，严禁皮肤接触，牢记有机化学实验常规安全防范知识和急救措施。

【注释】

[1] 由于原料 β-萘酚和产物 1,1′-联萘-2,2′-二酚不溶于水，反应为非均相反应，即原料的颗粒越小，反应速率越快。

[2] 可以用薄层色谱监测反应进行的程度。吸取约 0.5mL 反应悬浊液，加入 1.5mL 塑料离心管中，滴加 10 滴乙酸乙酯，充分振荡，悬浊液变清。取上层有机相用薄层色谱监测，用 V(石油醚)∶V(乙酸乙酯)＝2∶1 展开剂展开。在薄层板上 R_f 值＝0.7 的位置附近出现两个点，前一个点是原料 β-萘酚，后一个点是产物，产物点有微弱的蓝色荧光。

[3] 白色固体是（R）-（＋）-BINOL 与 N-苄基氯化辛可宁形成等摩尔比的分子络合物，熔点 248℃（分解）。该步母液保留回收拆分剂和（S）-（—）-BINOL。

[4] 由于外消旋的 1,1′-联萘-2,2′-二酚和 L-脯氨酸在二氯甲烷中的溶解度都比较差，建议先对原料过 160 目标准筛，以加快反应速率和提高拆分效率。

[5] 两种原料均难溶于二氯甲烷，反应体系呈现悬浊液，经 15min 左右，体系开始变成

乳白色悬浊液。

[6] 光学纯的 (R)-(+)-BINOL 为 $[\alpha]_D^{25} = +34.5°$（$c = 1.0$，THF）；(S)-(—)-BI-
NOL 为 $[\alpha]_D^{25} = -34.5°$（$c = 1.0$，THF）。

【思考题】

1. 外消旋体的拆分有哪些方法？
2. 为什么外消旋 BINOL 与光学纯 BINOL 的熔点有明显区别？

实验 43　DL-苏氨酸的合成和拆分

【实验目的】

1. 熟悉天然氨基酸 L-苏氨酸的性质和生理活性。
2. 掌握利用醛羰基同氨基的加成反应合成 DL-苏氨酸的实验方法。
3. 掌握用离子交换树脂提纯化合物等基本操作技术。

【产品介绍】

苏氨酸（2-Amino-3-hydroxybutanoic Acid），分子式为 $C_4H_9NO_3$，分子量为 119.12。其中，L-苏氨酸（CAS 号：72-19-5）是一种必需氨基酸，是婴儿和幼小动物正常发育必须喂给的营养成分，有促进生长发育和抗脂肪肝的作用。L-苏氨酸为白色斜方晶系或结晶性粉末，无臭，味微甜。熔点约为 256℃（分解）。易溶于水，不溶于甲醇、乙醇、乙醚和氯仿。医药上 L-苏氨酸用作氨基酸输液的组分，食品工业用作营养添加剂，它也是重要的饲料添加剂之一；D-苏氨酸（CAS 号：632-20-2），无色结晶状物质，无臭，味甜，熔点 274℃。溶于水，不溶于乙醇、乙醚和氯仿。主要用于生化研究。DL-苏氨酸是苏氨酸的外消旋混合物。白色结晶或结晶状粉末，无臭，味稍甜，熔点约为 245℃（分解）。易溶于水，难溶于乙醇等有机溶剂。作为饲料营养强化剂，主要添加于以小麦、大麦等谷物为主的饲料中。

【反应式】

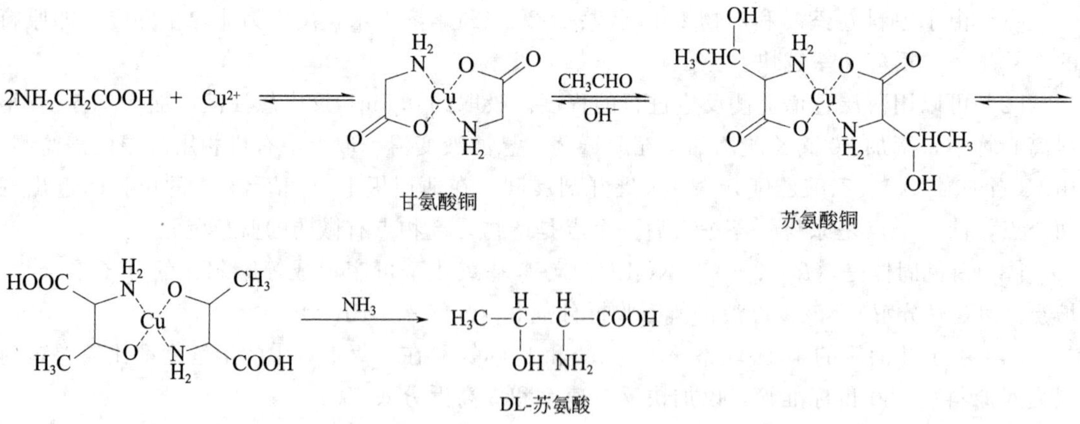

甘氨酸铜　　　　　　　苏氨酸铜

DL-苏氨酸

苏氨酸的生产有发酵法和合成法两种。但由于发酵法的产率太低，所以合成法成为苏氨酸的主要生产方法。在 DL-苏氨酸的诸多合成路线中，以甘氨酸铜盐法最有工业化价值，DL-苏氨酸通过拆分，得到 L-苏氨酸。

以甘氨酸铜盐法合成 DL-苏氨酸，利用甘氨酸首先和 Cu^{2+} 形成螯合物，它的 α-碳再与乙醛的羰基加成得到苏氨酸。甘氨酸和 Cu^{2+} 形成螯合物，是为了将甘氨酸的氨基通过和 Cu^{2+} 螯合而降低其和乙醛的羰基发生反应的活性。与一般羰基亲核加成一样，这个反应是在碱性条件下进行的。所以该方法的主要副反应是乙醛自身的缩合反应。

甘氨酸铜和乙醛反应形成苏氨酸铜螯合物后，利用氨水处理使苏氨酸铜螯合物分解，使得苏氨酸游离出来，Cu^{2+} 和氨形成铜氨络离子。滤液过铵型离子交换柱，除去 Cu^{2+}（铜氨络离子被吸附于树脂），达到苏氨酸提纯作用。

诱导结晶拆分外消旋体也是手性拆分方法中的一种，在氨基酸的手性拆分中较为多见。利用该方法能够有效地实现苏氨酸的手性拆分。该方法不需要另外加入手性拆分剂或其他助剂，也不需要变换成别种形式（如酯、酰化物等），因而是最经济、最易行的方法。但该法并没有普适性，只有当外消旋体的溶解度（在相同温度下）恰为左旋体及右旋体溶解度约两倍时，才有可能用诱导结晶法拆分。苏氨酸能够满足这个条件，因此可以方便地用诱导结晶法实现苏氨酸的手性拆分。

【仪器和试剂】

主要仪器：三口烧瓶，砂芯漏斗，色谱柱，蒸馏装置等。

主要试剂：甘氨酸 7.5g（0.1mol），氢氧化钠 4g（0.1mol），五水硫酸铜 12.5g（0.05mol），浓氨水，40%乙醛水溶液，甲醇，75%乙醇，无水碳酸钠，732 型聚苯乙烯阳离子交换树脂（氢型）。

【实验流程】

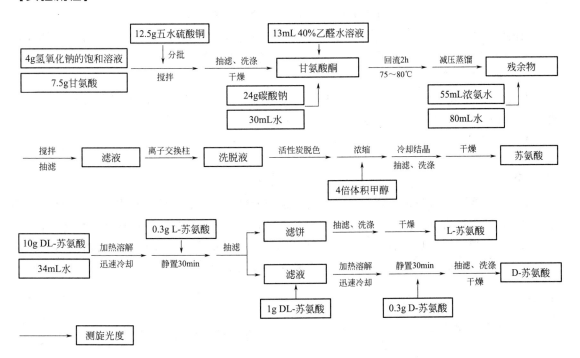

【实验步骤】

1. 甘氨酸铜的制备

称取 4g NaOH 在烧杯中配成饱和溶液，取 7.5g 甘氨酸加入烧杯中，搅拌均匀，形成甘氨酸钠溶液。搅拌下于室温分批加入 12.5g 五水硫酸铜，逐渐生成蓝色沉淀，搅拌几分钟待沉淀完全。抽滤，蒸馏水洗三次，干燥得到约 10g 蓝色固体（含一个结晶水的甘氨酸铜）。

2. 离子交换柱的制备

取一根内径 2～3cm、高 30～40cm 的色谱柱，用湿法装入 732 聚苯乙烯阳离子交换树脂，由柱上部加入 5mol/L 氨水，控制流速 1～2mL/min，将氢型树脂转变为铵型，此时树脂呈橙色，备用。

3. 甘氨酸铜与乙醛的加成

研细步骤 1 得到的甘氨酸铜，取 9.3g（0.04moL）加至 100mL 三口烧瓶中。再加入 13mL 新蒸馏过的乙醛水溶液，将 24g 无水碳酸钠溶于 30mL 蒸馏水配成的溶液，加入三口烧瓶中。然后在 75～80℃ 水浴上搅拌回流反应 2h，反应物呈墨绿色。稍冷，改为减压蒸馏，蒸出过量的乙醛。冷却后加入 55mL 浓氨水和 80mL 蒸馏水，搅拌，过滤，将滤液加入已制备好的交换柱中。用蒸馏水洗脱，流速 1～2mL/min，洗脱至流出的水不再使茚三酮试剂显色。

将洗脱液浓缩至原体积的二分之一，加入适量活性炭煮沸 10min 脱色，趁热过滤，滤液呈淡淡的蓝色。再次浓缩至刚有结晶出现[1]，停止浓缩，加入 4 倍体积的甲醇，混匀，在冰水中冷却[2]。抽滤，滤饼用甲醇洗涤 2～3 次，于 80℃ 下烘干，得到约 4.5g 白色结晶，母液浓缩还可以得到约 0.7g 结晶。产品合并，产量约为 5.2g[3]。

4. 苏氨酸的手性拆分

称取 10g DL-苏氨酸[4]，加入 34g 水加热溶解，迅速冷却至室温。然后加入研细的晶种（L-苏氨酸 0.3g），摇匀后静置。过 30min 后用砂芯漏斗抽滤，压干后，收取滤液。滤饼用少量乙醇洗涤三次，压干后置于烘箱中烘干，产量约为 0.9g。

向滤液中补充 1g DL-苏氨酸后加热溶解，迅速冷却至室温，然后加入另一种研细的晶种（D-苏氨酸 0.3g），进行与前次相同的操作，产量约为 0.9g[5]。

5. 比旋光度的测定

称量 0.5g 上步产品至 50mL 容量瓶中，用蒸馏水定容。将溶液置于旋光仪样品管中，测定比旋光度，并计算拆分后氨基酸的光学纯度[6]。

本实验需 12～14h。

【安全提示】

乙醛为易燃、易挥发的液体，40% 的乙醛水溶液带有刺激性气味，对皮肤有腐蚀性。甲醇对中枢神经系统有麻醉作用，对视神经和视网膜有特殊选择作用，引起病变，可致代谢性酸中毒，且易燃。乙醇也具有易燃性质。氢氧化钠具有强腐蚀性。实验须在通风橱内进行，严禁烟火，严禁皮肤接触，牢记有机化学实验常规安全防范知识和急救措施。

【注释】

[1] 如果浓缩到 6～7mL，仍不见有结晶析出，停止浓缩，加入甲醇。

［2］如在冰箱中放置 24h，结晶将会更加完全。

［3］在苏氨酸分子中有 2 个不对称碳原子，应该有两对光学异构体，所以除 DL-苏氨酸一对异构体外，还有 DL-异苏氨酸一对异构体。不同的工艺路线，得到的 DL-苏氨酸和 DL-异苏氨酸的比例有所差别。

［4］DL-苏氨酸可以放大合成，或取两组合成产品合并拆分。量小不利于拆分结晶析出和过滤操作。

［5］理论上，该操作可无限循环，通过分批加入 D（或 L）构型晶种从母液中获取对应构型的苏氨酸。

［6］光学纯 L-苏氨酸 $[\alpha]_D^{25} = -27°$（水）。

【思考题】

1. 诱导结晶拆分中添加晶种构型和液体中异构体含量有何联系？
2. 氨基酸制备过程中使用离子交换树脂的原因是什么？能否通过调酸碱进行制备？

5.11　不对称合成

不对称合成，也称手性合成、立体选择性合成、对映选择性合成，是研究向反应物中引入一个或多个手性元素的化学反应，是有机合成的重要分支。按照 Morrison 和 Mosher 的定义，不对称合成是"一个有机反应，其中底物分子整体中的非手性单元由反应剂以不等量地生成立体异构产物的途径转化为手性单元"。其中，反应剂可以是化学试剂、催化剂、溶剂或物理因素。

不对称合成在药物合成和天然产物全合成中都有十分重要的地位。迄今为止，最完美的不对称合成是存在于生物体内的酶参与完成的。能否实现像酶一样高效催化，是对人类智慧的挑战。

对于合成反应中的立体化学控制有三种方法。

① 底物控制（手性库）　手性的底物与非手性的试剂反应，即从手性化合物衍生合成得到系列手性衍生物。

② 试剂控制　非手性的底物与手性试剂（手性催化剂）反应，即通过使用手性催化剂来实现不对称合成，亦称为不对称催化。广义上，手性拆分也是不对称合成的一种。

③ 双不对称反应　对映体纯底物与对映体纯试剂发生反应。不对称合成反应就是化学反应在人为的不对称环境中进行，以求最大限度地得到所需立体构型的产物。其中不对称催化就是用少量手性催化剂将大量潜手性药物转化为具有特定构型的光学活性产物的过程，从而实现手性增值，是最有效和重要的不对称合成途径之一。

实验 44　脯氨酸催化的不对称羟醛缩合反应

【实验目的】

1. 熟悉有机小分子作为手性催化剂以实现不对称羟醛缩合反应。
2. 掌握不对称催化的基本原理和实验方法。

【产品介绍】

(*R*)-4-羟基-4-(4-硝基苯基)-丁-2-酮〔(*R*)-4-Hydroxy-4-(4-nitrophenyl)butan-2-one，CAS 号：264224-65-9〕，分子式为 $C_{10}H_{11}NO_4$，分子量为 209.2。白色或淡棕色针状晶体，熔点 53～55℃。不溶于水，能溶于乙醇、乙醚和氯仿。是调制食品香料具有增香增甜作用的一种天然物质覆盆子酮的衍生物。

【反应式】

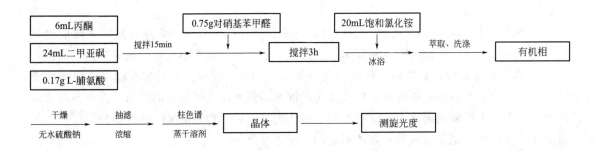

具有 α-氢的醛或酮在酸碱的催化下，缩合形成 β-羟基醛或 β-羟基酮的反应称为羟醛缩合反应，是一类非常重要的增长碳链的反应，反应过程中可能新生成一个或者两个手性中心。不对称羟醛缩合反应方法有很多，其中 List 等有机化学家研究的有机小分子催化的不对称羟醛缩合反应是研究较多且条件温和的方法之一。天然氨基酸类化合物来源广泛，且是常用的催化剂，其中脯氨酸应用最广泛。L-脯氨酸在 DMSO 条件下催化不对称羟醛缩合反应是 List 发现的经典的有机小分子不对称催化反应之一，其中采用非质子偶极溶剂 DMSO 能够有效地促进反应的进行。

【仪器和试剂】

主要仪器：圆底烧瓶，色谱柱，分液漏斗，蒸馏装置等。

主要试剂：L-脯氨酸 0.17g（0.0015mol），对硝基苯甲醛 0.75g（0.05mol），氯化铵，无水硫酸钠，丙酮，二甲亚砜，乙酸乙酯。

【实验流程】

```
6mL丙酮 ─┐
          ├─ 搅拌15min ─→ ┌─ 0.75g对硝基苯甲醛 ─┐   ┌─ 20mL饱和氯化铵 ─┐
24mL二甲亚砜 ┤                                      └→ 搅拌3h ──────────→ 萃取、洗涤 ─→ 有机相
          │                                              冰浴
0.17g L-脯氨酸 ─┘
```

```
          干燥          抽滤        柱色谱
有机相 ──────────→ ──────→ ──────────→ 晶体 ──────→ 测旋光度
        无水硫酸钠   浓缩     蒸干溶剂
```

【实验步骤】

在 100mL 圆底烧瓶中，将 0.17g L-脯氨酸加到 6mL 丙酮和 24mL 二甲亚砜的混合液中，搅拌 15min。将 0.75g 对硝基苯甲醛加入反应瓶，室温搅拌 3h[1]。在冰水浴冷却下加入 20mL 氯化铵饱和溶液猝灭反应，水相用乙酸乙酯萃取（20mL×2），合并有机相，饱和食盐水洗涤，有机相用无水硫酸钠干燥。过滤，浓缩，浓缩液经硅胶柱色谱分离后，蒸干溶

剂得白色或淡棕色针状晶体，产量约 0.22g，测其比旋光度[2]。

本实验需 6～8h。

【安全提示】

对硝基苯甲醛可燃，对眼睛、黏膜有刺激作用。丙酮会对中枢神经系统有麻醉作用，并且对环境有害，极易燃，其蒸气与空气混合能形成爆炸性混合物。二甲亚砜对眼睛、皮肤、黏膜和上呼吸道有刺激作用，可引起肺和皮肤的过敏反应。乙酸乙酯易燃。实验须在通风橱内进行，严禁烟火，严禁皮肤接触，牢记有机化学实验常规安全防范知识和急救措施。

【注释】

[1] 可以通过 TLC 进行监测，反应完全即刻停止。

[2] 比旋光度 $[\alpha]_D^{25} = +44.3°$（$c = 1.0$，$CHCl_3$），对应的光学体纯度约为 85%。

【思考题】

通过本实验，谈谈不对称催化中手性的构建动力何在？

5.12　微波合成

早在 1967 年，N. H. Wlliams 就报道了微波能加快化学反应。微波合成指利用微波加热快速、均质与选择性等优点，应用于现代化学研究中的技术。目前，微波辐射技术已广泛应用于有机合成中，微波化学已逐渐形成一门新的交叉学科。微波化学的应用有降低能源消耗、减少污染、改良产物的特性，因此被誉为"绿色化学"。

微波是一种频率范围为 0.3～300GHz（波长 100cm～1mm）的电磁辐射。家用微波炉和化学合成专用微波反应器，其工作频率绝大部分为 2.45GHz（波长 12.25cm）。

直流电源提供微波反应器的磁控管所需的直流功率，微波反应器产生交变电场，该电场作用在处于微波场的物体上，由于电荷分布不平衡的小分子迅速吸收电磁波，极性分子产生 25 亿次/s 以上的转动和碰撞，随外电场变化而摆动并产生热效应。但是分子本身的热运动和相邻分子之间的相互作用，使分子随电场变化而摆动的规则受到了阻碍，产生了类似于摩擦的效应，有部分能量转化为分子热能，造成分子运动的加剧，分子的高速旋转和振动使分子处于亚稳态，这有利于分子进一步电离或处于反应的准备状态，因此被微波加热的物质温度在很短的时间内得以迅速升高。

微波有很强的穿透力，对反应物起深层加热作用。由于微波可使反应底物在极短的时间内迅速加热，这种加热方式可使某些常规回流条件下不能活化而难以进行或无法进行的反应得以发生。微波辐射有机合成具有反应速率快、反应时间短、产率高、操作方便、产品容易纯化等特点，这些特点为微波在有机合成中带来了广阔的应用前景。

迄今为止，已研究过的微波反应包括烯烃加成、消除、取代、烷基化、酯化、D-A 反应、羟醛缩合、水解、酯胺化、催化氢化、氧化等。例如用微波技术进行酯化反应，与传统的回流方法相比，速率可以提高 1.3～180 倍。一个典型的例子是尼泊金酯类防腐剂的合成，微波催化在 30min 内完成，而原常规反应时间为 5h，速率提高了 10 倍。

微波辐射合成因加热原理具备以下特点：

① 加热速率快。由于微波能够深入物质的内部，而不是依靠物质本身的热传导，因此只需要常规方法十分之一到百分之一的时间就可完成整个加热过程。

② 热能利用率高，有利于节省能源。

③ 反应灵敏。常规的加热方法不论是电热、蒸汽、热空气等，要达到一定的温度都需要一段时间，而利用微波加热，调整微波输出功率，物质加热情况立即无惰性地随着改变，便于自动化控制。

④ 反应产品质量高。微波加热温度均匀，表里一致，对于外形复杂的物体，其加热均匀性也比其他加热方法好。对于某些物质还可以产生一些有利的物理或化学作用。

利用微波加热时，极性物质能迅速被升温。如用 560W 微波炉加热 50mL 水 1min，温度能够上升至 81℃；而非极性物质如己烷，在同样条件下处理，则温度只升至 25℃。因此利用微波进行有机合成时，优选极性溶剂作为反应介质，以便有效地吸收微波能量。同时，某些固体物质如玻璃和聚四氟乙烯等，在微波作用下温度升高很少，故可选作反应器材。

微波应用于有机合成反应，除了通常有溶剂存在的湿法技术外，更为重要的是无溶剂的干法技术。干法有机合成是将反应物浸渍在氧化铝、硅胶、黏土、硅藻土或高岭石等多孔无机载体上进行的微波反应。干法技术不存在因溶剂挥发而形成高压的危险，避免了有机溶剂的大量使用，对解决环境污染具有现实意义。微波技术在有机合成上的研究与开发日新月异，预计在不远的将来这项新技术有望用于工业化。

实验 45　微波辐射合成乙酰水杨酸

【实验目的】

熟悉微波合成的特点，掌握用微波法制备乙酰水杨酸。

【产品介绍】

与实验 31 相同。

【反应式】

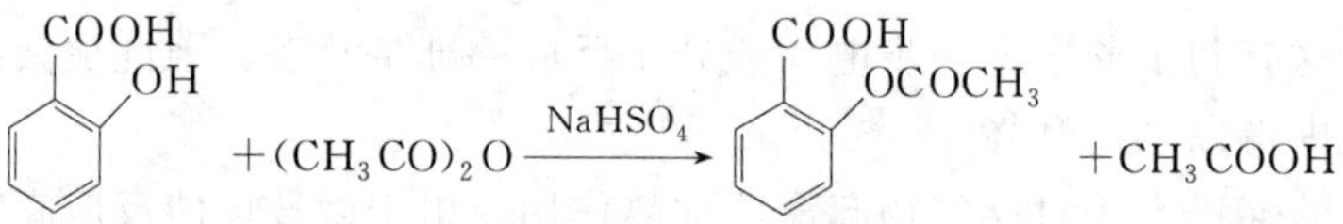

目前主要用水杨酸和乙酸酐在浓硫酸或浓磷酸催化下制备乙酰水杨酸。虽然方法是经典的酯化方法，但也具有需要用到浓硫酸腐蚀性强的催化剂，反应速率不高且产率低，并且易发生副反应等缺点。利用硫酸氢钠为催化剂替换浓硫酸或浓磷酸，在微波辐射条件下制备乙酰水杨酸，反应时间短且收率较高，符合绿色化学的理念。

【仪器和试剂】

主要仪器：圆底烧瓶，回流装置，微波反应器等。

主要试剂：水杨酸 5.0g（0.036mol），7.3g 乙酸酐（7mL，0.072mol），硫酸氢钠。

【实验流程】

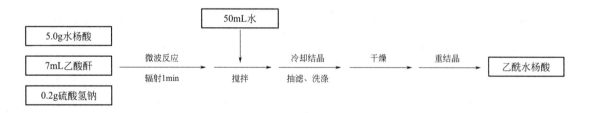

【实验步骤】

在 100mL 干燥的圆底烧瓶中加入 5.0g 水杨酸、7mL 乙酸酐和催化剂 0.2g 硫酸氢钠，稍加摇动。然后放在微波反应器中，搭建好回流装置，微波辐射 1min[1]。反应结束后，加入蒸馏水 50mL，搅拌，冰水冷却，抽滤，蒸馏水洗涤、干燥，得白色固体。用乙醇-水混合溶剂重结晶，干燥，产量约 5.5g，测其熔点。

本实验需 1～1.5h。

【安全提示】

乙酸酐具有强刺激性，量取时应小心，需穿戴合适的防护服、手套并使用防护眼镜或者面罩。微波辐射对操作者的神经系统、心血管系统和眼睛都有一定影响，切记要在关闭微波仪器门后再开启微波。实验后处理须在通风橱内进行，严禁烟火，严禁皮肤接触，牢记有机化学实验常规安全防范知识和急救措施。

【注释】

［1］微波反应器使用过程中务必关好仪器门。

【思考题】

微波加热和传统加热区别在哪里？请以乙酰水杨酸的制备为例讨论各自特点。

实验 46　废聚酯饮料瓶微波法制备对苯二甲酸

【实验目的】

掌握微波法解聚废聚酯饮料瓶制备对苯二甲酸的原理和方法。

【产品介绍】

对苯二甲酸（p-Phthalic Acid，CAS 号：100-21-0），分子式为 $C_8H_6O_4$，分子量为 166.13。白色针状结晶或粉末，熔点 427 ℃（封闭管）。不溶于水、乙醚、冰醋酸和氯仿，微溶于热乙醇，溶于碱溶液。是制造聚酯树脂、薄膜、纤维、绝缘漆和工程塑料等的重要原料。

【反应式】

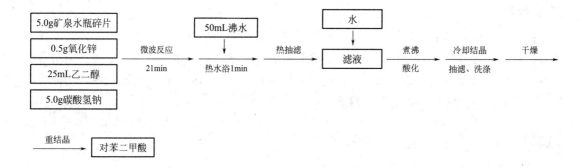

传统聚合物解聚需要的条件较为苛刻且时间长。本实验以废聚酯（PET）饮料瓶为原料，乙二醇（EG）和碳酸氢钠为复合解聚剂，在催化剂氧化锌的存在下，采用微波加热的方法，使聚酯在常压下快速解聚回收对苯二甲酸。

【仪器和试剂】

主要仪器：圆底烧瓶，回流装置，微波反应器等。

主要试剂：废矿泉水瓶碎片 5.0g、氧化锌 0.5g（0.006mol）、碳酸氢钠 5.0g（0.06mol）、乙二醇、丙酮、盐酸、二甲基甲酰胺（DMF）。

【实验流程】

```
┌─────────────────┐
│ 5.0g矿泉水瓶碎片 │
├─────────────────┤                    ┌──────────┐        ┌──────┐
│ 0.5g氧化锌       │  微波反应          │ 50mL沸水 │        │  水  │
├─────────────────┤ ──────────→        └────┬─────┘        └───┬──┘
│ 25mL乙二醇       │  21min      热水浴1min ↓      热抽滤      ↓
├─────────────────┤ ──────────→ ──────────→  ┌──────┐ ──────→ ┌──────┐ 煮沸    冷却结晶  干燥
│ 5.0g碳酸氢钠     │                          │ 滤液 │         │ 滤液 │ ─────→ 抽滤、洗涤 ─────→
└─────────────────┘                          └──────┘         └──────┘ 酸化
```

```
重结晶       ┌──────────┐
─────→       │ 对苯二甲酸 │
             └──────────┘
```

【实验步骤】

在 100mL 圆底烧瓶中，依次加入 5.0g 洗净干燥的废矿泉水瓶碎片[1]、0.5g 氧化锌[2]、5.0g 碳酸氢钠、25mL 乙二醇。置于微波反应器中，搭建好回流装置。将微波功率调至 500 W，回流约 1min 后再调到 150W 继续反应 20min。

反应完毕，体系呈现白色稠浆状。冷却后加入 50mL 沸水，热水浴下搅拌 1min，趁热抽滤[3]。滤渣用 25mL 热水洗涤。将滤液[4] 转移到烧杯中，补加水至 200mL，再次加热煮沸。

停止加热，趁热边搅拌边用 1:1 HCl 酸化至 pH = 1~2[5]，体系呈白色浆糊状。冷至室温后再用冰水冷却。抽滤，滤饼用蒸馏水洗涤数次，再用乙醇洗涤（10mL×2），干燥，产量约 3.6g。粗产品可用 DMF-水混合溶剂重结晶，测其熔点。

本实验需 2~3h。

【安全提示】

乙二醇具有易燃性，安装仪器时应注意所有磨口连接处必须紧密不漏气，以防有机物泄漏着火。万一炉内着火，切勿打开炉门，应立即切断电源，采取常规灭火措施。微波辐射对操作者的神经系统、心血管系统和眼睛都有一定影响，切记在关闭微波仪器门后再开启微波。实验后处理须在通风橱内进行，严禁烟火，严禁皮肤接触，牢记有机化学实验常规安全防范知识和急救措施。

【注释】

[1] 废矿泉水瓶先处理下，最好剪成长宽小于 3mm 的碎片，便于反应。碎片越小，比表面越大，解聚速率越快。若碎片太大，会影响解聚速率及产品收率。

[2] ZnO 为解聚反应催化剂，促使 PET 在过量溶剂中迅速溶胀，增加反应界面，使 PET 长链快速断裂成对苯二甲酸乙二醇酯及其低聚物，然后形成碱解和醇解相互协同、相互促进的分解环境，最终全部成为碱解产物。

[3] 除去溶液中尚有少量白色不溶物及未反应完全的 PET。

[4] 滤液有颜色的话，可以考虑加活性炭脱色。

[5] 趁热酸化的目的是使析出的白色固体容易过滤。

【思考题】

1. 在本实验中能否用 $Ca(OH)_2$ 或 $Mg(OH)_2$ 来代替 $NaHCO_3$？为什么？

2. 请设计其他循环利用废聚酯饮料瓶的方案。

5.13　光化学反应

光化学反应又称光化作用，是指物质由于光的作用而引起的化学反应。即物质在可见光或紫外线的照射下吸收光能而发生的化学反应，例如碳水化合物的合成，染料在空气中的褪色，胶片的感光作用等。光化学反应范围很广，包括化合、分解、氧化、还原等化学反应。常见光化学反应主要有光合作用和光解作用两种。

有机反应通常是通过加热提供活化能而使反应进行，而有机光化学反应则是由光提供活化能，光活化的反应物分子常为双自由基。有机光化学反应是采用可见光和紫外线（波长范围为 100~1000nm）对反应物分子辐射时，分子吸收光子使电子激发，电子从一个轨道跃迁到另一个较高能级的轨道，即由基态分子 M 变成激发态分子 M^*，进而引起反应的进一步进行。一般认为光化学过程可分为初级过程和次级过程。分子吸收光子使电子激发，分子由基态提升到激发态就是初级过程。光化学主要与低激发态有关，激发态分子可能发生解离或与相邻的分子反应，也可能过渡到一个新的激发态上去，这些都属于初级过程，其后发生的任何过程均称为次级过程。例如氧分子光解生成两个氧原子，是其初级过程；氧原子和氧分子结合为臭氧的反应则是次级过程，这就是高空大气层形成臭氧层的光化学过程。分子处于激发态时，由于电子激发可引起分子中价键结合方式的改变，使得激发态分子的几何构型、酸度、颜色、反应活性或反应机理可能和基态时有很大的差别，因此光化学反应比热化学反应更加丰富多彩。

以二苯甲酮光化学还原制备频哪醇为例。在光照下二苯甲酮分子中羰基上的未共用电子对受光的激发后，发生 n-π* 跃迁，形成激发单线态（S_1），再经系间窜跃，电子改变自旋方向，形成寿命较长的激发三线态（T_1），在羰基氧原子处具有双自由基特性，使 T_1 激发态粒子能从异丙醇分子中夺取一个氢原子形成二苯基羟甲基自由基。一经形成自由基，就会偶联成为苯频哪醇。

合成中常见的光化学反应有光氧化反应、光还原反应、光聚合反应和光取代反应等。光氧化反应是在光照射、光敏剂作用下，有机物分子与氧发生的加成反应。光氧化反应条件温和，不需要化学试剂和重金属催化剂，在药物、香精、洗涤剂和染料等精细化学品的合成方面已屡见报道。光还原反应是在光催化下，有机物分子从供氧体中抽取氢分子而发生的还原反应。研究较多的是羟基化合物的光还原反应，例如二苯甲酮发生光还原反应得到四苯基乙醇。光取代反应常见的是脂肪烃的光卤代制卤代烃，如甲烷氯代为一氯甲烷、二氯甲烷、氯仿和四氯化碳。通过光取代反应可制备多种清洁剂、杀虫剂、抗氧剂和中间体，这些反应具有较其他途径温和、回收率高和选择性好等特点，有的产物甚至是非光氯化反应所不能生成的，因而在工业生产上极有潜力。大气污染过程也包含着极其丰富而复杂的光化学过程，例如氟里昂等氟碳化物在高空大气中光解产物可能破坏臭氧层，制造臭氧层"空洞"。

实验 47　苯频哪醇的光化学制备

【实验目的】

1. 熟悉光化学合成基本原理。
2. 掌握光还原反应制备苯频哪醇的原理和方法。

【产品介绍】

苯频哪醇（Benzopinacole，CAS 号：464-72-2），又名四苯乙二醇，分子式为 $C_{26}H_{22}O_2$，分子量为 366.45。白色单斜晶体。熔点 197℃，222℃（分解）。易溶于沸热冰乙酸（1 份溶于 11.5 份）、沸苯（1 份溶于 26 份），极易溶于乙醚、二硫化碳、氯仿。可作为有机合成中间体。

【反应式】

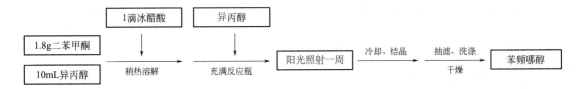

　　将二苯甲酮溶于一种"质子给予体"溶剂中（如异丙醇），并将其暴露在紫外线中，会形成一种不溶性的二聚体"苯频哪醇"。苯频哪醇也可由二苯甲酮在镁汞齐或金属镁与碘的混合物（二碘化镁）作用下发生双还原反应制备。

【仪器和试剂】

　　主要仪器：锥形瓶，抽滤装置等。

　　主要试剂：二苯甲酮 1.8g（0.01mol），冰醋酸，异丙醇。

【实验流程】

```
                  ┌──────────┐      ┌────────┐
                  │ 1滴冰醋酸 │      │ 异丙醇 │
                  └────┬─────┘      └───┬────┘
                       ↓                 ↓
┌────────────┐                                        ┌─────────────┐  冷却、结晶  ┌─────────────┐
│ 1.8g二苯甲酮 │                                        │ 阳光照射一周 │ ──────────→ │            │
├────────────┤ ──稍热溶解──→  ──充满反应瓶──→           │            │  抽滤、洗涤  │ 苯频哪醇    │
│ 10mL异丙醇  │                                        │            │    干燥     │            │
└────────────┘                                        └─────────────┘ ──────────→ └─────────────┘
```

【实验步骤】

　　在 25mL 锥形瓶中加入 1.8g 二苯甲酮和 10mL 异丙醇，稍加热使固体溶解。然后加入 1 滴冰醋酸[1]，再加入异丙醇充满反应瓶[2]，用磨口塞塞紧锥形瓶口，将其充分振摇。然后将锥形瓶置于阳台上，阳光照射一周左右时间[3]。

　　待反应完成后，在冰浴中冷却使结晶完全析出[4]。抽滤，用少量异丙醇洗涤结晶，干燥，产量约 2g[5]。测其熔点。

　　本实验需 1～2h（除去约 1 周光照时间）。

【安全提示】

　　异丙醇属于易挥发易燃溶剂，放置时在盖紧瓶塞的同时，须远离火源。实验须在通风橱内进行，严禁烟火，严禁皮肤接触，牢记有机化学实验常规安全防范知识和急救措施。

【注释】

　　[1] 加入冰醋酸的目的是中和普通玻璃器皿中微量的碱，消除玻璃碱性的影响，因为碱催化下苯频哪醇易裂解生成二苯甲酮和二苯甲醇，对反应不利。

　　[2] 其目的是尽可能排除瓶中的空气。二苯甲酮在发生光化学反应时有自由基产生，而空气中的氧会消耗自由基，使反应速率减慢。

　　[3] 反应进行的程度取决于光照情况。如阳光充足直射下 4 天即可完成反应；如天气阴冷则需一周或更长的时间。如用日光灯照射，反应时间可明显缩短，3～4 天即可完成。

〔4〕产物苯频哪醇在溶剂异丙醇中的溶解度很小，随着反应的进行，苯频哪醇晶体慢慢析出。

〔5〕从二苯酮经光化学还原制得的苯频哪醇，不需后处理就可得到高纯度的产品。

【思考题】

二苯甲酮和二苯甲醇的混合物在紫外线照射下能否生成苯频哪醇？请写出其反应机理。

实验 48　马来酸酐光化二聚制备 1,2,3,4-环丁基四羧酸四甲酯

【实验目的】

熟悉马来酸酐的光化二聚合反应，掌握有机光化学反应的实验方法。

【产品介绍】

1,2,3,4-环丁基四羧酸四甲酯（Tetramethyl-1,2,3,4-cyclobutanetetracarboxylate，CAS 号：14495-41-1），分子式为 $C_{12}H_{16}O_8$，分子量为 288.2。白色固体，熔点 141～143℃。不溶于水，能溶于乙醇、乙醚和氯仿等有机溶剂，是合成脂肪族聚酰亚胺的重要原料。

【反应式】

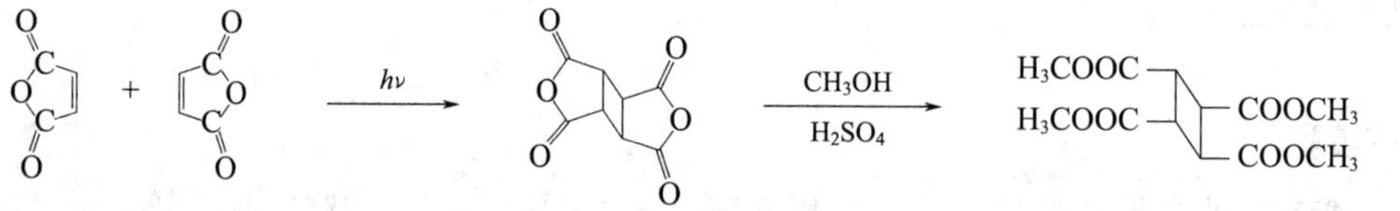

周环反应中的〔2＋2〕环加成反应是在光的作用下，两分子烯烃彼此加成形成环丁烷的衍生物，也称为光化二聚合反应。

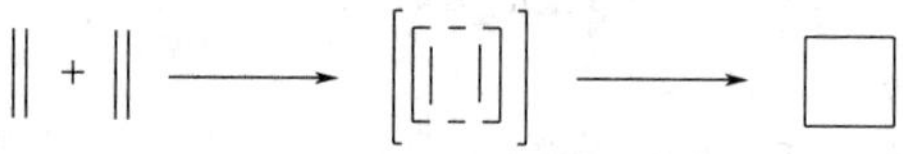

光化二聚合反应是一个协同反应，通过环形的过渡态完成。马来酸酐（顺丁烯二酸酐）也可以发生〔2＋2〕环加成反应，生成环丁烷四甲酸二酐，然后将该二聚体进行醇解制得 1,2,3,4-环丁基四羧酸四甲酯。

1,2,3,4-环丁基四羧酸四甲酯有四种异构体，通过测其熔点，可推知其结构，因为 1,2,3,4-环丁基四羧酸四甲酯可能存在的四种异构体都是已知的。

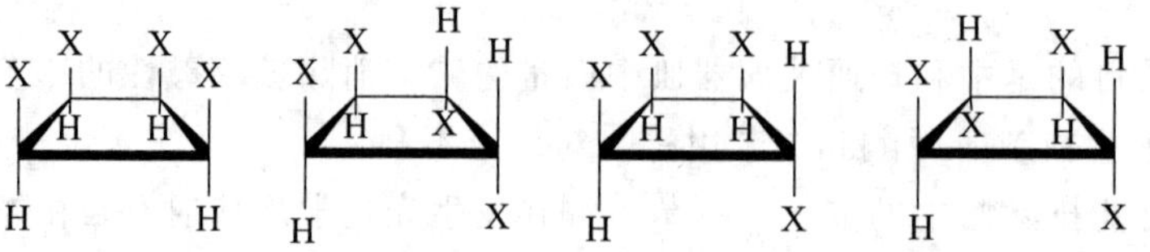

式中 X=—COOCH$_3$

熔点　　203～205℃　　　　145℃　　　　73～74℃　　　　127℃

【仪器和试剂】

主要仪器：圆底烧瓶，分液漏斗，回流装置，蒸馏装置等。

主要试剂：马来酸酐 0.5g（0.005mol），四氯化碳，甲醇，浓硫酸。

【实验流程】

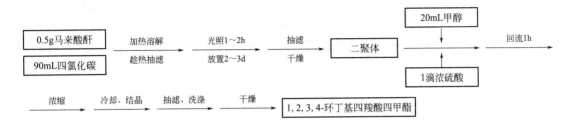

【实验步骤】

称取 0.5g 研细的马来酸酐置于 250mL 圆底烧瓶中，加入 90mL 四氯化碳[1]，加热溶解。趁热过滤到 100mL 锥形瓶中[2]，用磨口塞塞紧瓶口，放在日光灯下照射。1～2h 后有白色絮状沉淀产生，继续放置 2～3 天后，反应即可完成。抽滤，干燥，产量约 0.3g。

将制得的白色固体置于 50mL 圆底烧瓶中，加入 20mL 甲醇和 1 滴浓硫酸，加热回流 1h，然后浓缩除去约 16mL 溶剂，用冰水充分冷却，即析出结晶。抽滤，干燥，产量约 0.1g，测其熔点[3]。

本实验需 4～5h（除去放置光聚合反应时间）。

【安全提示】

四氯化碳高浓度蒸气对黏膜有轻度刺激作用，对中枢神经系统有麻醉作用，对肝、肾有严重伤害。甲醇对中枢神经系统有麻醉作用，对视神经和视网膜有特殊选择作用，引起病变，可致代谢性酸中毒，且易燃。硫酸有强腐蚀性。实验须在通风橱内进行，严禁烟火，严禁皮肤接触，牢记有机化学实验常规安全防范知识和急救措施。

【注释】

[1] 该反应为双分子反应，浓度大有利于反应的进行，故一般都配制成饱和溶液。同时溶剂纯度要高，以免杂质吸收光能干扰光化反应。

[2] 滤液中若有沉淀生成，可加适量 CCl_4 温热溶解。因为马来酸酐析出易干扰二聚反应。

[3] 从所得 1,2,3,4-环丁基四羧酸四甲酯的熔点，可推知马来酸酐二聚体的构型与理论推测一致。马来酸酐二聚体的构型为：$\begin{array}{c} H_3COOC \\ H_3COOC \end{array}\!\!\!\!\bigsqcup\!\!\!\!\begin{array}{c} COOCH_3 \\ COOCH_3 \end{array}$。产物可用苯重结晶。

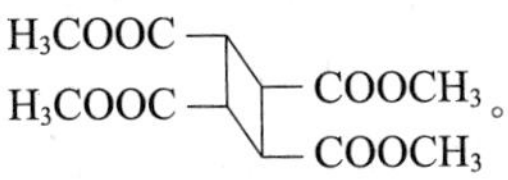

【思考题】

1. 光化学反应能否在红外灯下进行，为什么？

2. 如何利用环丁基1,2,3,4-四羧酸四甲酯的熔点来确定原环丁烷四羧酸二酐的构型?

3. 对于双分子反应,浓度对反应速率有何影响?

5.14 相转移催化合成

相转移催化是指一种催化剂能加速或者能促使互不相溶的两种溶剂(液-液两相体系或固-液两相体系)中的物质发生反应。反应时,催化剂把一种实际参加反应的实体(如负离子)从一相转移到另一相中,以便使它与底物相遇而发生反应,催化机理类似萃取机理。

在有机合成中常遇到非均相反应,因反应物质分处两相,只有两相接触面才能发生反应,这类反应的速率通常很小,收率低。相转移催化作用能使离子化合物与不溶于水的有机物质在低极性溶剂中发生或加速反应。

相转移催化有机合成是指在相转移催化剂作用下,有机相中的反应物与另一相(水相或固体相)中的反应物发生的化学反应,称为相转移催化反应。

例如:$PhOH + C_4H_9Br \longrightarrow PhOC_4H_9 + HBr$

其中苯酚 PhOH 是固态的,溶于水中。而溴丁烷是液体,溶于有机溶剂中。两种反应物不能同处一相难发生反应。若采用四丁基溴化铵为相转移催化剂,可在50℃下进行反应,产率90%以上。因为相转移催化剂可使两相中的反应物充分接触,且在较低的温度下进行反应,产率较高,是一种有效的合成方法。

相转移催化反应的优点有:①不需要昂贵的无水溶剂或非质子溶剂;②增加了反应速率;③降低了反应温度;④多数情况下操作简便;⑤可用碱金属氢氧化物的水溶液代替醇盐、氨基钠或氢化钠等强碱性物质;⑥其他特殊的优点,如能进行其他条件下无法进行的反应,改变反应的选择性和产品比率,通过抑制副反应而提高产品收率等。

相转移催化剂已广泛应用于有机反应的众多领域,如卡宾反应、取代反应、氧化反应、还原反应、重氮化反应、置换反应、烷基化反应、酰基化反应、聚合反应,甚至高聚物修饰等,同时相转移催化反应也广泛应用于医药、农药、香料、造纸、制革等行业,经济效益显著。

实验49 水溶液中汉斯酯1,4-二氢吡啶的一锅法合成

【实验目的】

1. 熟悉相转移催化原理在有机合成中的应用。
2. 掌握水相体系中相转移催化反应的基本操作技术。

【产品介绍】

Hantzsch 酯类1,4-二氢吡啶化合物是一类重要的含氮杂环化合物,大多具有生理活性,常作为钙离子通道调节剂,是治疗药剂中一类重要的钙通道阻滞剂。二氢吡啶类钙离子拮抗剂是近几十年来临床应用最广泛的一类治疗心脑血管疾病的药物。第一代二氢吡啶类钙离子拮抗剂硝苯地平主要作为冠脉舒张药。第二代二氢吡啶类钙离子拮抗剂尼莫地平、尼群地平、尼卡地平、尼索地平、非洛地平、伊拉地平和第三代二氢吡啶类钙离子拮抗剂拉西地平、马尼地平、氨氯地平、西尼地平广泛应用于心脑血管疾病。1,4-二氢吡啶及其衍生物在

自然界中普遍存在，也广泛存在于某些抗肿瘤、抗突变、抗糖尿病的药物中，在生物和医学上受到广泛关注。

2,6-二甲基-4-苯基-1,4-二氢吡啶-3,5-二羧酸二乙酯（Diethyl 2,6-dimethyl-4-phenyl-1,4-dihydropyridine-3,5-dicarboxylate，CAS 号：1165-06-6），分子式为 $C_{19}H_{23}NO_4$，分子量为 329.4，是 1,4-二氢吡啶的一种重要衍生物。白色固体，熔点 156～157℃。

【反应式】

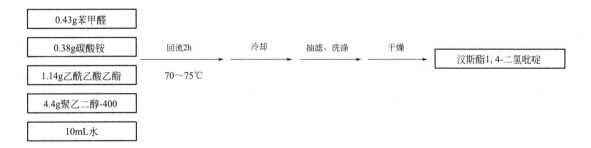

Hantzsch 关环法是合成 1,4-二氢吡啶化合物的常用方法，即以芳香醛、乙酰乙酸乙酯和浓氨水为原料在乙醇中回流十几个小时制备。随着绿色化学概念的提出和不断发展，越来越多的有机反应可以在水相中合成。由于水是一种廉价、安全、无污染的绿色溶剂，完全克服了大多数有机溶剂易燃、易爆、易挥发、容易污染环境的缺点，所以水相中的有机合成越来越成为有机化学研究的热点，如 Claisen 重排、Aldol 缩合、Diels-Alder 反应（D-A 反应）、Michael 加成反应等。近年来，Hantzsch 酯合成中的浓氨水已经逐渐被更加清洁的固体铵盐（如醋酸铵、碳酸氢铵等）替代，使得反应条件大为改善。在水溶液中，以聚乙二醇-400 为相转移催化剂，绿色合成 Hantzsch 酯 1,4-二氢吡啶的方法与传统方法相比，具有反应条件温和、反应时间较短、操作简便、污染少、产率和纯度高，同时相转移催化剂可重复使用等优点。

【仪器和试剂】

主要仪器：三口烧瓶，回流装置等。

主要试剂：苯甲醛 0.43g（0.004mol），碳酸铵 0.38g（0.004mol），乙酰乙酸乙酯 1.14g（0.0088mol），聚乙二醇-400 4.4g、石油醚（60～90℃）。

【实验流程】

0.43g苯甲醛				
0.38g碳酸铵	回流2h	冷却	抽滤、洗涤	干燥
1.14g乙酰乙酸乙酯	70～75℃			→ 汉斯酯1,4-二氢吡啶
4.4g聚乙二醇-400				
10mL水				

【实验步骤】

在 50mL 三口烧瓶中，分别加入 0.43g 苯甲醛、0.38g 碳酸铵、1.14g 乙酰乙酸乙酯、10mL 水和 4.4g 聚乙二醇-400，瓶口装上温度计和回流冷凝管，加热搅拌，在 70～75 ℃反应 2h[1]。反应结束后冷却，抽滤，滤饼用少量蒸馏水洗涤 2 次，再用温热的 10mL 石油醚洗涤 2 次，干燥，产量约 1.15g，测其熔点。

本实验需 4h。

【安全提示】

苯甲醛为无色液体，有苦杏仁气味，对眼睛、呼吸道黏膜有一定的刺激作用，小心量取。乙酰乙酸乙酯易燃。实验须在通风橱内进行，严禁烟火，严禁皮肤接触，牢记有机化学实验常规安全防范知识和急救措施。

【注释】

[1] 可以用薄层色谱（TLC）检测反应（展开剂体积比乙酸乙酯：石油醚＝3：5）。

【思考题】

除了聚乙二醇，常用的相转移催化剂有哪些？

第6部分　多步骤有机合成实验

多步骤有机合成实验是有机化学实验教学环节中不可缺少的部分，从这部分开始进一步培养学生的研究创新能力和巩固学生有机合成的基本功。日常接触的有机化合物不都能从商品原料一步合成出来，而是需要综合利用多种基本反应和操作才能获得。从简单的原料合成复杂的分子，是有机化学的重要任务之一，也是有机化学最有活力和魅力的领域。完成一个目标产物的合成，除了制定合成路线及策略，娴熟的实验技巧和个人经验也是必不可少的条件。因此，当学生掌握了最基本的操作技术和完成了一定数量的典型制备实验之后，练习从基本的原料开始，经过几步，合成一些较为复杂的物质，是巩固和锻炼学生综合实验能力的最佳途径。

在多步骤有机合成实验中，由于各步反应的产率低于理论产率，反应步骤一多，总产率必然受到累加影响。即使是只需五步的合成，假设每步产率为 80%，则其总产率仅为 $(0.8)^5 \times 100\% = 32.8\%$，因此合成策略中尽可能选用成熟且步骤较少的合成路线，但是五步以上的合成在科学研究工作和工业实验室中是较为普遍的。鉴于各步骤反应对总产率的累加影响，研究可获得高产率的反应，并改进实验技术以减少每一步的损失，是多步骤合成必须重视的问题。

本章选择一些代表性的多步骤合成实验，将前一个反应的产物用作后一个反应的原料，从简单易得的原料合成有用的药物或中间体，目的在于激发学生的兴趣，积累有机合成实验经验，并进一步强化实验中严谨的科学态度和良好的实验技能的重要性。多步骤合成实验对学生有更多的要求，体现在以下几个方面：①首先了解为什么要进行这个实验？相关技术的目的、价值在什么地方？能不能用其他方法来替代？而不是仅仅只把产品做出来；②多步骤合成实验中前个实验的产物将被用作下步实验的原料，即前步实验产品的品质直接影响下步实验的效率，因此如何对这些中间体进行处理也是要考虑的。有的中间体必须分离提纯，有的也可以不经提纯，直接用于下一步合成，这需要对每步反应的深入理解和实际需要，恰当地做出选择；③从多步骤合成实验的实践中学习从事有机合成的基本思路，进一步掌握有机合成的基本方法，同时在实验中树立环境友好的绿色化学理念，增强科学的实验意识。

6.1　磺胺类药物

磺胺类药物（Sulfonamides，SAs）是指具有对氨基苯磺酰胺结构的一类药物的总称，是一类用于预防和治疗细菌感染性疾病的化学治疗药物。磺胺药的骨架结构为：

$$H_2N- \!\!\!\!\!\bigcirc\!\!\!\!\! -SO_2NHR$$

由于磺氨基上氮原子的取代基不同而形成不同的磺胺药物。

为了扩大磺胺类药物的抗菌谱和增强其抗菌活性，欧美各国的科学家对其结构进行了多方面的改造，合成了数以千计的磺胺化合物（据 1945 年统计，达 5000 多种），从中筛选出 30 多种疗效好而毒性较低的磺胺药，例如百浪多息、磺胺吡啶（SP）、磺胺嘧啶（SD）、邻苯二甲酰磺胺噻唑（PST）、磺胺噻唑（ST）、磺胺脒（SG）、磺胺二甲嘧啶（SM_2）等。本实验将要合成的磺胺药是最简单的一种——对氨基苯磺酰胺。

对氨基苯磺酰胺的制备是从苯和简单的脂肪族化合物开始的，常用的合成路线为：

下列实验选择从苯胺出发合成对氨基苯磺酰胺。

实验 50 乙酰苯胺的制备

【实验目的】

1. 掌握乙酰化保护氨基的原理和方法。
2. 掌握分馏柱除水的原理和方法。

【产品介绍】

乙酰苯胺（Acetamidobenzene 或 *N*-Phenylacetamide，CAS 号：103-84-4），分子式 C_8H_9NO，分子量 135.2。白色有光泽片状结晶或白色结晶粉末，熔点 112℃，沸点 305℃。微溶于冷水，溶于热水、甲醇、乙醇、乙醚、氯仿、丙酮、甘油和苯等。乙酰苯胺本身是重要的药物，而且是磺胺类药物合成中重要的中间体。可以用作止痛剂、退热剂、防腐剂和染料中间体。

方法一 用冰乙酸为酰化试剂

【反应式】

【仪器和试剂】

主要仪器：25mL 圆底烧瓶，刺形分馏柱等。

主要试剂：苯胺 5.1g（5mL，0.055mol），冰乙酸 8.9g（8.5mL，0.15mol），锌粉，活性炭。

【实验流程】

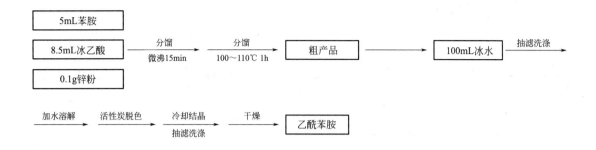

【实验步骤】

在 25mL 圆底烧瓶中，加入 5mL 苯胺[1] 和 8.5mL 冰乙酸，再加入约 0.1g 锌粉[2]。装上一短的刺形分馏柱，其上端装一温度计，支管通过接引管与接收瓶相连，接收瓶外部用冷水浴冷却（实验装置如图 6.1）。

将圆底烧瓶在加热套中加热至反应物沸腾。调节温度，使反应物保持微沸约 15min。然后逐渐升高温度，当温度计读数达到 100℃ 左右时，支管即有液体流出。维持温度在 100～110℃ 之间反应约 1.5h 后，反应所生成的水及大部分乙酸基本蒸出，温度计的读数不断下降或上、下波动时（或反应器中出现白雾），表示反应已经完成，即可停止加热。在搅拌下趁热将反应物以细流倒入 100mL 冰水中[3]，此时有细粒状固体析出。冷却后抽滤析出的固体，用冷水洗涤。

图 6.1　乙酰化反应装置

粗产品加入 100mL 水，加热至沸腾。观察是否有未溶解的油状物，如有则补加水，直到油珠全溶。稍冷后，加入少量活性炭，并煮沸 5min。趁热过滤除去活性炭。滤液自然冷却至室温，抽滤、干燥，产量约 4g，测其熔点。

本实验需 4～6h。

方法二　用乙酸酐为酰化试剂

【反应式】

【仪器和试剂】

主要仪器：烧杯，抽滤装置等。

主要试剂：苯胺 4.2g（3.9mL，0.045mol），乙酸酐 5.7g（5.6mL，0.056mol），结晶乙酸钠 6.75g（0.0488mol），活性炭，浓盐酸。

【实验流程】

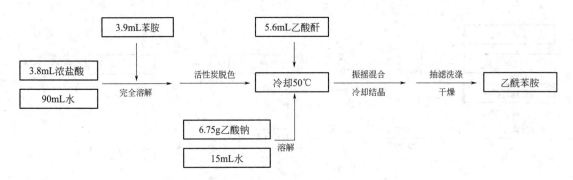

【实验步骤】

在 250mL 烧杯中，溶解 3.8mL 浓盐酸于 90mL 水中，在搅拌下加入 3.9mL 苯胺，待苯胺溶解后，再加入少量活性炭，将溶液煮沸 5min，趁热滤去活性炭及其他不溶性杂质。将滤液转移到锥形瓶中，冷却至 50℃，加入 5.6mL 乙酸酐，振摇使其溶解后，立即加入事先配制好的 6.75g 结晶乙酸钠溶于 15mL 水的溶液，充分振摇混合。然后将混合物置于冰浴中冷却，使其析出结晶。抽滤，用少量冷水洗涤，干燥，产量约 4g，测其熔点[4]。

本实验需 2～3h。

【安全提示】

苯胺可燃，有毒，使用时注意必要的防护。冰乙酸和乙酸酐均有刺激性气味，小心称取。实验须在通风橱内进行，严禁烟火，严禁皮肤接触，牢记有机化学实验常规安全防范知识和急救措施。

【注释】

[1] 久置的苯胺色深有杂质，会影响乙酰苯胺的质量，故最好用新蒸的苯胺。

[2] 加入锌粉的目的是防止苯胺在反应过程中被氧化，生成有色的杂质。

[3] 反应物冷却后，固体产物立即析出，沾在瓶壁上不易处理。故须趁热在搅动下倒入冷水中，以除去过量的乙酸及未作用的苯胺（它可成为苯胺乙酸盐而溶于水）。

[4] 用此法制备的乙酰苯胺已足够纯净，可直接用于下一步合成。如需进一步提纯，可用水进行重结晶。

【思考题】

1. 方法一中，反应时为什么要控制分馏柱上端的温度在 100～110℃ 之间？温度过高有什么不好？

2. 方法一中，根据理论计算，反应完成时应产生几毫升水？为什么实际收集的液体远多于理论量？

3. 用乙酸直接酰化和用乙酸酐进行酰化各有什么优缺点？除此之外，还有哪些乙酰化试剂?

　　4. 方法二中,用乙酸酐进行乙酰化时,加入盐酸和乙酸钠的目的是什么?

　　5. 方法二中,加入乙酸酐后,为什么要求立即加入乙酸钠溶液?加入乙酸酐和乙酸钠的前后顺序调换一下可以吗?

实验 51　对氨基苯磺酰胺的合成

【实验目的】

　　1. 掌握由乙酰苯胺经氯磺化、氨解和水解等多步反应制备磺胺药物的原理和方法。

　　2. 掌握气体捕集器的使用。

【产品介绍】

　　对氨基苯磺酰胺(*p*-Aminobenzenesulfonamide,CAS 号:63-74-1),分子式为 $C_6H_8N_2O_2S$,分子量 172.22。白色颗粒或粉末状晶体,无臭,味微苦。熔点 164.5～166.5℃。微溶于冷水、乙醇、甲醇、丙酮,易溶于沸水、甘油、盐酸、氢氧化钾及氢氧化钠溶液,不溶于苯、氯仿、乙醚和石油醚。在医药上可做药物使用,对细菌的生长增殖有抑制作用。用于医药工业,是合成磺胺类药物的主要原料。

【反应式】

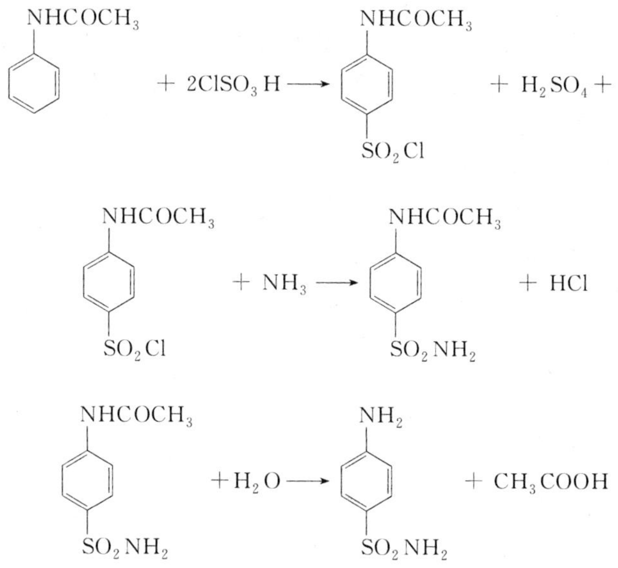

【仪器和试剂】

　　主要仪器:圆底烧瓶,抽滤装置等。

　　主要试剂:乙酰苯胺 3.75g(0.028mol),氯磺酸 9.5mL(0.146mol),浓氨水 14mL(28%),浓盐酸,碳酸钠。

【实验流程】

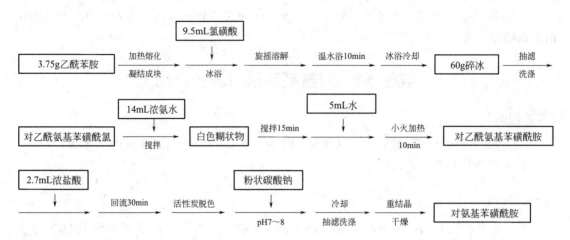

【实验步骤】

(1) 对乙酰氨基苯磺酰氯的制备

在 50mL 干燥的锥形瓶中,加入 3.75g 干燥的乙酰苯胺,小火加热熔化。瓶壁上若有少量水汽凝结,应用干净的滤纸吸去。冷却使熔化物凝结成块[1]。将锥形瓶置于冰浴中充分冷却后,迅速倒入 9.5mL 氯磺酸,立即塞上带有氯化氢导气管的塞子(见图 6.2)[2]。反应很快发生,若反应过于剧烈,可用冰水浴冷却。待反应缓和后,旋摇锥形瓶使固体全溶,然后再在温水浴中加热 10min 至不再有 HCl 产生为止。将反应瓶在冰水浴中充分冷却后,于通风橱中在强烈搅拌下缓慢呈细流状倒入盛有 60g 碎冰的大烧杯中[3],再用少量冰水洗涤反应瓶,洗涤液倒入烧杯中。搅拌数分钟,并尽量将大块固体粉碎,使成颗粒小而均匀的白色固体。抽滤,用少量冷水洗涤、压干,立即进行下一步反应[4]。

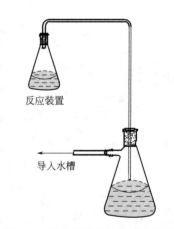

图 6.2 反应装置和气体吸收装置

(2) 对乙酰氨基苯磺酰胺的制备

将上述粗产物移入烧杯中,在不断搅拌下慢慢加入 14mL 浓氨水(在通风橱内),立即发生放热反应并产生白色糊状物。加完后,继续搅拌 15min,使反应完全[5]。然后加入 5mL 水小火加热 10min,并不断搅拌,以除去多余的氨,得到的混合物可直接用于下一步合成。

(3) 对氨基苯磺酰胺(磺胺)的制备

将上述反应物放入圆底烧瓶中,加入 2.7mL 浓盐酸,加热回流 30min,至全部产品溶解后冷却至室温[6]。如溶液呈黄色,并有极少量固体,则需加入少量活性炭煮沸 5min,抽滤得滤液。将滤液转入大烧杯中,在搅拌下小心加入粉状碳酸钠中和至 pH=7~8[7](约需 3g)。在冰水浴中冷却,抽滤收集固体,用少量冰水洗涤,压干。粗产物用水重结晶(每克产物约需 12mL 水),产量约 2.3g,测其熔点。

本实验需 6~7h。

【安全提示】

氯磺酸对皮肤和衣服有强烈的腐蚀性，暴露在空气中会冒出大量氯化氢气体，遇水会发生猛烈的放热反应甚至爆炸，所以反应中所用仪器及药品必须干燥。废液不能倒入水槽，应倒入废液缸。该实验需要使用浓盐酸和浓氨水，以及实验过程中会产生大量氯化氢酸雾，因此必须在通风橱内进行反应和处理，气体吸收装置必须严格防止倒吸，以及堵塞。在实验中须严禁皮肤接触，牢记有机化学实验常规安全防范知识和急救措施。

【注释】

〔1〕氯磺酸与乙酰苯胺的反应相当激烈，将乙酰苯胺凝结成块状，可使反应缓和进行，当反应过于剧烈时，应适当冷却。

〔2〕在氯磺化过程中，有大量氯化氢气体放出。为避免污染室内空气，装置（图 6.2）应严密，导气管的末端要与接收器内的水（最好是稀碱液）面接近，但不能插入水中，否则可能倒吸而引起严重事故。

〔3〕加入速度必须缓慢，并须充分搅拌，以免局部过热而使对乙酰氨基苯磺酰氯水解。这是实验成功的关键。

〔4〕粗制的对氨基苯磺酰氯含有少量未洗净的残余酸，久置容易分解，甚至干燥后也不可避免，应在 1～2h 内进行下一步反应。若要得到纯品，可将粗产物溶于温热的氯仿中，然后迅速转移到事先温热的分液漏斗中，分出氯仿层，在冰水浴中冷却后即可析出结晶。

〔5〕此步是由一种固体物转变成另一种固体物，若搅拌不充分，会使一些未反应物包夹在产物中。若反应物太稠难以振摇，可用玻璃棒搅拌。

〔6〕对乙酰氨基苯磺酰胺在稀酸中水解成磺胺，后者又与过量的盐酸形成水溶性的盐酸盐，所以水解完成后，反应液冷却时应无晶体析出。由于水解前溶液中氨的含量不同，加 2.7mL 盐酸有时不够。因此，在回流至固体全部消失前，应测一下溶液的酸碱性，若酸性不够，应补加盐酸继续回流一段时间。

〔7〕用碳酸钠中和滤液中的盐酸时，有二氧化碳产生，故应控制加入速度并不断搅拌使其逸出。磺胺是一两性化合物，在过量的碱溶液中也易变成盐类而溶解。故中和操作必须仔细进行，以免降低产量。

【思考题】

1. 为什么在氯磺化反应完成以后处理反应混合物时，必须移到通风橱中，且在充分搅拌下缓缓倒入碎冰中？若在未倒完前冰就化完了，是否应补加冰块？为什么？

2. 为什么苯胺要乙酰化后再氯磺化？直接氯磺化行吗？

3. 如何理解对氨基苯磺酰胺是两性物质？试用反应式表示磺胺与稀酸和稀碱的作用。

6.2　局部麻醉剂

外科手术所必需的麻醉剂或称止痛剂，是一类已被研究得较透彻的药物，化学家在这方面充分展示了他们的智慧和才能。最早的局部麻醉药是从南美洲生长的古柯植物中提取的古柯生物碱，亦称可卡因，但具有容易成瘾和毒性大等缺点。科学家们在了解古柯碱的结构和药理作用之后，已合成和试验了数百种局部麻醉剂来代替它们，这些合成品作用更强，且无副作用和危险性。苯佐卡因和普鲁卡因是其中的两种。已经发现的有活性的这类药物均有如下共同的结构特征：分子的一端是芳环，另一端则是仲胺或叔胺，两个结构单元之间相隔1~4 个原子连接的中间链。苯环部分通常为芳香酸酯，它与麻醉剂在人体内的解毒有着密切的关系，氨基还有助于使此类化合物形成溶于水的盐酸盐，以制成注射液。

本实验列举了局部麻醉剂苯佐卡因的制备，它是一种白色的晶体粉末，制成散剂或软膏用于疮面溃疡的止痛。苯佐卡因的制备通常由对硝基甲苯首先氧化成对硝基苯甲酸，再经乙酯化后还原而得。

这是一条比较经济合理的路线。

本实验采用对甲苯胺为原料，经酰化、氧化、水解、酯化一系列反应合成苯佐卡因。此路线虽然比以对硝基甲苯为原料长一些，但原料易得，操作方便，适合于实验室小量制备。

实验 52　苯佐卡因的合成

【实验目的】

1. 通过对氨基苯甲酸乙酯（苯佐卡因）的合成了解药物合成的基本过程。
2. 掌握氧化、酯化和基团保护的原理及方法。

【产品介绍】

苯佐卡因（Benzocaine，CAS 号：94-09-7），学名：对氨基苯甲酸乙酯，分子式 $C_9H_{11}NO_2$，分子量 165.19。白色针状晶体，熔点 88.90℃。难溶于水，易溶于有机溶剂。该品为局部麻醉药，用于创面、溃疡面及痔疮的止痛，也是镇咳药"退嗽"的中间体。

【反应式】

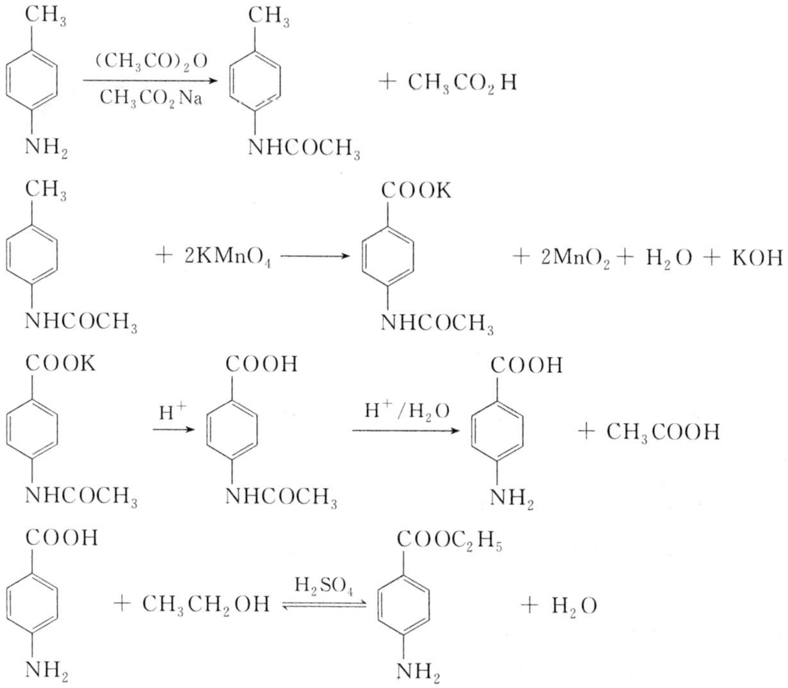

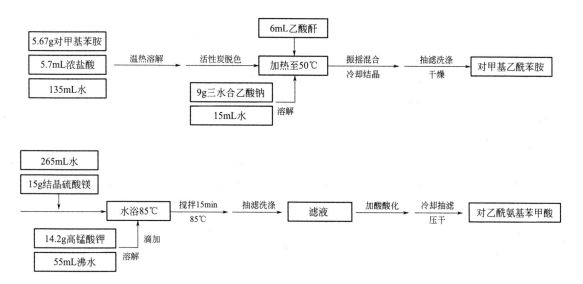

【仪器和试剂】

主要仪器：圆底烧瓶，分液漏斗，抽滤装置，蒸馏装置等。

主要试剂：对甲基苯胺 5.67g（0.053mol），乙酸酐 6.5g（6mL，0.0637mol），高锰酸钾 14.2g（0.090mol），结晶乙酸钠（$CH_3COONa \cdot 3H_2O$）9g，硫酸镁晶体（$MgSO_4 \cdot 7H_2O$）15g，乙醇，浓盐酸，浓硫酸，氨水，冰乙酸，碳酸钠，乙醚，无水硫酸镁。

【实验流程】

（流程图见图示部分）

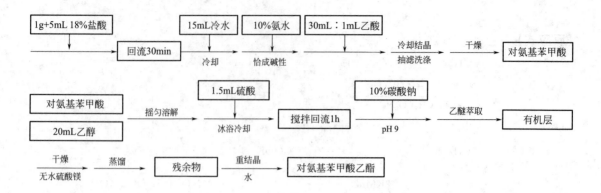

【实验步骤】

（1）对甲基乙酰苯胺

在250mL烧杯中，加入5.67g对甲基苯胺、135mL水和5.7mL浓盐酸，必要时温热搅拌促使溶解。若溶液颜色较深，可加适量的活性炭脱色后过滤。同时配制9g三水合乙酸钠溶于15mL水的溶液，必要时温热至溶解。

将脱色后的盐酸对甲苯胺溶液加热至50℃，加入6mL乙酸酐，并立即加入预先配制好的乙酸钠溶液，充分搅拌后将混合物置于冰浴中冷却，此时应析出对甲基乙酰苯胺的白色固体。抽滤，用少量冷水洗涤后抽干得固体。

（2）对乙酰氨基苯甲酸

在500mL烧杯中，加入上述制得的对甲基乙酰苯胺[1]（约5.2g）、15g七水合结晶硫酸镁和265mL水，将混合物在水浴上加热到约85℃。同时将14.2g高锰酸钾溶于55mL沸水制成溶液。

在充分搅拌下，将热的高锰酸钾溶液在30min内滴加到对甲基乙酰苯胺的混合物中，避免氧化剂局部浓度过高破坏产物。加完后，继续在85℃搅拌15min。待混合物变成深棕色，趁热用双层滤纸抽滤除去二氧化锰沉淀，并用少量热水洗涤二氧化锰[2]。

冷却滤液，加20%硫酸酸化至溶液呈酸性，此时应生成白色固体。抽滤，压干，湿产品[3]可直接进行下一步合成。

（3）对氨基苯甲酸

称量上步得到的对乙酰氨基苯甲酸，加入150mL圆底烧瓶中，每克湿产品加入5mL 18%的盐酸进行水解，加热回流30min。待反应物冷却后，加入15mL冷水，然后用氨水中和，使反应混合物对石蕊试纸恰成碱性，切勿使氨水过量。每30mL最终溶液加1mL冰乙酸，充分振摇后置于冰浴中骤冷以引发结晶，必要时用玻棒摩擦瓶壁或放入晶种引发结晶。抽滤收集产物[4]，干燥后备用下步实验。

（4）对氨基苯甲酸乙酯（苯佐卡因）

在50mL圆底烧瓶中，取上步产物对氨基苯甲酸和20mL 95%乙醇，旋摇烧瓶使大部分固体溶解。将烧瓶置于冰浴中冷却，加入1.5mL浓硫酸[5]，立即产生大量沉淀，将反应混合物搅拌回流1h，沉淀将逐渐溶解。

将反应混合物转入烧杯中，冷却后分批加入10%碳酸钠溶液中和（约需9mL），可观察到有气体逸出并产生泡沫，直至加入碳酸钠溶液后无明显气体释放。检查溶液pH，再加入少量碳酸钠溶液至pH值为9左右。在中和过程会产生少量固体沉淀（生成了什么物质？）。

将溶液倾滗到分液漏斗中，并用少量乙醚洗涤固体后并入分液漏斗。向分液漏斗中加入 30mL 乙醚，振摇后分出醚层。经无水硫酸镁干燥后，水浴加热蒸馏去除乙醚和大部分乙醇，至残余油状物约 2mL 为止。逐滴加入水至结晶完全，产量约 0.7g，测其熔点。

本实验共需 12～16h。

【安全提示】

对甲基苯胺为有毒物品，切勿吸入、食入和与皮肤接触。如不小心接触皮肤，用肥皂水和清水彻底冲洗皮肤。该实验需要使用乙酸酐、浓盐酸和浓氨水，均有刺激性气味，小心称取，浓硫酸具有腐蚀性。实验须在通风橱内进行，严禁烟火，严禁皮肤接触，牢记有机化学实验常规安全防范知识和急救措施。

【注释】

[1] 对甲基乙酰苯胺产品可干燥后称量，产量 4.5～6g，纯对甲基乙酰苯胺的熔点为 154℃。根据对甲基乙酰苯胺的用量，后续氧化剂用量需相对进行调整。

[2] 若滤液呈紫色，可加入 1.5～2mL 乙醇煮沸直至紫色消失，将滤液再用折叠滤纸过滤一次。

[3] 干燥后对乙酰氨基苯甲酸产量 3～4g。纯化合物的熔点为 250～252℃。

[4] 对氨基苯甲酸不必重结晶，对产物重结晶的各种尝试均未获得满意的结果。以对甲基苯胺为标准计算累计产率，测定产物的熔点。纯对氨基苯甲酸的熔点为 186～187℃，实验得到的熔点略低一些。

[5] 旋摇滴加或搅拌滴加。切勿一次性倒入，避免浓度过大产生过多副反应。此用量以对氨基苯甲酸 1.5g 计算，可根据实际投料进行调整。

【思考题】

1. 对甲基苯胺用乙酸酐酰化反应中加入乙酸钠的目的何在？
2. 对甲基乙酰苯胺用高锰酸钾氧化时，为何要加入硫酸镁？
3. 在氧化步骤中，若滤液有色，需加入少量乙醇煮沸，发生了什么反应？
4. 在水解步骤中，用氢氧化钠溶液代替氨水中和，可以吗？中和后加入乙酸的目的为何？酯化反应结束后，又为什么要用碳酸钠溶液而不用氢氧化钠溶液进行中和？为什么不中和至 pH 值为 7，而要使溶液 pH 值为 9 左右？

6.3　安息香缩合及安息香的转化

安息香缩合反应，又称苯偶姻缩合，指在氰离子催化下，两分子芳香醛进行缩合生成一个偶姻分子的反应。由于生成物是安息香的衍生物，故名安息香缩合反应。最典型的例子是苯甲醛的缩合反应。这是一个碳负离子对羰基的亲核加成反应，氰化钠（钾）是反应的催化剂，其机理以苯甲醛的缩合为例：

安息香缩合是羰基极性转换的一个典型例子。速率决定步骤是碳负离子对羰基的加成，接着是快速质子转移，最后是快速失去 CN^-，即氰醇的反转，产物为二苯羟乙酮，又称苯偶姻。

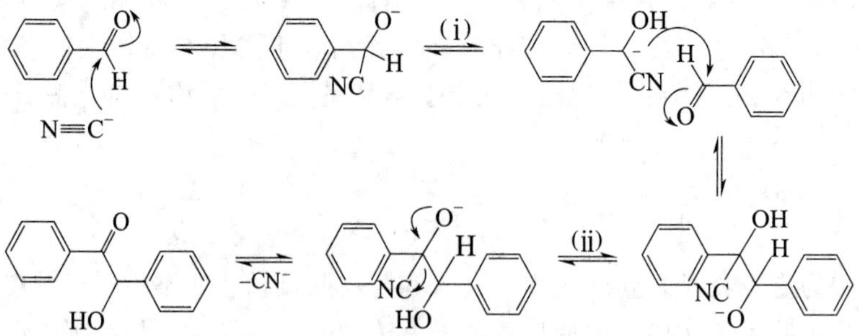

CN⁻ 是此反应高度专一的催化剂，不仅是由于它既是一个良好的亲核体，又是一个良好的离去基团，而且由于它的吸电子能力会使芳醛与 CN⁻ 加成物中 C—H 键的酸性增加，促使碳负离子的生成，氰基又可以通过离域化而稳定碳负离子。

其他取代芳醛如对甲基苯甲醛、对甲氧基苯甲醛和呋喃甲醛等也可发生类似的缩合，生成相应的对称性二芳基羟乙酮。

从反应机理可知，当苯环上带有强的供电子基（如对二甲氨基苯甲醛）或强的吸电子基（如对硝基苯甲醛）等，均很难发生安息香缩合反应。因为供电子基降低了羰基的正电性，不利于亲核加成，而吸电子基则降低了碳负离子的亲核性，同样不利于与羰基发生亲核加成。但分别带有供电子基和吸电子基两种不同的芳醛之间则可以顺利地发生混合的安息香缩合，并得到一种主要产物，即羟基连在含有活泼羰基芳香醛一端。

除 CN⁻ 外，噻唑生成的季铵盐也可对安息香缩合起催化作用。如用有生物活性的维生素 B_1 的盐酸盐代替氰化物催化安息香缩合反应，反应条件温和、无毒且产率高。

维生素 B_1 又称硫胺素或噻胺，是一种辅酶，作为生物化学反应的催化剂，在生命过程中起着重要作用。其结构如下：

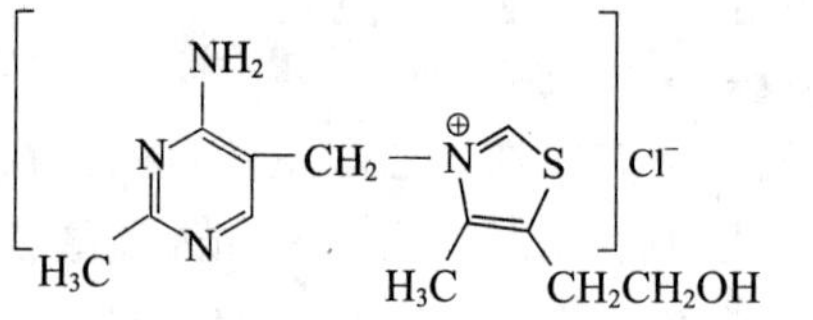

嘧啶环　　　　　噻唑环

绝大多数生化过程都是在特殊条件下进行的化学反应，酶的参与可以使反应更巧妙、更有效及在更温和的条件下进行。维生素 B_1 催化安息香缩合的机理如下：

① 维生素 B_1 分子中含有一个噻唑环与嘧啶环，碱夺去噻唑环上的氢原子，产生的碳负离子和邻位带正电荷的氮原子形成稳定的两性离子——内镓盐或称叶立德（Ylide）。

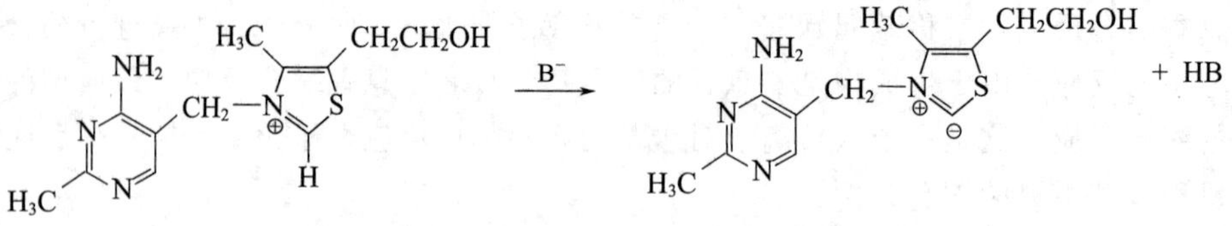

② 噻唑环上碳负离子与苯甲醛的羰基发生亲核加成，形成烯醇加合物，环上的带正电荷的氮原子起了调节电荷的作用。

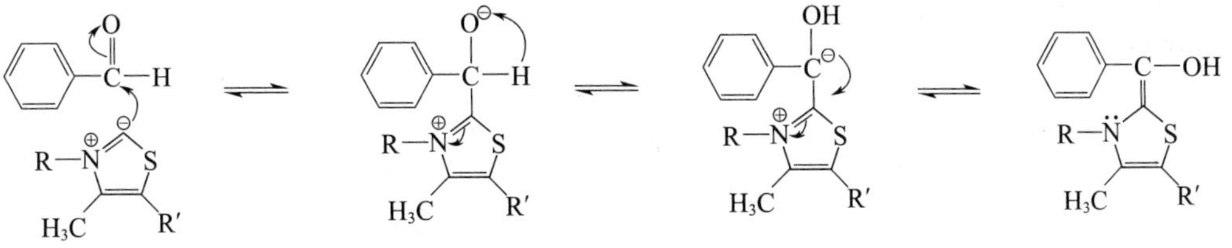

③ 烯醇加合物再与苯甲醛作用形成一个新的辅酶加合物。

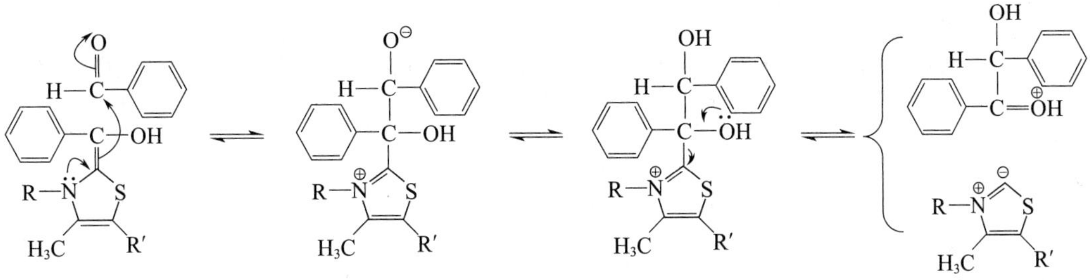

④ 辅酶加合物解离成安息香，辅酶复原。

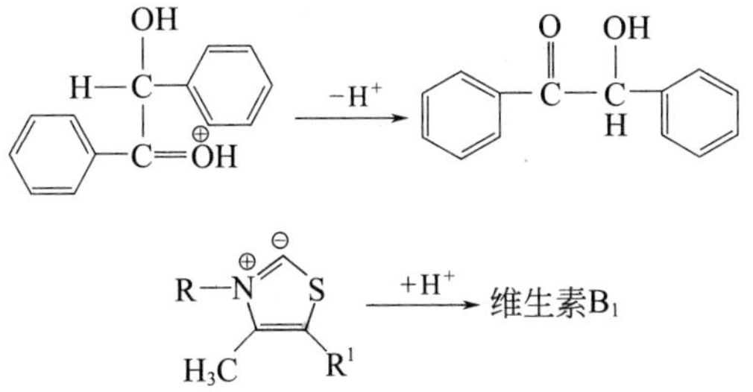

二苯羟乙酮（安息香）在有机合成中常常被用作中间体。它既可以被氧化成 α-二酮，又可以被还原生成二醇，或消除得烯、酮等各种类型的产物。作为双官能团化合物可以发生许多反应。本节在制备苯偶姻的基础上，进一步利用铁盐或硝酸将苯偶姻氧化为二苯基乙二酮，后者用浓碱处理，发生重排反应，生成二苯羟乙酸；与尿素缩合，生成一种抗癫痫的药物 5,5-二苯基乙内酰脲。

实验 53　安息香的辅酶合成

【实验目的】

　　1. 熟悉酶催化的特点。
　　2. 掌握安息香辅酶合成的原理和方法。

【产品介绍】

　　安息香（Benzoin，CAS 号：119-53-9）又称苯偶姻、二苯羟乙酮、二苯乙醇酮等，分子式 $C_{14}H_{12}O_2$，分子量 212.24。白色或淡黄色棱柱体结晶，熔点 137℃，沸点 344℃（102.4kPa），不溶于冷水，微溶于热水和乙醚，溶于乙醇，与浓酸作生成联苯酰。可作为药物和润湿剂的原料，还可用作生产聚酯的催化剂。

【反应式】

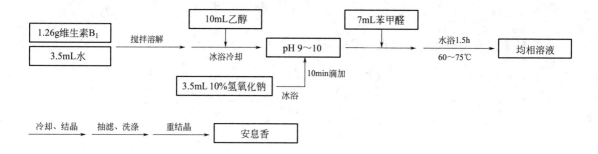

【仪器和试剂】

主要仪器：圆底烧瓶，回流装置，抽滤装置等。

主要试剂：苯甲醛（新蒸[1]）7.42g（7mL，0.07mol），维生素 B_1（盐酸硫胺素）1.26g，95％乙醇，10％氢氧化钠溶液。

【实验流程】

```
┌──────────────────┐              ┌──────────┐                      ┌──────────┐
│ 1.26g维生素B₁     │   搅拌溶解   │ 10mL乙醇 │                      │ 7mL苯甲醛│          水浴1.5h      ┌──────────┐
├──────────────────┤  ─────────→ └──────────┘    ┌─────────┐       └──────────┘        60~75℃        │ 均相溶液 │
│ 3.5mL水          │              冰浴冷却        │ pH 9~10 │ ────────────────→  ─────────────→       └──────────┘
└──────────────────┘                             └─────────┘
                                    ┌────────────────────┐   10min滴加
                                    │ 3.5mL 10％氢氧化钠   │ ──────────
                                    └────────────────────┘   冰浴
```

```
冷却、结晶      抽滤、洗涤      重结晶     ┌──────────┐
──────────→  ──────────→  ────────→ │ 安息香   │
                                       └──────────┘
```

【实验步骤】

在 50mL 圆底烧瓶中，加入 1.26g 维生素 B_1、3.5mL 蒸馏水和磁力搅拌子，搅拌溶解后再加 10mL 乙醇，将烧瓶置于冰水中冷却。同时取 3.5mL 10％氢氧化钠溶液于一支试管中，也置于冰浴中冷却[2]。然后在冰浴冷却下，将冷透的氢氧化钠溶液在 10min 内滴加至维生素 B_1 溶液中，调节溶液 pH 值为 9~10，此时溶液呈黄色。去掉冰水浴，加入 7mL 新蒸的苯甲醛，将混合物置于 60~75℃ 水浴中加热 1.5h[3]，切勿将混合物加热至剧烈沸腾，此时反应混合物呈橘黄色或橘红色均相溶液。将反应混合物冷至室温，析出浅黄色结晶。将烧瓶置于冰浴中冷却使结晶完全。若出现油层，重新加热使其变成均相，再慢慢冷却结晶。必要时可用玻棒摩擦瓶壁或投入晶种。抽滤，用 35mL 冷水分两次洗涤结晶。粗产物用 95％乙醇重结晶，产品为白色结晶，产量约 3g，测其熔点。

本实验需 4~6h。

【安全提示】

苯甲醛为无色液体，有苦杏仁气味，对眼睛、呼吸道黏膜有一定的刺激作用，小心量取。实验须在通风橱内进行，严禁烟火，严禁皮肤接触，牢记有机化学实验常规安全防范知识和急救措施。

【注释】

[1] 苯甲醛中不能含有苯甲酸，用前最好经 5％碳酸氢钠溶液洗涤，而后减压蒸馏，并

避光保存。

[2] 维生素 B_1 在酸性条件下是稳定的，但易吸水，在水溶液中易被氧化失效，光与铜、铁及锰等金属离子均可加速氧化，在氢氧化钠溶液中噻唑环易开环失效。因此，反应前维生素 B_1 溶液及氢氧化钠溶液必须用冰水冷透。

[3] 反应期间，注意监控反应液的 pH 值，维持在 9～10 之间。

【思考题】

1. 为什么加入苯甲醛前，反应混合物的 pH 值要保持在 9～10？溶液 pH 值过高或过低有什么不好？

2. 维生素 B_1 与 NaOH 溶液混合时，为什么要控制低温？可当加入苯甲醛后为什么又可以升温？

实验 54　二苯基乙二酮的合成

【实验目的】

1. 熟悉安息香氧化合成二苯基乙二酮时氧化剂的选择。
2. 掌握安息香氧化为二苯基乙二酮的原理和方法。

【产品介绍】

二苯乙二酮（1,2-Diphenyl Ethanedione，CAS 号：134-81-6），又称苯偶酰、1,2-二苯乙二酮，分子式 $C_{14}H_{10}O_2$，分子量 210.23。黄色针状晶体，熔点 95℃，沸点 346～348℃，有旋光性。不溶于水，溶于乙醇、醚等有机溶剂，能吸收紫外线。可用作紫外线固化树脂的光敏剂、印刷油墨组分、有机合成试剂，也用作杀虫剂等。

【反应式】

【仪器和试剂】

主要仪器：圆底烧瓶，回流装置，抽滤装置等。

主要试剂：安息香 1.5g（0.007mol），$FeCl_3 \cdot 6H_2O$ 7g（0.026mol），冰乙酸 7.5mL。

【实验流程】

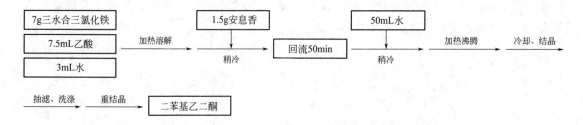

【实验步骤】

在 100mL 圆底烧瓶中，依次加入 7g $FeCl_3 \cdot 6H_2O$、7.5mL 冰乙酸、3mL 水及磁力搅拌子，加热搅拌溶解。稍冷，加入安息香 1.5g，搅拌加热回流 50min[1]。稍冷后加水 50mL，再加热至沸腾后，将反应液倾入 100mL 烧杯中，搅拌，放置冷却，析出黄色固体，抽滤。结晶用少量水洗，干燥，产量约 1.2g。如有必要可用乙醇重结晶纯化，产量约 1g，测其熔点。

本实验需 4～5h。

【安全提示】

实验中所用的原料冰乙酸具有一定的刺激作用，小心量取，并在通风橱内进行反应。严禁烟火，严禁皮肤接触，牢记有机化学实验常规安全防范知识和急救措施。

【注释】

[1] 可用薄层色谱法监测反应进程。每隔 15～20min 用点样毛细管吸取少量反应液，在薄层板上点样，用二氯甲烷作展开剂，用碘蒸气显色，观察安息香是否全部转化为二苯基乙二酮。

【思考题】

本实验反应液中可能有油珠状物质出现，当降温后，油珠会消失，请分析原因。

实验 55 二苯基羟乙酸的合成

【实验目的】

1. 理解二苯乙醇酸重排。
2. 掌握二苯基羟乙酸合成的原理和方法。

【产品介绍】

二苯基羟乙酸（Benzilic Acid，CAS：76-93-7），又称苯偶酰酸，分子式 $C_{14}H_{12}O_3$，分子量 228.24。白色单斜针状结晶，熔点 151～152℃，味苦。易溶于热水、乙醇、乙醚，微溶于冷水和丙酮。其钾盐极易溶于水，溶液呈红色。为有机合成重要中间体，广泛用于农药、医药等精细化工产品的合成，如二苯羟乙酸奎宁脂、二苯羟乙酸钠等。

【反应式】

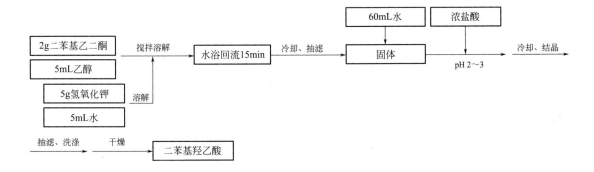

【仪器和试剂】

主要仪器：圆底烧瓶，回流装置，抽滤装置等。

主要试剂：二苯基乙二酮 2g（0.0095mol）、氢氧化钾 5g、95％乙醇、浓盐酸、无水乙醇。

【实验流程】

```
2g二苯基乙二酮 ┐                          60mL水      浓盐酸
5mL乙醇 ────────┤ 搅拌溶解   ┌──────────┐ 冷却、抽滤 ┌──────┐   │        │      冷却、结晶
                 ├─────────→│水浴回流15min│─────────→│ 固体 │───┴────┴───────────────→
5g氢氧化钾 ──────┤ 溶解      └──────────┘            └──────┘  pH 2～3
5mL水 ──────────┘
```

```
抽滤、洗涤   干燥   ┌────────────┐
──────────────────→│ 二苯基羟乙酸 │
                    └────────────┘
```

【实验步骤】

在 50mL 圆底烧瓶中，加入 2g 二苯基乙二酮和 5mL 95％乙醇，搅拌溶解。然后将 5g KOH 溶解于 5mL 水中，稍冷后加入反应瓶，水浴回流 15min。冷却、冰水浴中放置一段时间至不再有固体增加即可抽滤[1]。用少量无水乙醇洗涤固体得二苯基羟乙酸钾盐。将二苯基羟乙酸钾盐溶于 60mL 水中，若有不溶物可过滤除去。向二苯基羟乙酸钾盐水溶液中逐滴加入浓盐酸[2] 至 pH 值为 2～3，在冰浴中冷却使结晶完全。抽滤，用冷水洗涤 2～3 次，干燥，产量约 1.8g。进一步纯化可用水重结晶[3]，测其熔点。

本实验需 4～5h。

【安全提示】

氢氧化钾有强腐蚀性，小心称取。实验须在通风橱内进行，严禁烟火，严禁皮肤接触，牢记有机化学实验常规安全防范知识和急救措施。

【注释】

［1］抽滤钾盐时，由于碱性过强，容易导致滤纸强烈收缩，请注意调换滤纸。

［2］在接近终点时，边搅拌边慢慢滴加浓盐酸，使其结晶完全。

［3］重结晶加热温度不要超过 90℃，因二苯基羟乙酸易脱羧。

【思考题】

1. 二苯基羟乙酸可否直接由安息香与碱性溴酸钠溶液一步反应完成？为什么？
2. 二苯乙醇酸重排的动力是什么？脂肪族 α-二酮可能发生类似反应吗？
3. 反应溶液中，加入乙醇的目的是什么？
4. 第一次抽滤后，为什么用无水乙醇洗而不是用水？

实验 56　5,5-二苯基乙内酰脲的合成

【实验目的】

掌握以二苯乙二酮为原料合成 5,5-二苯基乙内酰脲的原理和方法。

【产品介绍】

5,5-二苯基乙内酰脲（Phenytoin，CAS 号：57-41-0），又称苯妥英，是一种抗癫痫药，中文别名大伦丁、地伦丁、二苯妥英、二苯乙内酰脲、奇非宁。分子式 $C_{15}H_{12}N_2O_2$，分子量 252.27。白色固体，熔点 $293\sim295℃$，水溶性较好。适用于治疗全身性强直阵挛性发作、复杂部分性发作（精神运动性发作、颞叶癫痫）、单纯部分性发作（局限性发作）和癫痫持续状态，也可用于治疗三叉神经痛。是一种严格管理的抗癫痫的药物。

【反应式】

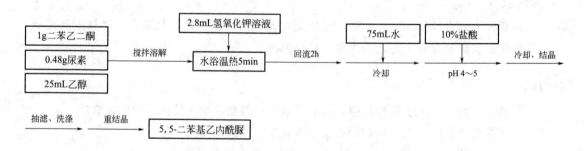

【仪器和试剂】

主要仪器：圆底烧瓶，回流装置，抽滤装置等。

主要试剂：二苯乙二酮 1g（0.0048mol），尿素 0.48g（0.008mol），氢氧化钾（9.4mol/L 水溶液），95％乙醇，10％盐酸。

【实验流程】

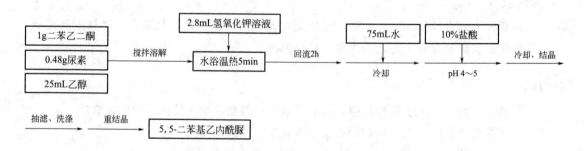

【实验步骤】

在 50mL 圆底烧瓶中加入 1g 二苯乙二酮、0.48g 尿素和 25mL 95％乙醇，充分振摇，必要时温热溶解。将 2.8mL 9.4mol/L 的氢氧化钾溶液加入上述溶液中，振摇后在水浴中温热 5min，溶液呈现褐色并在瓶底出现少量的白色残余物。加热回流 2h[1]，冷却后得到澄清的溶液[2]。将滤液或反应物转入 150mL 烧杯中，加入 75mL 水，充分混合后在搅拌下滴加 10％的盐酸溶液，直至 pH 值为 4～5，在冰水浴中冷却 10min，抽滤。

粗产物用乙醇重结晶，干燥后产量约 0.8g，测其熔点。

本实验需 3～4h。

【安全提示】

氢氧化钾有强腐蚀性，小心称取。二苯乙二酮具有吸入危害和过敏反应。实验须在通风橱内进行，严禁烟火，严禁皮肤接触，牢记有机化学实验常规安全防范知识和急救措施。

【注释】

[1] 也可将反应混合物倒入锥形瓶中用橡胶塞塞紧，放置一周。
[2] 如果反应瓶出现沉淀物，抽滤除去沉淀物。

【思考题】

反应后为何要用盐酸进行酸化？写出酸化时的反应式。

6.4　乙酰乙酸乙酯的合成与应用

β-二羰基化合物是重要的化工合成原料，在有机合成中发挥重要的作用，其中乙酰乙酸乙酯和丙二酸二乙酯是最重要的 β-二羰基化合物的代表物质。这类物质结构使得其活性亚甲基在强碱条件（醇钠等）下易形成碳负离子，可以与卤代烷或酰氯发生亲核取代，其结果在亚甲基上引入烷基或酰基。亚甲基上两个活泼氢均可被强碱夺去，通过反应物的物质的量之比和反应条件的控制在亚甲基上可引入 1～2 个烷基或酰基，也可通过二卤代物引入环基或进行桥联。

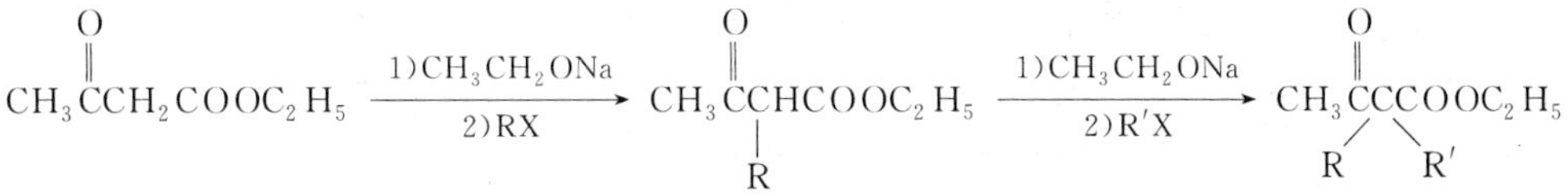

乙酰乙酸乙酯类化合物在稀碱溶液下水解生成 β-羰基乙酸类化合物，这类化合物不稳定，稍微加热易失羧，得到相应的丙酮类化合物。这类反应称为乙酰乙酸乙酯的酮式分解，除了在碱溶液条件下加热可以实现，在 85％磷酸条件下进行，也可以得到很好的产率。

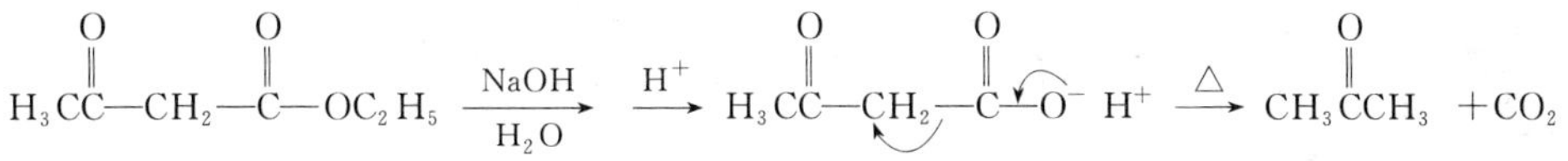

浓的强碱溶液和乙酰乙酸乙酯类化合物同时加热，可进行克莱森缩合反应的逆反应（水

解），分解得到两分子酸。这类反应称为乙酰乙酸乙酯的酸式分解。

$$CH_3CCH_2COOC_2H_5 \rightleftharpoons H_3CC-CH_2-COC_2H_5 \rightleftharpoons CH_3COH + CH_2=COC_2H_5$$

$$2CH_3COH \xleftarrow{H^+} \xleftarrow{OH^-} CH_3COH + CH_3COC_2H_5$$

结合上述乙酰乙酸乙酯化合物结构和反应特性，引入烃基和酰基后，经水解、脱羧可生成多种类型的一取代或二取代的酮或羧酸等，因此乙酰乙酸乙酯在有机合成工业和制药工业具有广泛的用途。

实验 57　乙酰乙酸乙酯的制备

【实验目的】

1. 掌握乙酰乙酸乙酯制备的原理和方法。
2. 掌握无水操作及减压蒸馏等基本操作技术。

【产品介绍】

乙酰乙酸乙酯（Ethyl Acetoacetate Ethyl-3-oxo-butanoate，CAS 号：141-97-9），分子式为 $C_6H_{10}O_3$，分子量为 130.15。无色或微黄色透明液体，有果子香味，熔点 $-45 \sim -43℃$，沸点 $180℃$，折射率 1.4194，相对密度 1.025。溶于水，能与一般有机溶剂混溶。用于合成染料和药物，也是其他有机合成中的重要中间体。

【反应式】

$$2CH_3COC_2H_5 \xrightarrow[\triangle]{C_2H_5O^-} \xrightarrow{H^+} CH_3C-CH_2COC_2H_5 + C_2H_5OH$$

【仪器和试剂】

主要仪器：100mL 圆底烧瓶，分液漏斗，回流装置，减压蒸馏装置等。

主要试剂：乙酸乙酯[1] 12.5g（13.8mL，0.19mol），金属钠 1.25g（0.055mol），50%乙酸，饱和食盐水，无水硫酸钠，无水氯化钙。

【实验流程】

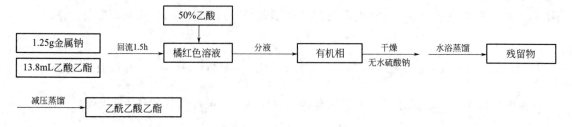

【实验步骤】

快速称取 1.25g 金属钠[2]，剪成小段，迅速投入装有 13.8mL 乙酸乙酯的烧瓶中，并快速装上冷凝管和氯化钙干燥管。反应开始，有氢气逸出，若反应慢可温热。而后回流 1.5h，至钠基本消失[3]，得橘红色溶液，有时析出黄白色沉淀（均为烯醇盐）。待反应物稍冷后，在摇荡下加入 50% 的乙酸（约需 7.5mL，至固体溶完），至反应液呈弱酸性[4]。反应液转入分液漏斗，加等体积饱和食盐水，振摇，静置。分出的乙酰乙酸乙酯（哪一层?），加入无水硫酸钠干燥，过滤。水浴蒸去乙酸乙酯，剩余物移至减压蒸馏装置中进行减压蒸馏[5]，收集馏分[6]，产量约 3g，测其折射率。

本实验需 7～8h。

【安全提示】

钠要安全使用，不得用手直接接触! 剩余的钠要经乙醇处理，不得倒入水槽，需倒入指定回收瓶中，否则引起火灾或爆炸! 实验须在通风橱内进行，严禁烟火，严禁皮肤接触，牢记有机化学实验常规安全防范知识和急救措施。

【注释】

[1] 乙酸乙酯必须绝对干燥，但其中应含有 1%～2% 的乙醇。其提纯方法如下：将普通乙酸乙酯用饱和氯化钙溶液洗涤数次，再用熔焙过的无水碳酸钾干燥，在水浴上蒸馏，收集 76～78℃ 馏分。

[2] 金属钠遇水即燃烧、爆炸，故使用时应严格防止与水接触。在称量或切片过程中应当迅速，以免空气中的水汽侵蚀或被氧化。金属钠的颗粒大小直接影响缩合反应的速率。如实验室有压钠机，将钠压成钠丝，其操作步骤如下：用镊子取储存的金属钠块，用双层滤纸吸去溶剂油，用小刀切去其表面，即放入经酒精洗净的压钠机中，直接压入已称重的带木塞的圆底烧瓶中。为防止氧化，迅速用木塞塞紧瓶口后称重。钠的用量可酌情增减，其幅度控制在 2.5g 左右。如无压钠机时，也可将金属钠切成细条，移入煤油中，进行反应时，再移入反应瓶。

[3] 一般要使钠全部溶解，但很少量未反应的钠并不妨碍进一步操作。

[4] 用乙酸中和时，开始有固体析出，继续加酸并不断振摇，固体会逐渐消失，最后得到澄清的液体。如尚有少量固体未溶解时，可加入少许水使溶解。但应避免加入过量的乙酸，否则会增加酯在水中的溶解度而降低产量。

[5] 乙酰乙酸乙酯在常压蒸馏时，很易分解而降低产量。如量少不方便减压蒸馏，可多组产物合并后进行。

[6] 产率是按钠计算的。本实验最好连续进行，如间隔时间太久，会因去水乙酸的生成而降低产量。

【思考题】

1. 为什么用乙酸酸化，而不用稀盐酸或稀硫酸酸化? 为什么要调到弱酸性，而不是中性?

2. 加入饱和食盐水的目的是什么?

3. 中和过程开始析出的少量固体是什么?

4. 乙酰乙酸乙酯沸点并不是很高，为什么要用减压蒸馏的方式纯化？

实验 58　庚-2-酮的合成

【实验目的】

1. 熟悉乙酰乙酸乙酯在药物合成中的应用。
2. 掌握乙酰乙酸乙酯的烃基取代、碱性水解和酸化脱羧的原理和方法。

【产品介绍】

庚-2-酮（2-Heptanone，CAS：110-43-0），又名甲基戊基酮，分子式 $C_7H_{14}O$，分子量 114.19。无色、具有香味、稳定的液体，熔点 $-35℃$，沸点 $149\sim150℃$，折射率 1.4067，相对密度 0.8166，微溶于水，溶于乙醇、丙二醇、乙醚等有机溶剂。庚-2-酮为一种有用的香料、溶剂，同时也是一种昆虫警戒信息素，广泛用于工业溶剂、纤维、医药、农药、香料化工等领域。

【反应式】

$$CH_3\overset{O}{\overset{\|}{C}}-CH_2CO\overset{O}{\overset{\|}{C}}OC_2H_5 + CH_3CH_2CH_2CH_2Br + CH_3CH_2ONa \longrightarrow CH_3\overset{O}{\overset{\|}{C}}-\underset{\underset{C_4H_9}{|}}{CH}CO\overset{O}{\overset{\|}{C}}OC_2H_5 + CH_3CH_2OH + NaBr$$

$$CH_3\overset{O}{\overset{\|}{C}}-\underset{\underset{C_4H_9}{|}}{CH}CO\overset{O}{\overset{\|}{C}}OC_2H_5 \xrightarrow{NaOH} CH_3\overset{O}{\overset{\|}{C}}-\underset{\underset{C_4H_9}{|}}{CH}CONa + CH_3CH_2OH$$

$$CH_3\overset{O}{\overset{\|}{C}}-\underset{\underset{C_4H_9}{|}}{CH}CONa \xrightarrow{H^+} \xrightarrow[\Delta]{-CO_2} CH_3\overset{O}{\overset{\|}{C}}-CH_2CH_2CH_2CH_2CH_3$$

【仪器和试剂】

主要仪器：圆底烧瓶，滴液漏斗，分液漏斗，回流装置，抽滤装置等。

主要试剂：乙酰乙酸乙酯 9.785g（9.5mL，0.075mol），正溴丁烷 11.7g（9mL，0.085mol），金属钠 1.8g，无水乙醇，氢氧化钠，硫酸，乙酸乙酯。

【实验流程】

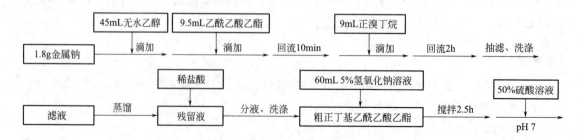

$$\xrightarrow[\text{洗涤}]{\text{萃取}} \xrightarrow[\text{无水硫酸镁}]{\text{干燥}} \xrightarrow[\text{145～152℃}]{\text{蒸馏}} \boxed{\text{庚-2-酮}}$$

【实验步骤】

（1）正丁基乙酰乙酸乙酯的合成　在 250mL 干燥的三口烧瓶中，装上回流冷凝管和滴液漏斗，在冷凝管的上端装上氯化钙的干燥管。瓶中加入切碎的 1.8g 金属钠[1]，由滴液漏斗逐滴加入 45mL 无水乙醇[2]，控制加入速度使乙醇保持沸腾。待金属钠反应完毕[3]，开始搅拌，室温下滴加 9.5mL 乙酰乙酸乙酯，加完后继续在搅拌下回流 10min。然后，慢慢滴加 9mL 正溴丁烷，15min 加完。加热回流 2h[4]。待反应溶液冷却后，过滤除去溴化钠晶体，用约 5mL 乙醇洗两次。加热蒸馏去除乙醇。粗产物加入稀盐酸（60mL 水∶0.8mL 浓盐酸），转移至分液漏斗，分去水层，再用水洗涤一次，有机层为粗产品。

（2）庚-2-酮的合成　在圆底烧瓶中加入上步所得粗产品和 60mL 5％氢氧化钠水溶液，室温搅拌 2.5h[5] 至反应液澄清。在搅拌下由滴液漏斗慢慢加入 50％硫酸溶液[6]，待大量二氧化碳气泡放出后，监测 pH 值为中性，停止搅拌。转移至分液漏斗，分出油层，水层用乙酸乙酯萃取（10mL×2），合并有机层。用无水硫酸镁干燥，蒸馏收集 145～152℃ 的馏分，产量约 3g，测其折射率。

本实验共需 8～12h。

【安全提示】

钠要安全使用，不得用手直接接触！剩余的钠要经乙醇处理，不得倒入水槽，需倒入指定回收瓶中，否则引起火灾或爆炸！实验须在通风橱内进行，严禁烟火，严禁皮肤接触，牢记有机化学实验常规安全防范知识和急救措施。

【注释】

[1] 有金属钠参与反应，仪器药品须进行无水处理，同时注意安全。金属钠遇水即燃烧、爆炸，在称量或切片过程中应当迅速，以免空气中的水汽侵蚀或被氧化。金属钠的颗粒大小直接影响反应的速率。

[2] 实验须用无水乙醇，若有极少量的水，将会使正丁基乙酰乙酸乙酯的产率降低。

[3] 待金属钠作用完毕，也可加入 1.2g 粉状碘化钾，促进反应进行。

[4] 由于溴化钠的生成，会出现剧烈的暴沸现象。如采用搅拌装置可以避免这种现象。

[5] 如在室温下搅拌需 2.5h，若在 80℃ 下搅拌需 30min。

[6] 加硫酸时可能会剧烈放出二氧化碳，应根据现象缓慢滴加。

【思考题】

本实验可能有哪些副反应？

第 7 部分　天然有机化合物的提取与合成

　　丰富的动植物资源是天然产物的源泉。自有机化学诞生至今，人类在开发天然产物，如天然香料、农药（如除虫菊酯）、维生素、抗癌药物、抗高血压药物、保健品、激素类产品、染料、色素等方面取得了巨大成果。它们在改善人类的生存条件，提高人类的生活质量方面起到了很大的促进作用。但是面对全球浩瀚的动植物资源，人类只是揭开冰山一角。目前，只有陆地植物资源的 1/10 得到了开发、利用，陆地其余 90％植物资源尚待开发。而茫茫大海蕴藏的海洋动植物资源的开发，尚处于刚刚启动的阶段。所以天然资源的开发，天然产物的提取，还有很大的发展空间，孕育着许多机遇与挑战。

　　广义地讲，自然界的所有物质都称为天然产物。在化学学科内，天然产物专指由动物、植物、海洋生物和微生物体内分离出来的生物二次代谢产物及生物体内源性生理活性化合物，是由各种化学成分所组成的复杂体系。许多天然产物显示了惊人的生理活性，例如获得诺贝尔生理学或医学奖的屠呦呦发现的抗疟疾药物青蒿素、最早使用的镇痛剂都是从植物中提取出来的，还有吐根碱、奎宁、辛可宁、番木鳖碱、咖啡因、阿托品、洋地黄强心苷、毒毛旋花苷等，都具有显著的生理活性，可以代表其原生药，多数至今仍用作临床用药。

　　天然产物的研究包括提取分离、结构鉴定、全合成及活性与构效关系等多方面。其中，天然产物的分离提纯和鉴定是一项复杂的工作。在有机化学中常见的提取方法有：溶剂萃取法、水蒸气蒸馏法、分馏法、吸附法、沉淀法、盐析法、透析法、升华法等。现在各种色谱技术如薄层色谱、柱色谱、气相色谱及高效液相色谱越来越多地用于天然产物的分离提纯。超临界萃取技术也在天然化合物的分离中得到较多应用。各种光波谱技术在天然产物分离后的结构鉴定中发挥着重要作用。

　　我国有着极为丰富的中草药资源，为了有效合理地利用天然资源，对中草药有效成分的研究就显得十分必要。天然产物中的活性物质是新药设计的结构模型，如抗癌药物紫杉醇、治疗高血压的药物利血平等。

　　为了使学生对天然产物的分离提取与合成有一个初步的概念，本节选择了从菠菜中提取色素、从茶叶中提取咖啡因、从薄荷中提取薄荷油、从槐花米中提取芦丁、从红辣椒中提取红色素和褪黑激素的合成几个代表性实验。

实验 59　从菠菜中提取色素

【实验目的】

　　1. 掌握薄层色谱在有机物分离中的应用。

　　2. 巩固有机物分离提纯等基本操作技术。

【产品介绍】

　　高等植物体内的叶绿体色素有叶绿素和类胡萝卜素两类，主要包括叶绿素 a($C_{55}H_{72}O_5N_4Mg$)、叶绿素 b($C_{55}H_{70}O_6N_4Mg$)、β-胡萝卜素（$C_{40}H_{56}$）和叶黄素（$C_{40}H_{56}O_2$）4 种。叶绿素 a 和叶绿素 b 为吡咯衍生物与金属镁的配合物，胡萝卜素是一种橙色天然色素，属于四萜类，为一长链共轭多烯，有 α、β、γ 三种异构体，其中，β 异构体含量最多。叶黄素为一种黄色色素，与叶绿素同存在于植物体中，是胡萝卜素的羟基衍生物，较易溶于乙醇，在乙醚中溶解度较小。四种色素的结构式如下：

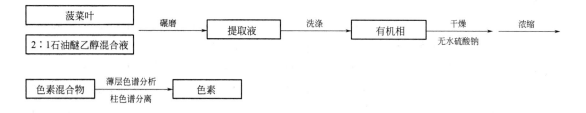

R=H 为 β-胡萝卜素；R=OH 为叶黄素

R=CH₃ 为叶绿素a

R=CHO 为叶绿素b

根据它们的化学特性，用合适的混合溶剂将它们从植物叶片中提取出来，并通过萃取和色谱方法将它们分离、鉴别和纯化。

【仪器和试剂】

主要仪器：研钵，分液漏斗，展开装置等。

主要试剂：5g 菠菜叶，石油醚（60～90℃），乙醇，丙酮，饱和食盐水，无水硫酸钠。

【实验流程】

菠菜叶
2∶1石油醚乙醇混合液 ——碾磨—→ 提取液 ——洗涤—→ 有机相 ——干燥 无水硫酸钠—→ ——浓缩—→

色素混合物 ——薄层色谱分析 柱色谱分离—→ 色素

【实验步骤】

在研钵中放入几片（约 5g）菠菜叶（新鲜的或冷冻的都可以，如果是冷冻的，解冻后包在纸中轻压吸走水分）。加入 15mL 2∶1 石油醚和乙醇混合液，适当研磨。将澄清提取液用滴管转移至分液漏斗中，加入 10mL 饱和食盐水（防止生成乳浊液）除去水溶性物质，分去水层，再用 10mL 水洗涤有机相两次，洗涤时要轻轻旋荡，以防止乳化。将有机层转入干燥的锥形瓶中，加入无水硫酸钠干燥。干燥后的液体倾至另一锥形瓶中（如溶液颜色太浅，可在通风橱中适当蒸发浓缩）。

用点样毛细管吸取适量提取液，轻轻地点在距薄层板一端 1cm 处，平行点两点，两点相距 1cm 左右。若一次点样浓度不够，可待样品溶剂挥发后，再在原处点第二次，注意点样斑点直径不得超过 2mm。

先在展开槽中加入展开剂（$V_{石油醚}$：$V_{丙酮}$＝2：1），加盖使缸内蒸气饱和 10min，再将薄层板斜靠于展开槽内壁，点样端浸入展开剂但样点不能浸没于展开剂中，盖好瓶盖。待展开剂上升到距薄层板另一端约 1cm 时，取出平放，立即用铅笔做出标记，计算各色素的 R_f 值。

如需得到不同色素，可分别将不同组分所在的硅胶层小心刮下，收集同组分的硅胶于锥形瓶中，用有机溶剂（醇或酯）浸泡后，将硅胶过滤掉。蒸干有机溶剂即可得到不同的色素。

本实验需 3~4h。

【安全提示】

萃取过程中注意操作，防止溶液喷出。牢记有机化学实验常规安全防范知识和急救措施。

【思考题】

请分析比较菠菜中几种色素的极性大小。

实验 60　从茶叶中提取咖啡因

【实验目的】

1. 熟悉咖啡因的性质，掌握从茶叶中提取咖啡因的原理及方法。
2. 掌握索氏提取器的使用方法。
3. 巩固萃取、升华等基本操作技术。

【产品介绍】

咖啡因（1,3,7-三甲基-2,6-二氧嘌呤）又称咖啡碱，是一种温和的兴奋剂，具有刺激心脏、兴奋中枢神经和利尿等作用。咖啡因是一种生物碱，存在于茶叶、咖啡、可可等植物中。咖啡因是弱碱性化合物，可溶于氯仿、丙醇、乙醇和热水中，难溶于乙醚和苯（冷）。纯品熔点 235~236℃，含结晶水的咖啡因为无色针状晶体，在 100℃ 时失去结晶水，并开始升华，120℃ 时显著升华，178℃ 时迅速升华。可根据它的化学特性将其从茶叶中提取，并通过升华纯化。

咖啡因在 100℃ 时失去结晶水，并开始升华，120℃ 时显著升华，178℃ 时迅速升华。可根据它的化学特性将其从茶叶中提取，并通过升华纯化。

咖啡因的结构式为：

1, 3, 7-三甲基-2, 6-二氧嘌呤(咖啡因)

【仪器和试剂】

主要仪器：蒸发皿，玻璃漏斗，索氏抽提装置，蒸馏装置等。

主要试剂：茶叶 10g，95％乙醇，生石灰。

【实验流程】

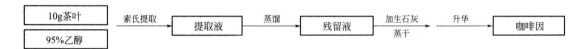

【实验步骤】

称取 10g 干茶叶，装入滤纸筒[1] 内，轻轻压实，滤纸筒上口盖上一层脱脂棉后放入索氏提取器[2] 抽提筒中，圆底烧瓶内加入 95％乙醇[3]，搭建好索氏抽提装置，开始加热，连续抽提 1.5h 后待冷凝液刚刚完成虹吸，立即停止加热。

稍冷后，加热蒸馏回收大部分乙醇。然后将残留液（5～10mL）趁热倾入盛有 4g 生石灰粉末[4] 的蒸发皿中，烧瓶用少量乙醇洗涤，洗涤液也一起并入蒸发皿中，充分搅拌并在蒸气浴上蒸发至干，研成粉末[5]。

将一张刺有许多小孔的圆形滤纸盖在蒸发皿上[6]，取一只大小合适的玻璃漏斗罩于其上，漏斗颈部疏松地塞一团棉花。小心加热蒸发皿，慢慢升高温度，使咖啡因升华。咖啡因通过滤纸孔遇到漏斗内壁凝为固体，附着于漏斗内壁和滤纸上。当纸上出现白色针状晶体[7] 时，暂停加热，冷却后，揭开漏斗和滤纸，仔细用刮刀把附着于滤纸及漏斗壁上的咖啡因刮入表面皿中。将蒸发皿内的残渣加以搅拌，重新放好滤纸和漏斗，用较高的温度再次加热升华。此时，温度也不宜太高，否则蒸发皿内大量冒烟，产品既受污染又遭损失。合并两次升华所收集的咖啡因。

本实验需 6～7h。

【安全提示】

本实验涉及蒸馏、升华等操作，温度较高，实验中应该谨慎小心，防止烫伤。生石灰具有腐蚀性，实验中应避免直接接触生石灰。实验须在通风橱内进行，严禁烟火，严禁皮肤接触，牢记有机化学实验常规安全防范知识和急救措施。

【注释】

[1] 滤纸筒的直径要略小于索氏抽提器抽提筒的内径，高度一般不超过虹吸管，样品不

得高于虹吸管。如无现成的滤纸筒，可自行制作：取脱脂滤纸一张，卷成圆筒状（其直径略小于抽提筒内径），将底部折起或用线扎紧，以防止茶叶末漏出堵塞虹吸管。

〔2〕索氏提取器的虹吸管极易折断，搭装装置和拿取时必须特别小心。

〔3〕根据抽提筒大小确定加入乙醇的用量，保证用量不超过圆底烧瓶的 2/3，且在提取过程中圆底烧瓶中的乙醇不会被蒸干。

〔4〕生石灰有吸水及中和有机酸的作用。

〔5〕冷却后，擦去蒸发皿上沿粉末，以免升华时污染产物。

〔6〕蒸发皿上覆盖刺有小孔的滤纸是为了避免已升华的咖啡因落回蒸发皿中，纸上的小孔应保证蒸气通过。

〔7〕升华过程中必须始终严格控制加热温度，温度太高，将导致被烘物和滤纸炭化，一些有色物质也会被带出来，影响产品的质和量。

【思考题】

1. 本实验为什么使用索氏提取器进行提取，使用时要注意哪些问题？
2. 何谓升华？有何作用？
3. 为提高咖啡因的得率，实验操作中应该注意什么？

实验 61　从薄荷中提取薄荷油

【实验目的】

1. 熟悉薄荷油的功效、掌握其提取方法。
2. 掌握旋转蒸发仪的使用方法。

【产品介绍】

薄荷（*Mentha haplocalyx* Briq.）为唇形科薄荷属植物，是我国常用的传统中药之一，又是一种重要的香料植物。薄荷有疏风、散热、解毒的功效，用于治疗风热感冒、头痛、目赤、咽喉肿痛、牙痛等。

薄荷油化学组成主要是单萜及其含氧衍生物，主要成分为薄荷醇、薄荷酮、乙酸薄荷酯等。结构式为：

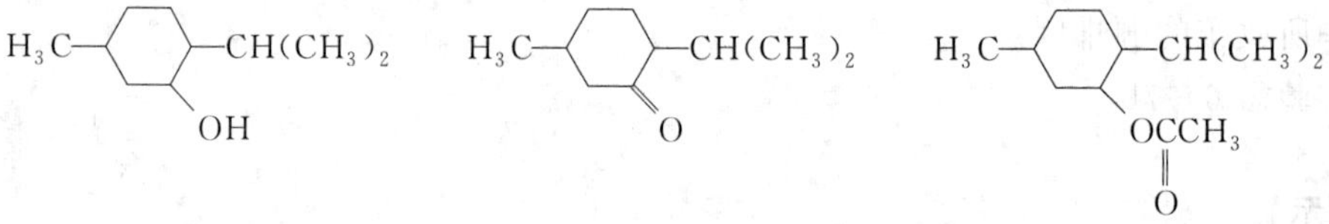

薄荷醇　　　　　　　　　薄荷酮　　　　　　　　乙酸薄荷酯

薄荷油为无色或淡黄色油状液体，有强烈的薄荷香气，沸点 204～210℃，折射率 1.458～1.471，相对密度 0.89～0.91，旋光度 $-18°～-24°$。可溶于乙醇、乙醚、氯仿等有机溶剂。可根据它的化学特性利用石油醚直接浸泡提取，或利用水蒸气蒸馏法提取。医药上薄荷油可用作兴奋剂、制药辅料（调味），也可用作饮料或牙膏的香料。

【仪器和试剂】

主要仪器：旋转蒸发仪，水蒸气蒸馏装置等。

主要试剂：20g 薄荷，石油醚。

【实验流程】

【实验步骤】

方法一　石油醚浸泡提取

称取薄荷粉末 20g，用 600mL 石油醚室温浸泡 3 次，每次用 200mL 溶剂，浸泡时间为 3h/次，合并提取液，将滤液在旋转蒸发仪上蒸去石油醚，得到薄荷油。

本方法需 10～11h。

方法二　水蒸气蒸馏法提取

称取薄荷粉末 20g，加入长颈瓶中，加入水搅拌。搭建水蒸气蒸馏装置，直至无油状物蒸出后，再蒸馏 5min。用分液漏斗分去水溶液得到薄荷油。

本方法需 3～4h。

【安全提示】

注意旋转蒸发仪的正确操作方法。实验须在通风橱内进行，严禁烟火，严禁皮肤接触，牢记有机化学实验常规安全防范知识和急救措施。

【思考题】

简述旋转蒸发仪的工作原理及操作要点。

实验 62　槐花米中芦丁的提取与分离

【实验目的】

1. 熟悉芦丁的性质，掌握其提取方法。
2. 巩固热过滤、重结晶等基本操作技术。

【产品介绍】

芦丁（Rutin）又称芸香苷，是由槲皮素 3-位上的羟基与芸香糖脱水而成的苷，有调节毛细血管壁的渗透性的作用，临床上用作毛细血管止血药，作为高血压症的辅助治疗药物。

芦丁存在于槐花米和荞麦叶中。槐花米是槐系豆科槐属植物的花蕾，含芦丁量高达 2％～

16％，荞麦叶中含8％。芦丁是黄酮类植物的一种成分。就黄色色素而言，它们的分子中都有一个酮式羰基，又显黄色，所以称为黄酮。黄酮的中草药成分几乎都带有一个以上羟基，还可能有甲氧基、烃基、烃氧基等其他取代基，3、5、7、3′、4′几个位置上有羟基或甲氧基的机会最多，6、8、1′、2′等位置上有取代基的成分比较少见。由于黄酮类化合物结构中的羟基较多，大多数情况下是一元苷，也有二元苷。芦丁是黄酮苷，其结构如下：

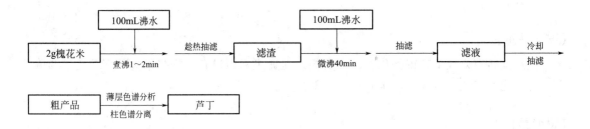

黄酮骨架　　　　　　　　　　　　芦丁

根据它的化学特性，可将它从槐花米中提取出来，并通过沉淀和色谱方法将它分离纯化。

【仪器和试剂】

主要仪器：研钵，色谱柱，展开装置，抽滤装置等。

主要试剂：2g槐花米，95％乙醇，聚酰胺。

【实验流程】

称取 2g 槐花米 → 100mL沸水，煮沸1~2min → 趁热抽滤 → 滤渣 → 100mL沸水，微沸40min → 抽滤 → 滤液 → 冷却抽滤 →

粗产品 → 薄层色谱分析，柱色谱分离 → 芦丁

【实验步骤】

称取 2g 槐花米，加 100mL 沸水，煮沸 1~2min，趁热抽滤，滤渣再加 100mL 沸水保持微沸 40min，抽滤，滤液放置冷却待固体充分析出，抽滤，收集产品[1]。

各取少许产品和纯品芦丁用95％乙醇微热溶解，分别点样在同一硅胶 G 板上，置于装好展开剂（$V_{乙酸乙酯} : V_{甲酸} : V_{水} = 8 : 1 : 1$）的展开槽中展开，展开完毕，将薄层板放在红外灯下烘干，然后喷洒 2％三氯化铁溶液显色，计算各斑点 R_f 值。

称取 5g 聚酰胺用 20~30mL 水漂洗，轻轻搅拌将漂浮的粉末除去，充分漂洗两次。再将之倒入盛有 20mL 水的烧杯中。取一根色谱柱，检漏后用少许脱脂棉塞住底部，加入约 2/3 管水，将聚酰胺按湿法装好柱。将少许芦丁产品用 5mL95％乙醇微热溶解，加入色谱柱中，用 50％乙醇约 20mL 洗脱，控制洗脱速度，收集黄色洗脱液，再浓缩即可得产品。

本方法需 3~4h（除去放置冷却时间）。

【安全提示】

涉及加热，防止烫伤；牢记有机化学实验常规安全防范知识和急救措施。

【注释】

[1] 建议放置过夜，以便芦丁充分析出。

【思考题】

什么情况下需采用热过滤？

实验 63　红辣椒中红色素的提取与分离

【实验目的】

1. 熟悉红辣椒中的主要色素。
2. 掌握色素的提取与分离原理。
3. 巩固色谱分离操作技术。

【产品介绍】

天然红辣椒中含有辣椒红色素（简称辣椒红）、辣椒素、辣椒油酯等。红辣椒中红色素主要由辣椒红脂肪酸酯、少量辣椒玉红素脂肪酸酯、β-胡萝卜素所组成，为深红色油状液体。辣椒红是食品和化妆品中的天然色素添加剂。其中呈深红色的色素主要由辣椒红脂肪酸酯和辣椒玉红素脂肪酸酯所组成，呈黄色的色素是 β-胡萝卜素。其结构如下：

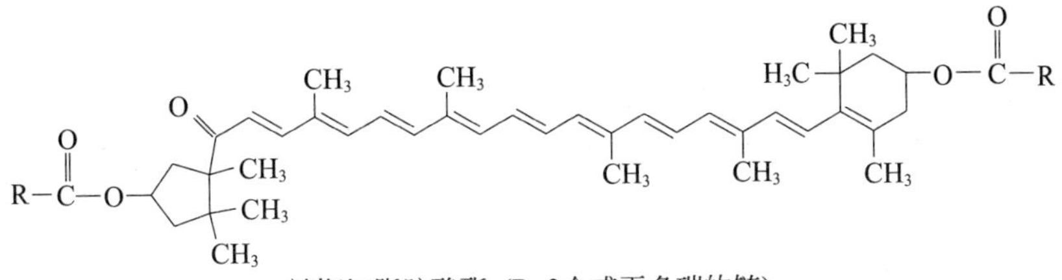

辣椒红脂肪酸酯 (R=3个或更多碳的链)

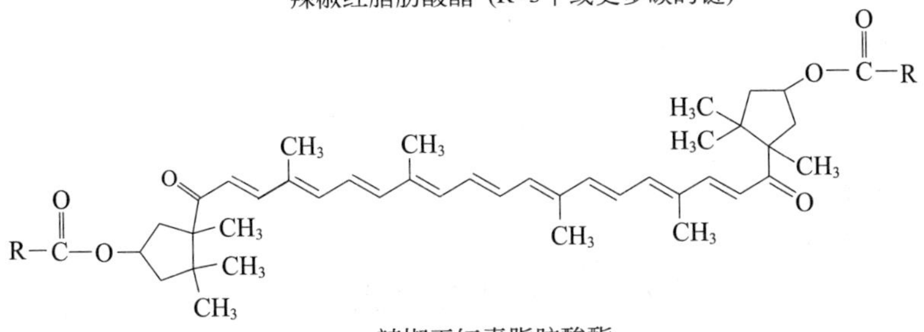

辣椒玉红素脂肪酸酯

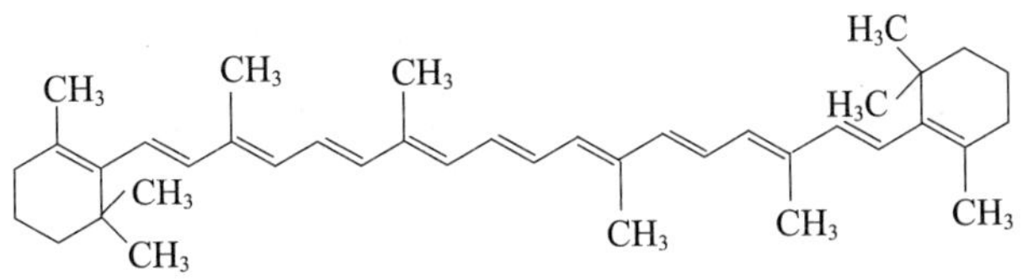

β-胡萝卜素

可根据它们的化学特性从红辣椒中提取出来,并通过色谱法分离。

【仪器和试剂】

主要仪器:圆底烧瓶,色谱柱,展开装置等。

主要试剂:2g 红辣椒,二氯甲烷,乙醇,氯仿,硅胶 H(60~200 目)。

【实验流程】

【实验步骤】

(1)色素的提取

在 50mL 圆底烧瓶中放入 2g 干燥并研细的红辣椒,加入 15mL 二氯甲烷,加热回流 30min,冷却至室温,过滤除去不溶物。浓缩滤液得到 1~2mL 色素混合液。

(2)薄层色谱分析

用点样毛细管取样点在准备好的硅胶 G 薄层板上,用含有 1%~5% 无水乙醇的二氯甲烷作为展开剂,在展开槽中展开,展开完毕记录每一点的颜色,并计算它们的 R_f 值。

(3)柱色谱分离

称取约 8g 硅胶在适量二氯甲烷中搅匀,装填到色谱柱中[1]。然后,将二氯甲烷溶液液面调节至接近硅胶上层石英砂表面。用滴管将色素混合液加入色谱柱中。当色素转移至柱体后,用二氯甲烷洗脱。分别收集不同颜色的色素洗脱液,浓缩后即得不同色素。

本实验需 3~4h。

【安全提示】

二氯甲烷具有类似醚的刺激性气味,沸点低,长时间加热放出有毒气体。实验须在通风橱内进行,严禁烟火,严禁与皮肤接触,牢记有机化学实验常规安全防范知识和急救措施。

【注释】

[1]柱色谱装柱时,棉花不能塞得太紧,以免影响洗脱速率!

【思考题】

如何利用薄层色谱法鉴定辣椒中的色素?

实验 64 褪黑激素的合成

【实验目的】

熟悉天然产物全合成思路,掌握褪黑激素经典的全合成方法。

【产品介绍】

褪黑激素(Melatonin,MT,CAS 号:73-31-4),是由脑松果体分泌的激素之一,属于吲哚杂环类化合物，化学名为 *N*-乙酰基-5-甲氧基色胺，又称为松果体素、美乐托宁、褪黑色素，分子式为 $C_{13}H_{16}N_2O_2$，分子量为 232.3。白色晶体，熔点 116～118℃。属神经系统激素，具有广泛的生理活性。最早由耶鲁大学学者 Aaron Lerner 等人在 1958 年从松果腺中分离得到，因而又称松果腺素。褪黑激素合成后，储存在松果体内，交感神经兴奋支配松果体细胞释放褪黑激素。褪黑激素的分泌具有明显的昼夜节律，白天分泌受抑制，晚上分泌活跃。褪黑激素可抑制下丘脑-垂体-性腺轴，使促性腺激素释放激素，促性腺激素、黄体生成素以及卵泡雌激素的含量均减低，并可直接作用于性腺，降低雄激素、雌激素及孕激素的含量。另外，褪黑激素有强大的神经内分泌免疫调节活性和清除自由基抗氧化能力，可能会成为新的抗病毒治疗的方法和途径。褪黑激素最终在肝脏中代谢，肝细胞的损伤可影响体内褪黑激素的水平。褪黑激素参与对动物换毛、生殖及其他生物节律和免疫活动的调节，具有镇静、镇痛的作用，在医药、化妆品工业、畜牧业及养殖业等方面具有商业应用前景。

【反应式】

褪黑激素的合成引起了很多有机合成化学家的兴趣，并发展了多条合成路线。早期的合成方法是从 3,5-二取代吲哚出发进行结构修饰，之后出现的以简单的取代苯化合物出发的合成，才是真正意义上的全合成。其中，Franco 等巧妙地设计了一条从简单易得的廉价原料利用 Japp-Klingemann 反应和 Fischer 吲哚合成反应制备褪黑激素的路线。这条合成路线以邻苯二甲酰亚胺钾、1,3-二溴丙烷、对甲氧基苯胺为主要原料，经 5 步反应合成了褪黑激素，每步产率都较高，且纯化方法多为重结晶，适于工业生产，是褪黑激素合成研究中的重要发现。

以邻苯二甲酰亚胺钾与 1,3-二溴丙烷反应得到 *N*-(3-溴丙基)邻苯二甲酰亚胺（**2**），在碱存在下与乙酰乙酸乙酯反应得到 2-乙酰基-5-邻苯二甲酰亚氨基戊酸乙酯（**3**），与对甲氧基苯胺重氮盐偶联后环化，得到 2-羧乙基-3-(2-邻苯二甲酰亚氨基乙基)-5-甲氧基吲哚（**4**），再经氢氧化钠皂化水解、脱羧后，得到 5-甲氧基色胺（**5**），经乙酰化后得到褪黑激素（**6**）。

【仪器与试剂】

主要仪器：圆底烧瓶，滴液漏斗，分液漏斗，色谱柱，回流装置，蒸馏装置等。

主要试剂：邻苯二甲酰亚胺4.4g（0.03mol），1,3-二溴丙烷6.7g（0.033mol），碳酸钾12.4g（0.09mol），乙酰乙酸乙酯，无水乙酸钠，对甲氧基苯胺，20%HCl-EtOH溶液，氢氧化钠，氢氧化钾，无水乙醇，丙酮，无水乙醚，二氯甲烷，甲醇，无水硫酸钠，无水氯化钙，浓盐酸，硫酸，亚硝酸钠，碘化钠，盐酸乙醇溶液，三乙胺，乙腈，乙酸酐，饱和食盐水。

【实验流程】

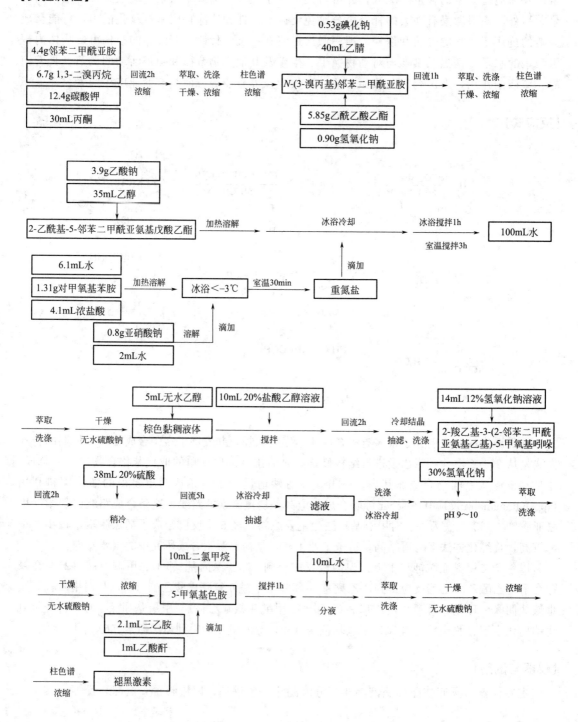

【实验步骤】

(1) N-(3-溴丙基)邻苯二甲酰亚胺 (**2**)

100mL 圆底烧瓶中加入 4.4g 邻苯二甲酰亚胺、6.7g 1,3-二溴丙烷、12.4g 碳酸钾和 30mL 丙酮，搅拌回流 2h[1]。反应物浓缩后，加 20mL 水，并用乙酸乙酯萃取（20mL×3），合并有机相，水和饱和食盐水 15mL 各洗 1 次，无水硫酸钠干燥。浓缩后，经短硅胶柱色谱[2]，洗脱液浓缩，得约 6.0g 白色固体。

(2) 2-乙酰基-5-邻苯二甲酰亚氨基戊酸乙酯 (**3**)

100mL 圆底烧瓶中加入 4.02g 上步得到白色固体产物（**2**，0.015mol）、5.85g 乙酰乙酸乙酯（0.045mol）、0.90g 氢氧化钠、0.53g 碘化钠和 40mL 乙腈，搅拌回流 1h[1]。加入乙酸乙酯 40mL，用水洗涤（30mL×2），再用饱和食盐水洗涤 1 次，无水硫酸钠干燥。浓缩后，经硅胶柱色谱分离，洗脱液浓缩得约 3.2g 白色固体。

(3) 2-羧乙基-3-(2-邻苯二甲酰亚氨基乙基)-5-甲氧基吲哚 (**4**)

对甲氧基苯胺重氮盐：在锥形瓶中加入 1.31g 对甲氧基苯胺（0.0106mol）、6.1mL 水和 4.1mL 浓盐酸，加热溶解成均相后用冰盐浴冷却，保持温度低于 −3℃，搅拌下滴加 2mL 含 0.80g 亚硝酸钠（0.012mol）的水溶液。室温放置 30min，得到棕红色重氮盐溶液。

Japp-Klingemann 反应：在圆底烧瓶中加入上步产物 3.1g（化合物 **3**，0.0098mol）、3.9g 醋酸钠（0.048mol）、35mL 乙醇，加热溶解后在搅拌下于冰浴中冷却。搅拌中滴加上述棕红色重氮盐溶液，冰浴下搅拌 1h 后室温下继续搅拌 3h。将反应液倒入 100mL 水中，用二氯甲烷萃取（50mL×3），合并有机相，用约等体积水洗两次，无水硫酸钠干燥，浓缩得棕色黏稠状液体。

Fischer 吲哚合成：向上述液体中加入 5mL 无水乙醇，混匀，搅拌下缓慢滴加 10mL 20%盐酸乙醇溶液[3]。滴加完成后，加热回流 2h。冷却至室温后冰水浴冷却，抽滤，分别用甲醇、水、甲醇依次洗涤固体，得到约 3g 浅褐色粉末状固体，无需进一步纯化，可直接用于下步反应。

(4) 5-甲氧基色胺 (**5**)

在圆底烧瓶中加入上步产物 2.95g（化合物 **4**，0.0075mol），加入 14mL 12%氢氧化钠溶液，加热回流 2h，得黄色澄清溶液。稍冷，搅拌下滴加 38mL 20%硫酸，回流 5h。冰浴冷却，抽滤，滤液用二氯甲烷洗涤，分去二氯甲烷层，水层在冰浴中冷却，搅拌下慢慢滴加 30%氢氧化钠溶液至 pH＝9～10。用二氯甲烷萃取（20mL×3），有机相合并，水洗后用无水硫酸钠干燥，浓缩除去二氯甲烷，约得 1g 黄色固体。

(5) 褪黑激素 (**6**)

取上步产物 0.90g（化合物 **5**，0.0047mol）溶于 10mL 二氯甲烷，滴加 2.1mL 三乙胺（0.0015mol）及 1.0mL 乙酸酐（0.01mol），室温搅拌 1h[1]。加入 10mL 水，分液，水相用二氯甲烷萃取（10mL×2），合并有机相，水洗，无水硫酸钠干燥，浓缩除去二氯甲烷，柱色谱分离[4]，得黄色固体，产量约 0.85g。测其熔点。

本实验约需 26h。

【安全提示】

1,3-二溴丙烷、4-甲氧基苯胺等具有易燃性、腐蚀性和刺激性。系列中间体产物具有刺激性和污染性。乙酰乙酸乙酯、乙醇、丙酮等溶剂具有易燃性。整个实验须在通风橱内进行，严禁烟火，严禁与皮肤接触，废液需要回收专门处理，牢记有机化学实验常规安全防范知识和急救措施。

【注释】

　　[1] 可用 TLC 检测原料是否基本转化完全。

　　[2] 可直接用柱色谱法纯化，也可经短硅胶柱用萃取溶剂过滤后再重结晶。

　　[3] 通过向氯化钠或氯化铵滴加浓硫酸制备 HCl 气体，再直接通入乙醇溶液中制备得到盐酸乙醇溶液。

　　[4] 洗脱剂比例为二氯甲烷和甲醇为 20：1（体积比）。

【思考题】

　　1. 在每步中间体合成中，起始物质量比是如何把握和投料的？

　　2. 结合褪黑激素全合成实验中，讨论在多步骤实验中如何根据上步产物合成情况进行下步实验设计和投料。

第8部分 有机化合物官能团鉴定

20世纪50年代以来，化学工作者借助波谱技术和仪器分析，能够更加快捷、准确地鉴定未知物。相比较而言，先进仪器使用起来较化学分析成本高，因此化学分析方法仍然是每一个化学工作者必须掌握的。在实验过程中，经常要在很短的时间对很少的样品作出鉴定，以保证实验顺利进行。在这种情况下，试管中的化学分析多数情况下能提供重要的信息，是鉴定未知化合物不可或缺的方法，它与仪器分析方法相辅相成，互为补充，最终得出正确的结论。

概括起来，对未知物的鉴定，一般包括以下主要步骤：
① 物理化学性质的初步鉴定（确定化合物纯度）。
② 物理常数的测定。
③ 元素分析。
④ 溶解度实验，包括酸、碱反应。
⑤ IR、NMR、质谱分析。
⑥ 分类试验，包括各官能团的鉴定。
⑦ 固体衍生物的制备。

其中，有机化合物官能团的定性实验操作简便、反应迅速，可以即时知道结果，结合波谱分析，对化合物的结构鉴定有很重要的意义。官能团的定性鉴定，是利用有机化合物与特定试剂作用产生特殊的颜色、沉淀等现象，且反应具有专一性的特性，对官能团进行鉴别。由于具有相同官能团的不同化合物会受到分子中其他部分的影响，反应性能并不完全相同，加上定性实验中还存在其他的干扰因素，所以往往综合使用几种方法来检验同一种官能团。下面介绍几种常见官能团的鉴定方法。

8.1 烯烃和炔烃的鉴定

8.1.1 溴的四氯化碳溶液试验

烯烃和炔烃分子中含有 C=C 键和 C≡C 键，属于不饱和碳氢化合物，易发生加成反应。因此利用溴与 C=C 键和 C≡C 键的加成反应使溴褪色，可鉴别有机物结构中是否含有不饱和键。

$$\begin{array}{c} \diagdown \\ \diagup \end{array} C = C \begin{array}{c} \diagup \\ \diagdown \end{array} + Br_2 \longrightarrow \begin{array}{c} \diagdown \\ \diagup \end{array} \underset{Br}{C} - \underset{Br}{C} \begin{array}{c} \diagup \\ \diagdown \end{array}$$

$$-C \equiv C- + 2Br_2 \longrightarrow -CBr_2 - CBr_2-$$

在干燥的小试管中加入 2mL 2%溴的四氯化碳溶液，滴入 3～5 滴试样（试样为气体时，则往试剂溶液中通入气体 1～2min），并不时振荡，观察褪色情况。

样品：松节油，乙炔。

8.1.2 高锰酸钾溶液试验

烯烃和炔烃分子中含有 C=C 键和 C≡C 键，也易发生氧化反应。如高锰酸钾溶液对烯烃和炔烃的氧化反应，高锰酸钾的紫色褪去，同时生成黑褐色的二氧化锰沉淀。

$$\begin{array}{c}\diagdown\\C=C\\\diagup\end{array} + MnO_4^- + H_2O \longrightarrow \begin{array}{c}\diagdown\ \diagdown\\C-C\\|\ \ |\\OH\ OH\end{array} + MnO_2\downarrow + OH^-$$

$$\begin{array}{c}\diagdown\ \diagdown\\C-C\\|\ \ |\\OH\ OH\end{array} \xrightarrow{[O]} \begin{array}{c}\diagdown\\C=O\ +\ O=C\\\diagup\end{array}$$

$$R-C\equiv C-R' + 2KMnO_4 \longrightarrow RCOOK + R'COOK + 2MnO_2\downarrow$$

在小试管中加入 2mL 1% 高锰酸钾水溶液，然后加入 2 滴试样（试样为气体时，则往试剂溶液中通入气体 1~2min），不时振荡，观察褪色情况及有无黑褐色的二氧化锰沉淀生成。

样品：松节油，乙炔。

8.1.3 鉴定炔类化合物试验

叁键在链端上的炔烃（端基炔），因含有活泼氢，可与银氨溶液或亚铜-氨配合物溶液反应得到炔化银（白色沉淀物）或炔化亚铜（砖红色沉淀物），因此用于端基炔的鉴别。

$$R-C\equiv C-H \xrightarrow{Ag^+(Cu^+)} R-C\equiv CAg\downarrow(R-C\equiv CCu\downarrow)$$

（1）与硝酸银氨溶液的反应

取一支干燥试管，加入 2mL 2% 硝酸银溶液，加 1 滴 10% 氢氧化钠溶液，再逐滴加入 1mol/L 氨水直至沉淀刚好完全溶解，将 2 滴试样加入此溶液或通入乙炔，观察有无白色沉淀生成。

（2）与铜氨溶液的反应

取绿豆大小固体氯化亚铜，溶于 1mL 水中，再逐滴加入浓氨水至沉淀完全溶解，将 2 滴试样加入此溶液或通入乙炔，观察有无砖红色沉淀生成。

样品：1-戊炔、乙炔。

8.2 卤代烃的鉴定

8.2.1 硝酸银试验

卤原子连接在饱和碳原子上的卤代烃与硝酸银作用，将会生成卤化银沉淀。常用试剂是硝酸银的乙醇溶液。该反应属于 S_N1 反应，不同的卤代烃有不同的反应速率，表现反应条件和出现沉淀的快慢不同，可用于不同卤代烃的区别：叔卤代烃、烯丙式卤代烃和苄基卤代烃与硝酸银-乙醇溶液作用立即出现沉淀；仲卤代烃缓慢出现沉淀；伯卤代烃只在加热时才能与硝酸银反应生成沉淀。当烃基结构相同时，不同卤素表现出不同的活性，其中碘化物最活泼，氟化物最不活泼。

$$RX + AgNO_3 \longrightarrow AgX\downarrow + RONO_2$$

取 5 支洗净并用蒸馏水冲洗过的干燥试管，将试管编号，用滴管分别加入样品 4~5 滴，然后在每支试管中再分别加入 2mL 1% 的硝酸银-乙醇溶液，仔细观察生成卤化银沉淀的时间并作记录。10min 后，将未产生沉淀的试管在 70℃水浴中加热 5min 左右，观察有无沉淀生成。

样品：1-氯丁烷、2-氯丁烷、叔丁基氯、氯化苄、氯苯。

8.2.2 碘化钠（钾）试验

卤代烃与溶解在丙酮里的碘化钠（钾）作用，属于 S_N2 反应。碘离子是很好的亲核试剂，而丙酮是极性较小的溶剂，生成卤化钠沉淀的倾向有利于反应向卤素交换的方向进行。由于碘化钠（钾）均可溶于丙酮，但相应的氯化物与溴化物则不溶，产生的氯离子和溴离子便可从溶液中沉淀出来。

$$RCl+NaI \xrightarrow{\text{丙酮}} RI+NaCl\downarrow$$

$$RBr+NaI \xrightarrow{\text{丙酮}} RI+NaBr\downarrow$$

在洁净干燥的 6 支编号试管中分别加入 1mL 15%碘化钠-丙酮溶液，分别加入试样各 2~4 滴振荡，记录每一支试管生成沉淀所需要的时间。若 5min 内仍无沉淀生成，可将试管置于 50℃水浴中加热，观察反应情况，记录结果。

样品：1-氯丁烷、2-氯丁烷、叔丁基氯、1-溴丁烷、2-溴丁烷、溴苯。

8.3 醇和酚的鉴定

8.3.1 醇的鉴定

（1）硝酸铈铵试验

10 个碳以下的醇与硝酸铈铵反应，生成红色配合物，溶液的颜色由橘黄变成红色。

$$ROH+(NH_4)_2Ce(NO_3)_6 \longrightarrow (NH_4)_2Ce(OR)(NO_3)_5+HNO_3$$

硝酸铈铵溶液的配制：取 100g 硝酸铈铵加 250mL 2mol/L 硝酸，加热使溶解后冷却备用。

取 2 滴样品（或固体样品 50mg），加入 2mL 水制成溶液（不溶于水的样品，以 2mL 二噁烷代替），再加入 0.5mL 硝酸铈铵试剂，摇荡后观察颜色变化。

样品：乙醇。

（2）硝铬酸试验

硝酸与重铬酸钾的混合液在常温下即能氧化大多数伯醇和仲醇，溶液本身的颜色由橙变蓝。叔醇不能被氧化，没有反应。由此可将伯、仲醇与叔醇区分开。

$$3RCH_2OH+2K_2Cr_2O_7+16HNO_3 \longrightarrow 3RCOOH+4Cr(NO_3)_3+4KNO_3+11H_2O$$

取 3 支试管分别加入 1mL 7.5mol/L 硝酸，加入 5%重铬酸钾溶液 3~5 滴，再分别加入 3~4 滴三种醇的样品，摇动后观察反应现象并作记录。

样品：乙醇、异丙醇、叔丁醇。

（3）卢卡斯试验

含 6 个碳原子以下的醇与无水氯化锌-浓盐酸（Lucas）试剂反应，根据各种醇出现浑浊或分层的速率不同加以区别，其中叔醇及烯丙基型醇最快，仲醇次之，伯醇最慢。

$$ROH+HCl \xrightarrow{ZnCl_2} RCl+H_2O$$

取伯、仲、叔醇样品各 5~6 滴分别放入 3 支干燥试管，加 Lucas 试剂 2mL，摇荡后观察现象。若溶液立即见有浑浊，并且静置后分层者为叔醇或烯丙基型的醇。如不见浑浊，则放在水浴中温热数分钟，剧烈摇荡后，静置，溶液慢慢出现浑浊，最后分层者为仲醇，不反应者为伯醇。

样品：乙醇、异丙醇、叔丁醇。

8.3.2 酚的鉴定

（1）酚的酸性

酚类化合物具有弱酸性，与强碱作用生成酚盐而溶于水，再用较强酸酸化可使酚游离出来。

取少许样品放在一试管中，加入 5 滴水，振摇后得一乳浊液，再逐滴加入 10％氢氧化钠溶液至澄清，然后再加入 2mol/L 盐酸至呈酸性，观察有何变化。

样品：苯酚。

（2）与溴水的反应

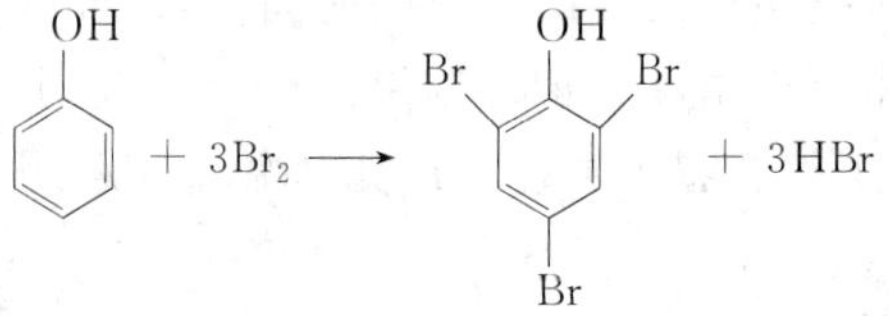

酚羟基使苯环亲电取代反应活性增加，酚能使溴水褪色，形成溴代酚析出。无取代基的苯酚与溴水作用生成白色的 2,4,6-三溴苯酚沉淀。

取一试管，加入 2 滴苯酚水溶液于 0.5mL 水中，再逐滴加入饱和溴水，观察有无结晶析出和溴水褪色情况。

样品：苯酚。

（3）三氯化铁试验

三氯化铁水溶液能与酚发生显色反应，这是鉴定酚和烯醇式结构的特征反应。各种酚产生的颜色不同，多数酚呈现红、蓝、紫或绿色，颜色的产生是由于形成电离度很大的配合物。一般烯醇类化合物产生的颜色多为紫红色。

取一试管加几滴试样水溶液于 2mL 水中，再加入 1～2 滴 1％三氯化铁溶液；另取一试管，再用纯水及几滴三氯化铁试剂进行空白试验，比较这两个溶液的颜色。

样品：苯酚。

8.4　醛和酮的鉴定

醛和酮类化合物含有羰基，能与许多试剂，如苯肼、2,4-二硝基苯肼、羟胺、缩氨脲、饱和亚硫酸氢钠等发生亲核加成反应。

醛和酮在酸性条件下能与 2,4-二硝基苯肼作用，生成黄色、橙色或橙红色的 2,4-二硝基苯腙沉淀。2,4-二硝基苯腙是具有固定熔点的结晶体，易从溶液中析出，既可作为检验醛酮的定性试验，又可作为制备醛酮衍生物的一种方法。另外，缩醛因可水解生成醛，故也可与 2,4-二硝基苯肼作用生成沉淀；某些烯丙醇和苄醇由于易被试剂氧化生成相应的醛酮，因而也对 2,4-二硝基苯肼显正性试验。此外，某些醇因含有少量的氧化产物，也可与 2,4-二硝基苯肼作用产生少量沉淀，故极少量的沉淀一般不应视为正性试验。

鉴于醛比酮易被氧化的性质，选用适当的氧化试剂可加以区别。区别醛酮的一种灵敏的试剂是 Tollens 试剂，它是银氨配离子的碱性水溶液。反应时醛被氧化成酸，银离子被还原成单质银附着在试管壁上，光亮如镜，故 Tollens 试验又称银镜反应。

区别醛和酮的另外两种试剂是 Fehling 试剂和 Benedict 试剂，它们是含铜离子的络合盐（分别为酒石酸和柠檬酸盐）作为氧化剂。用这两种试剂时，一般水溶性的醛可将 Cu^{2+} 还原为 Cu^{+}，有砖红色的氧化亚铜（Cu_2O）生成视为正性试验，芳香醛无 Cu_2O 沉淀生成。不过这两种试剂更多地用于还原性糖的鉴别。

另外，铬酸试验也可用来区别醛和酮。铬酸在室温下很容易将醛氧化为相应的羧酸，溶液由橘黄色变为绿色，酮在类似条件下不发生反应。由于伯醇和仲醇也可被铬酸氧化，因此铬酸试验不是鉴别醛的特征试验，只有通过用 2,4-二硝基苯肼鉴别出羰基后，才能用此法进一步区别醛和酮。

对于甲基酮的鉴别，最简便的方法是次碘酸钠试验。凡是具有 $CH_3COR(H)$ 结构的羰基化合物或其他易被次碘酸钠氧化成这种结构特征的化合物，如 $CH_3CH{-}$，$\underset{OH}{|}$，均能与次碘酸钠作用生成黄色的碘仿沉淀，由此也称此试验为碘仿试验。

8.4.1　2,4-二硝基苯肼试验

2,4-二硝基苯肼试剂的配制：取 2,4-二硝基苯肼 1g，加入 7.5mL 浓硫酸，溶解后，将此溶解液倒入 75mL 95% 乙醇中，用水稀释至 250mL，必要时过滤备用。

取 2,4-二硝基苯肼试剂 2mL 放入试管中，加入 3～4 滴样品，振荡，静置片刻，若无沉淀生成，可微热 0.5min 再振荡，冷后有橙黄色或橙红色沉淀生成，表明样品是羰基化合物。

样品：乙醛，丙酮，苯乙酮，苯甲醛。

8.4.2　Tollens 试验

在洁净的试管中加入 2mL 5% 的硝酸银溶液，振荡下逐渐滴加浓氨水，开始溶液中产生棕色沉淀，继续滴加氨水，直到沉淀恰好溶解为止（不宜多加，否则影响试验的灵敏度），得一澄清透明溶液。然后向试管中加入 2 滴样品（不溶或难溶于水的样品，可加入几滴丙酮使之溶解），摇荡，如无变化，可在手心或在水中温热，有银镜生成，表明是醛类化合物。

样品：甲醛水溶液，乙醛水溶液，丙酮，苯甲醛。

注意：

① Tollens 试剂久置后将形成雷银（AgN_3）沉淀，容易爆炸，故必须临时配用。进行试验时，切忌用火焰直接加热，以免发生危险。实验完毕，应加入少许硝酸，立即煮沸洗去银镜。

② 硝酸银溶液与皮肤接触，立即形成难以洗去的黑色斑点，故滴加和摇荡时应小心操作。

8.4.3　铬酸试验

在试管中将 1 滴液体样品（或 10mg 固体样品）溶于 1mL 试剂级丙酮中，加入数滴铬

酸试剂，边加边摇，每次 1 滴，产生绿色沉淀和溶液橘黄色的消失表明为正性试验。脂肪醛通常在 5s 内显示浑浊，30s 内出现沉淀，芳香醛通常需要 0.5～2min 才能出现沉淀，有些可能需要更长的时间。

样品：丁醛，苯甲醛，环己酮。

8.4.4　碘仿试验

在试管中加入 1mL 水和 3～4 滴样品（不溶或难溶于水的样品，可加入几滴二噁烷使之溶解），再加入 1mL 10%氢氧化钠溶液，然后滴加碘-碘化钾溶液至溶液呈浅黄色，振荡后析出黄色沉淀为正性试验。若不析出沉淀，可用温水浴微热，若溶液变成无色，继续滴加 2～4 滴碘-碘化钾溶液，观察结果。

样品：乙醛水溶液，正丁醛，丙酮，乙醇。

8.5　羧酸的鉴定

羧酸具有酸的通性，可与氢氧化钠和碳酸氢钠发生成盐反应，这是判断这类化合物最重要的依据。由于羧酸具有较强的酸性，故可通过用标准碱滴定来确定它是几元羧酸。某些酚特别是环上邻位和对位有吸电子基的酚有与羧酸类似的酸性，这些酚可通过三氯化铁试验加以排除。

8.5.1　溶解度和酸性试验

水溶性酸可用 pH 试纸直接测量水溶液的 pH 值。非水溶性的酸可将样品溶于少量乙醇或甲醇，然后滴加水使溶液呈浑浊状，再加 1～2 滴醇使溶液变清，用 pH 试纸测量溶液的酸性。

取少量样品溶于 5%碳酸氢钠溶液，观察现象。若有二氧化碳气泡生成，则可判定该化合物为羧酸。

样品：乙酸，苯甲酸。

8.5.2　中和当量

准确称量约 0.1g 酸于 50mL 锥形瓶中，用 25mL 水、乙醇或醇的水溶液溶解，必要时可加以温热。然后用标准的氢氧化钠溶液（浓度约 0.05mol/L）滴定，用酚酞作指示剂。通过计算确定它是几元酸。

8.6　羧酸衍生物的鉴定

鉴别酯最普通的试验是羟肟酸铁试验。所谓羟肟酸铁试验是指酯首先与羟胺作用形成羟肟酸，后者与三氯化铁在弱酸性溶液中配合形成洋红色的可溶性羟肟酸铁。所有羧酸酯（包括内酯和聚酯）根据其结构特征，均可显示不同深度的洋红色。酰氯和酸酐也可产生正性试验。除甲酸可显红色外，其他羧酸均为负性试验。大多数酰胺也可产生正性试验，但腈类化合物大多为负性结果。

8.6.1　酯的鉴定

酯经碱性水解都会转变为母体酸和醇两部分。酯水解后溶解是由于醇（低分子量的）通常在介质中可溶，酸的钠盐亦然。酸化后生成母体酸。

（1）羟肟酸铁试验

在开始前必须先进行初步试验，以确定待测样品中有无与三氯化铁起颜色反应的官能团，否则，不能用此试验区别。

将一滴液体未知物或几粒固体未知物溶于 1mL 的 95％乙醇，加入 1mol/L 盐酸 1mL 及 1 滴 5％三氯化铁溶液，溶液应是黄色，如有橙、红、蓝、紫等颜色出现，不能进行羟肟酸铁试验。

如待试样品不显示烯醇特征，按下述方法进行。在试管中混合 1mL 的 0.5mol/L 盐酸羟胺的乙醇溶液、0.2mL 的 6mol/L 氢氧化钠溶液和 2 滴液体样品或 40～50mg 固体酯。将溶液煮沸，稍冷后加入 2mL 的 1mol/L 盐酸，如溶液浑浊，加入约 2mL 乙醇使其变清。然后加入 1 滴 5％三氯化铁溶液。如果产生的颜色很快褪去，继续滴加三氯化铁溶液直至溶液变色不褪为止。深洋红色表示正性试验。

样品：乙酸乙酯，苯甲酸乙酯。

（2）酯的碱性水解

将 1g 酯置于盛有 10mL 氢氧化钠水溶液的小烧瓶中，加沸石一粒，装上冷凝管，将混合物回流 30min 左右。停止加热并对溶液进行观察，确定溶液中的油状酯层是否已消失，酯的气味（通常具有令人愉快的气味）是否已消失，如果酯中的醇部分的分子量较低，低沸点的酯（＜110℃）通常会在 30min 内溶解。若酯不溶解，重新加热混合物，回流 1～2h。若仍然有不溶的化合物，则是难水解的酯或不是酯。对于从固态酸衍生出来的酯，其中的酸部分可在水解后通过将溶液小心地用盐酸中和而沉淀出来，否则用乙醚萃取混合物也很容易回收。母体酸的熔点能对鉴定过程提供有价值的信息。

8.6.2　酰氯的鉴定

酰氯在室温或加热下与硝酸银的醇溶液产生白色的氯化银沉淀。许多酰氯在室温下即可水解，生成母体酸。室温下难水解的酰氯在碱溶液中加热，即可发生水解。

（1）硝酸银试验

在置有 1mL 的 0.1mol/L 硝酸银乙醇溶液的试管中加入一滴未知物，摇振后立即出现氯化银的白色沉淀视为正性试验。如在室温下 5min 内不发生反应，可将反应混合物在沸水浴加热 3～4min。观察是否出现沉淀及沉淀的颜色。

样品：乙酰氯，苯甲酰氯。

（2）酰氯的水解

在试管中溶解 0.1g 或 3 滴未知物于 1mL 水中，然后加入 1.5mol/L 的盐酸酸化后分离母体酸，过滤或用乙醚萃取。萃取液干燥后蒸去乙醚，对残留的母体酸进行鉴定。

样品：乙酰氯，苯甲酰氯。

8.6.3　酰胺的鉴定

酰胺在氢氧化钠溶液中水解产生母体羧酸盐和氨或胺。酸化后母体酸盐转化为母体酸。

将 1g 未知物和 25mL 的 2.5mol/L 氢氧化钠溶液混合后回流 1~2h。冷凝管顶部连接气体吸收装置，烧杯中放置少量 3mol/L 盐酸以吸收释放出的低沸点胺（氨），将其转变为铵盐。

将反应混合物冷至室温，每次用 20mL 乙醚萃取 2 次。分出的醚层中应含有高沸点的胺。被盐酸溶液吸收的低沸点胺可加入 2.5mol/L 氢氧化钠溶液中和后使其游离出来再进行萃取。蒸去萃取液后对剩余的胺进行鉴定。

用稀盐酸酸化水溶液，固体母体酸的沉淀可进行抽滤，液体母体酸用乙醚萃取，用无水硫酸镁干燥后蒸去乙醚，剩余的母体酸进行鉴定。

样品：乙酰胺，苯乙酰胺。

8.7 胺的鉴定

胺类化合物具有碱性，是判断这类化合物最重要的依据，它可以与酸作用形成铵盐。Hinsberg 试验是根据伯胺和仲胺与苯磺酰氯发生不同反应结果而区别鉴定的。

伯胺与苯磺酰氯反应生成的 N-取代苯磺酰胺有酸性氢，能溶于氢氧化钠溶液中，而仲胺反应所生成的 N,N-二取代磺酰胺无酸性氢，因而不溶于氢氧化钠溶液。某些伯胺的磺酰胺可生成不溶性钠盐，这可能导致得出该胺为仲胺的错误判定。叔胺在此条件下不反应，可能是因为叔胺氮上无可被取代的氢。实际上，叔胺可与苯磺酰氯发生反应，总的结果看来似乎反应没有发生。此外，许多脂肪族叔胺在反应介质中保留时易生成配合物沉淀，因此试验时间不宜太长。

芳香叔胺通常不溶于反应介质并形成油状物沉于试管底部，此情况下，介质中的氢氧根离子能迅速与磺酰氯反应而不会与胺作用，结果仍观察不到发生了反应。当芳香叔胺溶于反应介质时，导致发生复杂的次级反应。特别是使用过量试剂和加热的情况下，往往产生深色的染料。

亚硝酸试验可用来区别伯胺和仲胺，也可用来鉴别脂肪族伯胺和芳香族伯胺。在试验条件下生成稳定的重氮盐，重氮盐可与 β-萘酚发生偶联生成橙红色的染料，这是芳香伯胺所独有的反应；仲胺与亚硝酸作用生成黄色油状或固体的亚硝基化合物。亚硝基化合物通常有致癌作用，操作时应避免与皮肤接触。

苯甲酰胺和苯磺酰胺是伯胺和仲胺合适的衍生物，而叔胺则一般利用它的成盐性质。

注意：苯磺酰氯水解不完全时，可与叔胺混在一起，沉于试管底部。酸化时，叔胺虽已溶解，而苯磺酰氯仍以油状物存在，往往会得出错误的结论。为此在酸化之前，应在水浴上加热，使苯磺酰氯水解完全。此时叔胺全部浮在溶液的上面，下部无油状物。

利用 Hinsberg 反应制备磺酰胺时，注意原料应足量，最终产物可用 95％乙醇重结晶。操作应迅速，反应时间不宜太长，只能微热。一些叔胺在剧烈的条件下才会反应，鉴定叔胺一般利用它的成盐性质，与碘甲烷和苦味酸盐都能形成结晶的盐。

8.7.1 溶解度与碱性试验

取 3~4 滴样品，逐渐加入 1.5mL 水，观察是否溶解。如冷水、热水均不溶，可逐渐加入 10％硫酸使其溶解，再逐渐滴加 10％氢氧化钠溶液，观察现象。

样品：甲胺盐酸盐，苯胺。

8.7.2　Hinsberg 试验

取三支试管，配好塞子。在试管中分别加入 0.5mL 液体试样、2.5mL 10％氢氧化钠溶液和 0.5mL 苯磺酰氯，塞好塞子，用力摇振 3～5min。手触试管底部，试验哪支试管发热，取下塞子，摇振下在水浴中温热 1min，冷却后用 pH 试纸检验 3 支试管内的溶液是否呈碱性，若不呈碱性，可再加几滴氢氧化钠溶液。观察下述三种情况并判断试管内是哪一级胺。

结果：①如有沉淀析出，用水稀释并摇振后沉淀不溶解，表明为仲胺。②如最初不析出沉淀或经稀释后沉淀溶解，小心加入 6mol/L 的盐酸至溶液呈酸性，此时若生成沉淀，表明为伯胺。③试验时无反应发生，溶液仍有油状物，表明为叔胺。

样品：苯胺，N-甲基苯胺，N,N-二甲苯胺。

8.7.3　亚硝酸试验

取一支大试管中加入 3 滴（0.1mL）样品和 2mL 30％硫酸溶液，混匀后在冰盐浴中冷却至 5℃以下。另取 2 支试管，分别加入 2mL 10％亚硝酸钠水溶液和 2mL 的 10％氢氧化钠溶液，并在氢氧化钠溶液中加入 0.1g β-萘酚，混匀后也置于冰盐浴中冷却。

将冷却后的亚硝酸钠溶液在摇荡下加入冷的胺溶液中并观察现象，在 5℃或低于 5℃时大量冒出气泡表明为脂肪族伯胺，形成黄色油状液或固体通常为仲胺。

在 5℃时无气泡或仅有极少气泡冒出的，取出一半溶液，使温度升至室温在水浴中温热，注意有无气泡（氮气）冒出。向剩下的一半溶液中滴加 β-萘酚碱溶液振荡后，如有红色偶氮染料沉淀析出，则表明未知物肯定是芳香族伯胺。

样品：苯胺，N-甲基苯胺，丁胺。

8.8　糖的鉴定

糖类化合物是指多羟基醛或多羟基酮以及它们的缩合物，通常分为单糖（如葡萄糖、果糖）、双糖（如蔗糖、麦芽糖）和多糖（淀粉、纤维素）。

糖类化合物一个比较普遍的定性反应是 Molish 反应，即在浓硫酸存在下，糖与 α-萘酚作用生成紫色环。紫色环生成的原因通常认为是糖被浓硫酸脱水生成糠醛或糠醛衍生物，后者再进一步与 α-萘酚缩合成有色物质。

单糖又称还原性糖，能还原 Fehling 试剂、Benedict 试剂和 Tollens 试剂，并且能与过量的苯肼生成脎。单糖与苯肼的作用是一个很重要的反应。糖脎有良好的结晶和一定的熔点，根据糖脎的形状和熔点可以鉴别不同的糖。果糖和葡萄糖结构不同但能形成相同的脎。虽然葡萄糖和果糖形成相同的脎，但是由于反应速率不同，析出糖脎的时间也不同，所以还是可以用这一反应加以区别和鉴定的。

双糖由于两个单糖的结合方式不同，有的有还原性，有的则没有。麦芽糖、乳糖、纤维二糖等分子里有一个半缩醛羟基，属于还原糖，也能成脎。蔗糖分子里没有半缩醛结构，所以没有还原性，也不能成脎。

淀粉和纤维素都是由很多葡萄糖缩合而成。葡萄糖以 α-糖苷键连接则形成淀粉，若以 β-糖苷键结合则形成纤维素，两者均无还原性。淀粉与碘生成蓝色，在酸或淀粉酶作用下水解生成葡萄糖。

8.8.1 α-萘酚试验（Molish 试验）

在试管中加入 0.5mL 的 5％糖水溶液，滴入 2 滴 10％的 α-萘酚的乙醇溶液，混合均匀后把试管倾斜 45°，沿管壁慢慢加入 1mL 浓硫酸（勿摇动），硫酸在下层，试液在上层，若两层交界处出现紫色环，表示溶液含有糖类化合物。

样品：葡萄糖，蔗糖，淀粉，滤纸浆。

8.8.2 Fehling 试验

Fehling 溶液配制：因酒石酸钾钠和氢氧化铜混合后生成的配合物不稳定，故需分别配制，试验时将二溶液混合。

Fehling Ⅰ：将 3.5g 五水合硫酸铜溶于 100mL 水中，即得淡蓝色的 Fehling Ⅰ 试剂。

Fehling Ⅱ：将 17g 五结晶水酒石酸钾钠溶于 20mL 热水中，然后加入 20mL 含 5g 氢氧化钠的水溶液，稀释至 100mL 即得无色清亮的 Fehling 试剂 Ⅱ。

取 Fehling Ⅰ 和 Fehling Ⅱ 溶液各 0.5mL，混合均匀，并于水浴中微热后，加入样品 5 滴，振荡，再加热，注意颜色变化及有否沉淀析出。

样品：葡萄糖，果糖，蔗糖，麦芽糖。

8.8.3 Benedict 试验

Benedict 试剂的配制：取 13.7g 柠檬酸钠和 10g 无水碳酸钠溶解于 80mL 水中。再取 1.73g 结晶硫酸铜溶解在 10mL 水中，慢慢将此溶液加入上述溶液中，最后用水稀释至 100mL，如溶液不澄清，可过滤之。

用 Benedict 试剂（为 Fehling 试剂的改进，试剂稳定，它还原糖类时很灵敏）代替 Fehling 试剂做以上试验。

样品：葡萄糖，果糖，蔗糖，麦芽糖。

8.8.4 Tollens 试验

在洗净的试管中加入 1mL 的 Tollens（配制方法见醛酮性质试验部分）试剂，再加入 0.5mL 的 5％糖溶液，在 50℃水浴中温热，观察有无银镜生成。

样品：葡萄糖，果糖，蔗糖，麦芽糖。

8.8.5 成脎反应

在试管中加入 1mL 的 5％样品，再加入 0.5mL 的 10％苯肼盐酸盐溶液和 0.5mL 的 15％乙酸钠溶液，在沸水浴中加热，并不断振摇，比较产生脎结晶的速率，记录成脎的时间，并在低倍显微镜下观察脎的结晶形状。

样品：葡萄糖，果糖，蔗糖，麦芽糖。

注意：

① 乙酸钠与苯肼盐酸盐作用生成苯肼乙酸盐，为弱酸弱碱所生成的盐，在水中很容易水解生成苯肼。苯肼毒性较大，操作时应小心，防止试剂溢出或沾到皮肤上。如不慎触及皮肤，应先用稀盐酸洗，继之以水洗。

② 蔗糖不与苯肼作用生成脎，但经长时间加热，可能水解成葡萄糖和果糖，因而也有少量的糖脎沉淀出现。

8.8.6　淀粉水解

在试管中加入 3mL 淀粉溶液，再加入 0.5mL 稀盐酸，于沸水浴中加热 5min，冷却后用 10% 氢氧化钠溶液中和至中性。取 2 滴与 Fehling 试剂作用，观察现象。

8.9　氨基酸及蛋白质的鉴定

最常见的氨基酸是 α-氨基酸，除甘氨酸外，其余均具旋光性。氨基酸是两性化合物，不同的氨基酸和蛋白质具有各自不同的等电点。氨基酸易溶于水，难溶于有机溶剂，不同的氨基酸溶解性也不同，利用此特性可用纸色谱来分离混合氨基酸。

氨基酸是组成蛋白质的基本单位，蛋白质是由氨基酸以酰胺键形成的复杂的高分子化合物，是生物体的基本组成物质，在有机体中承担着各种各样的生理功能。在酸、碱和酶的作用下，蛋白质可被水解成多肽，最后形成氨基酸的混合物。

蛋白质具有各自的特殊的稳定构象，正是特殊的构象赋予蛋白质以某种特殊的生理活性。在物理或化学因素影响下，一旦构象遭到破坏，其活性就完全消失，这种现象称为蛋白质的变性，如沉淀和凝固。

α-氨基酸或含有游离氨基的蛋白质及其水解产物与茚三酮水溶液一起加热，能生成蓝紫色的有色物质，这是 α-氨基酸特有的反应，称为"茚三酮"反应，常用于 α-氨基酸的定性或定量测定。

多肽和蛋白质分子中有类似于缩二脲的结构单元可与硫酸铜作用形成蓝、紫或红色的铜盐配合物。含两个以上肽键的蛋白质发生的该反应称为"缩二脲"反应。

几乎所有的蛋白质与浓硝酸作用产生黄色的硝化产物，黄色物质在碱性溶液中则变为橙红色。这是由于蛋白质通常都含有带苯环的氨基酸。此反应称为"蛋白黄反应"。

重金属盐、苦味酸都能使蛋白质发生变性，生成难溶于水的沉淀。当重金属中毒时，可用蛋白质作解毒剂。此外，加热、无机酸、超声波等因素都能使蛋白质发生变性。

8.9.1　茚三酮反应

蛋白质溶液的制备：取 25mL 鸡蛋清于小烧杯中，加入 100~120mL 蒸馏水，搅拌均匀后，用清洁的绸布或经水浸湿的纱布或脱脂棉过滤，即得蛋白质溶液。

茚三酮溶液的配制：溶 0.4g 茚三酮于 100mL 95% 乙醇中，再加入 1.5mL 吡啶摇匀即成。

取 3 支试管，编号后分别加 4 滴试样再加 2 滴 0.1% 茚三酮-乙醇溶液，混合均匀后，放在沸水浴中加热 1~2min。观察并比较 3 支试管中显色的先后次序。

样品：0.5% 甘氨酸溶液，0.5% 酪蛋白溶液，蛋白质溶液。

8.9.2　缩二脲反应

取 1 支试管，加 10 滴试样和 15~20 滴 10% 氢氧化钠溶液，混合均匀后，再加入 3~5 滴 5% 硫酸铜溶液，边加边摇动，观察现象。

样品：蛋白质溶液

注意：硫酸铜溶液不能加过量，否则硫酸铜在碱性溶液中生成氢氧化铜沉淀，会遮蔽所产生的紫色反应。

8.9.3 蛋白黄反应

取 1 支试管，加 4 滴试样及 2 滴浓硝酸（由于强酸作用，蛋白质出现白色沉淀）。然后放在水浴中加热，沉淀变成黄色，冷却后，再逐滴加入 10％氢氧化钠溶液，当反应液呈碱性时，颜色由黄色变成橙黄色。

取 1 支试管，加一些指甲，再加 5～10 滴浓硝酸，放置 10min 后，观察指甲的颜色变化。

样品：蛋白质溶液。

8.9.4 乙酸铅反应

取 1 支试管，加 1mL 的 0.5％乙酸铅溶液，再逐滴缓缓地加 1％氢氧化钠溶液，直到生成的沉淀溶解为止，摇动均匀。然后，加 5～10 滴试样，混合均匀，在水浴中缓慢加热，待溶液变成棕黑色时，将试管取出，冷却后，再小心地加 2mL 浓盐酸。观察现象，并嗅其味，判断是什么物质。

样品：蛋白质溶液。

第 9 部分　有机化合物的波谱分析

随着人工合成技术的提高，波谱分析在有机化学实验中结构鉴定方面起着越来越重要的作用。波谱分析的方法主要有紫外可见吸收光谱、红外吸收光谱和核磁共振谱。另外质谱和单晶衍射等其他检测也是测定化合物较常用的方法。

9.1　紫外可见吸收光谱

紫外可见吸收光谱（Ultraviolet-Visible Absorption Spectrometry，缩写 UV-Vis）是一种分子吸收光谱，研究物质在 $200 \sim 800nm$ 光区间的性质。此分析方法广泛用于有机化合物的定性和定量测定，灵敏度和选择性较好。

9.1.1　紫外可见吸收光谱的基本原理

化合物分子内部的运动主要包括电子运动、分子振动和分子转动，它们的能量都是量子化的，故可形成电子能级、振动能级和转动能级。分子的电子能级、振动能级和转动能级的量级分别为 $10eV$（电子伏特）、$0.1eV$ 和 $0.001eV$。当分子吸收外界辐射能而引起电子能级跃迁时，必然伴有振动和转动能级的跃迁。同时，分子发生振动能级的跃迁时，也一定伴随转动能级的跃迁。所以分子的能级比原子的能级复杂，这也就决定了分子比原子具有更丰富的光谱。

按照分子轨道理论，有机化合物分子中的价电子主要有形成单键的 σ 电子、形成双键的 π 电子和未成键的孤对 n 电子。分子中能产生跃迁的电子一般处于能量较低的成键 σ 轨道、成键 π 轨道和非键 n 轨道上，当分子吸收一定能量的辐射能时，这些电子就会从成键轨道跃迁到反键轨道。这种电子跃迁同分子结构有密切的关系，跃迁的类型见图 9.1。

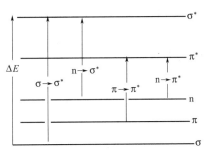

图 9.1　电子跃迁图

9.1.2　紫外可见吸收光谱的常用术语

紫外吸收光谱是带状光谱，分子中存在一些吸收带，比如 K 带、R 带、B 带、E1 和 E2 带等。

① K 带：是两个或两个以上 π 键共轭时，π 电子向 π^* 反键轨道跃迁的结果，可简单表示为 $\pi \rightarrow \pi^*$ 吸收带。它的特点是跃迁概率大，吸收强度强。

② R 带：是连有双键的杂原子（例如 C=O、C=N、S=O 等）上未成键的孤对电子向 π^* 反键轨道跃迁的结果，可简单表示为 $n \rightarrow \pi^*$ 吸收带。它的特点是吸收强度较弱。

③ E1 带和 E2 带：是苯环上三个双键共轭体系中的 π 电子向 π^* 反键轨道跃迁的结果，可简单表示为 $\pi \rightarrow \pi^*$ 吸收带。此吸收带为芳香化合物的特征吸收带。

④ B带：也是苯环上三个双键共轭体系中的 $\pi \rightarrow \pi^*$ 跃迁和苯环的振动相重叠引起的，但相对来说，该吸收带强度较弱。

⑤ 生色团：一般为含有 π 键化合物，能在紫外可见光谱范围内有吸收带的基团。

⑥ 助色团：在 200nm 以上无吸收，但与生色团相连时，能使生色团的吸收波向长波方向移动，并使吸收强度增加的基团。一般为供电子基团。

⑦ 红移：使吸收波长向长波方向移动的现象。

⑧ 蓝移：使吸收波长向短波方向移动的现象。

9.1.3 紫外可见分光光度计

9.1.3.1 仪器的基本构造

紫外可见分光光度计主要由光源、单色器、吸收池、检测器和显示器等部件组成，见图 9.2。

图 9.2 紫外可见分光光度计结构示意图

（1）光源

紫外可见光区的光源主要采用低压和直流的氢灯或氘灯。此光源能满足的条件是，能发射连续的具有足够强度和稳定的辐射，而且使用寿命长。

（2）单色器

单色器是由光源辐射的复合光中分出单色光的光学装置，通常由入射狭缝、色散元件、准直元件、聚焦元件和出射狭缝组成。其中，常用的色散元件有棱镜和光栅。

（3）吸收池

吸收池是盛放待测试液的装置。一般可见光区采用玻璃吸收池，紫外光区采用石英吸收池。

（4）检测器

检测器是将光信号转换为电信号的装置。一般常用的有光电管、光电倍增管和光电二极管检测器。对检测器的要求是，在测定的范围内具有较高的灵敏度，对辐射强度呈线性响应。

（5）显示器

常用的装置有电表指示、图标指示和数字显示等。

9.1.3.2 仪器的类型

紫外可见分光光度计主要分为单波长和双波长分光光度计两类。其中单波长分光光度计又分为单光束和双光束分光光度计。

（1）单光束分光光度计

光源发出的光通过单色器后，又依次通过参比液和待测液，再对其光强度进行测量。此光度计的特点是结构简单，价格便宜。

（2）双光束分光光度计（图 9.3）

光源发出的光通过单色器后一分为二，一光束通过参比溶液，另一光束通过待测溶液。这样一次测量即可得到待测液的吸收光谱。此光度计的特点是可消除光源强度变化和比色皿不匹配带来的误差。

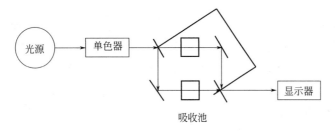

图 9.3　紫外可见双光束分光光度计结构示意图

（3）双波长双光束分光光度计（图 9.4）

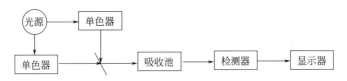

图 9.4　紫外可见双波长双光束分光光度计结构示意图

双波长光度计是将同一光源发出的光分为两束，分别经过两个单色器，得到两种不同波长的单色光，从而使两种不同波长的光交替通过待测的同一溶液，这样得到的信号是两波长处吸光度之差。

双波长分光光度计不仅能测量高浓度、多组分的混合溶液，也能测定普通分光光度计不易测定的混合液，操作简单，精确度高。

9.1.3.3　样品的紫外可见吸收光谱测定

紫外可见吸收光谱的定量测定基于朗伯-比耳定律，即物质在一定波长下的吸收与该物质的浓度成正比。

（1）样品的准备步骤

① 配制 0.1mg/mL 浓度的样品。准确称量 10mg 样品，置于 50mL 烧杯中，选取合适的溶剂进行溶解。待样品全溶解后，将溶液置于 100mL 的容量瓶中定容。

所选溶剂一般要求：溶剂在所测定的紫外区域应是透明的；对样品的溶解度较高；溶剂不与样品作用而产生溶剂效应；溶剂不与样品发生化学变化。

② 将溶解样品的溶剂作为参比溶液，置于参比吸收池中。同时，将样品溶液置于另一个吸收池中，置于比色皿支架上。

注意：在拿取比色皿时，不要沾污透光的表面。若有试剂外溢，需用擦镜纸轻轻地擦拭。

（2）紫外可见吸收光谱的测定

① 依据所采用的紫外分光光度计，将参比吸收池和待测溶液吸收池推入光路区间，测定紫外光谱。在测定时，若吸收光谱较大，则需将溶液稀释至较合适的浓度，一般吸收强度在 0.3~0.7 之间较适宜。

② 光谱测定结束后，将样品溶液和参比溶液倾倒出比色皿，同时要将比色皿淋洗数次，并用擦镜纸擦拭干净，然后置于比色皿槽中。

9.1.4 紫外可见分光光度计的应用

物质的紫外吸收光谱基本上是其分子中生色团及助色团的特征，而不是整个分子的特征。如果物质组成的变化不影响生色团和助色团，就不会显著地影响其吸收光谱，如甲苯和乙苯具有相同的紫外吸收光谱。另外，外界因素如溶剂的改变也会影响吸收光谱，在极性溶剂中某些化合物吸收光谱的精细结构会消失，成为一个宽带。所以，只根据紫外光谱不能完全确定物质的分子结构，还必须与红外吸收光谱、核磁共振波谱、质谱以及其他化学、物理方法共同配合才能得出可靠的结论。

9.1.4.1 定性分析

紫外可见光谱只能反映生色团和助色团结构的特性，不能用此方法来推断未知化合物的分子结构，但是利用紫外可见光谱判断化合物是否共轭却比较有效，如 C=C—C=C、C=C—C=O、苯环等。

（1）推断化合物的共轭体系

① 如果化合物在紫外区域没有吸收峰，则说明该化合物中不存在共轭结构。那该化合物可能是饱和的化合物。

② 如果在 210~250nm 有较强的吸收峰，说明有 K 带吸收，也就对应化合物含有两个不饱和的化学键，如共轭二烯或 α,β-不饱和酮等。

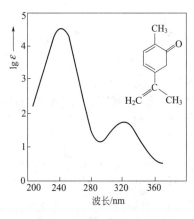

③ 如果在 250~300nm 有强吸收，说明有 K 带或者 B 带吸收，可以判断化合物有 3~5 个不饱和的化学键或者有苯环出现。

④ 如果在 250~300nm 有弱吸收，说明有 B 带吸收，可以判断化合物含有可发生 n→π* 跃迁的基团，如含有简单的非共轭并含有 n 电子的生色基团羰基等。

（2）区分化合物的构型

具有顺式和反式结构的化合物的偶极矩不同，影响了双键之间的共轭效应，一般反式的吸收波长和强度都比顺式的大，由此可以区分顺式和反式化合物的结构。

（3）互变异构的检测

对于可以发生互变异构的分子，互变异构的作用可改变共轭分子的结构，从而影响了跃迁基团的吸收带。

图 9.5 香芹酮的 UV 图谱

9.1.4.2 定量分析

紫外可见吸收光谱符合朗伯-比耳定律，化合物在一定波长下的吸收与其浓度成正比。由此可以通过标准溶液和待测溶液的吸光度定量地比较，得出单组分或者多组分的样品含量。

这里以香芹酮的紫外光谱图（图 9.5）为例，可推断该物质具有多个共轭的不饱和化学键。

9.2 红外吸收光谱

红外吸收光谱（Infrared Absorption，IR）是有机化学四大谱之一。红外吸收光谱是依据物质对红外辐射特征吸收而建立的一种确定分子结构和鉴别化合物的重要方法。由于化合物分子内部原子振动能级的能量与红外线的能量相近，如果用连续的红外线光源照射物质，该物质吸收光能就会发生从振动低能级到高能级的跃迁。这样测得的吸收光谱就称为红外吸收光谱。

9.2.1 红外吸收光谱的基本原理

化合物分子运动主要包括电子运动、分子振动和分子转动。分子中原子的振动形式一般可分为两大类：伸缩振动和弯曲振动。

伸缩振动是指原子沿键轴方向的往复运动，也就是振动过程中键长发生变化，而键角不变。伸缩振动又分为对称伸缩振动和反对称伸缩振动，一般来说，反对称伸缩振动的振动频率高于对称伸缩振动的频率。

弯曲振动是指原子垂直于化学键方向的振动，即原子的键角发生周期性变化而键长不变的振动。弯曲振动分为面内弯曲振动和面外弯曲振动。面内弯曲振动又分为平面振动和剪式振动。由于弯曲振动的力常数比伸缩振动的小，所以，弯曲振动一般在低频区域出现。

当一束具有连续波长的红外线通过物质，物质分子中某个基团的振动频率或转动频率和红外线频率一致时，分子就吸收能量，由原来的基态振（转）动能级跃迁到能量较高的振（转）动能级。分子吸收红外辐射后发生振动和转动能级的跃迁，相应波长的光就被吸收，在红外光谱图对应的位置上出现一个吸收峰。所以，红外光谱法实质上是一种根据分子内原子间的相对振动和分子转动等信息来确定分子结构和鉴别化合物的分析方法。将分子吸收红外线的情况用仪器记录下来，就得到红外光谱图。红外光谱图通常用波长（λ）或波数（σ 或 ν）为横坐标，表示吸收峰的位置，用透光率（T）或者吸光度（A）为纵坐标，表示吸收强度，见图 9.6。

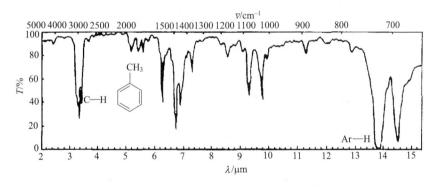

图 9.6 甲苯的红外光谱图

在红外吸收光谱图中，出现的基频吸收带数目等于分子的振动自由度。分子的自由度又等于分子的平动、转动和振动自由度的总和。含 N 个原子的分子，总的自由度为 $3N$。所以振动自由度＝$3N$－平动自由度－转动自由度。

从理论上来说，每一个基团振动都能吸收与其频率相同的红外线，并在红外光谱图对应的位置上出现一个吸收峰。而实际上有一些振动分子的偶极矩没有发生变化，此基团就是红外非活性的；另外有一些振动因频率相同，发生简并；还有一些振动频率超出了仪器可以检测的范围，这些都使得实际红外谱图中的吸收峰数目大大低于理论值。这些因素决定了不同分子中原子的振动自由度，线性分子振动自由度＝$3N-3-2=3N-5$；非线性分子振动自由度＝$3N-3-3=3N-6$。

9.2.2 红外吸收光谱的常用术语

（1）基频峰和泛频峰

基频峰：当分子吸收一定频率的红外线后，振动能级从基态跃迁到第一激发态时所产生的吸收峰，称为基频峰。

泛频峰：当振动能级从基态跃迁至第二或第三激发态后，所产生的吸收峰称为倍频峰，此峰也属于泛频峰。

（2）特征峰和相关峰

特征峰：凡是能代表特征官能团存在的较强的吸收峰，就称为特征峰。

相关峰：除了特征峰外，将对特征峰相互影响的吸收峰称为相关峰。

9.2.3 红外吸收光谱的分区

（1）特征区和指纹区

红外光谱图应用最多的波长区域是中红外区，波长 $2.5\sim30\mu m$，波数 $4000\sim400cm^{-1}$（波数为波长的倒数，是指单位长度的光波数，单位通常用 cm^{-1}）。

一般将波数在 $4000\sim1350cm^{-1}$ 的区间称为特征区，是官能团的伸缩振动区域。比如，C—H、O—H、N—H、C＝C—H、C≡N、C≡C、C＝O 和 C＝C 等键的伸缩振动。其中特征频率区中的吸收峰基本上由基团的伸缩振动产生，数目不是很多，但具有很强的特征性，因此在基团鉴定上很有价值，主要用于鉴定官能团。如羰基，不论是在酮、酸、酯或酰胺等化合物中，其伸缩振动总是在 $1700cm^{-1}$ 左右出现一个强吸收峰，如谱图中 $1700cm^{-1}$ 左右有一个强吸收峰，则大致可以断定分子中有羰基。

另外，波数在 $1300\sim670cm^{-1}$ 的区间称为指纹区。指纹区的情况不同，该区峰多而复杂，没有强的特征性，主要是由一些单键C—O、C—N 和 C—X（卤素原子）等的伸缩振动及 C—H、O—H 等含氢基团的弯曲振动以及 C—C 骨架振动产生。当分子结构稍有不同时，该区的吸收就有细微的差异。这种情况就像每个人都有不同的指纹一样，因而称为指纹区。指纹区对于区别结构类似的化合物很有帮助。

（2）红外光谱的主要分区

常见化合物的基团在波数 $4000\sim670cm^{-1}$ 范围内均有特征的吸收，通常将这个区域分为八个区域。

① $3750\sim3000cm^{-1}$ 范围的波数，通常是 O—H 和 N—H 的伸缩振动区域，表现为较强的宽峰。

② $3300\sim3000cm^{-1}$ 范围的波数，主要是不饱和碳（诸如烯烃、炔烃和芳烃的碳）所连的 C—H 的伸缩振动区域。其中，炔烃 C—H 的伸缩振动所对应的峰一般较尖锐，容易识别；烯烃 C—H 的伸缩振动峰相对炔烃的较弱些；芳烃一般有三个峰，强度与烯烃的相近。

③ $3000\sim2700cm^{-1}$ 范围的波数，是与饱和碳相连的 C—H 以及醛基 C—H 键的伸缩振动所对应的峰。醛基 C—H 键的峰较强，一般是两个峰。

④ $2400\sim2100cm^{-1}$ 范围的波数，是 C≡N 和 C≡C 键的骨架伸缩振动峰，强度较弱，

但此区域一般出现的吸收带不多，所以较容易识别。

⑤ 1900～1650cm^{-1} 范围的波数，是醛、酮、酸、酯和酸酐等 C=O 键的骨架伸缩振动峰，峰强度较弱，但此区域一般出现的吸收带不多，所以较容易识别。

⑥ 1675～1500cm^{-1} 范围的波数，是脂肪族和芳香族 C=C 以及 C=N 键的伸缩振动峰。

⑦ 1475～1000cm^{-1} 范围的波数，是 C—O、C—C 伸缩振动和 C—H 弯曲振动的吸收峰。比如，1380cm^{-1} 左右的峰可作为判断烷烃的特征峰。

⑧ 1000～650cm^{-1} 的波数，是脂肪族和芳香族 C—H 的弯曲振动吸收峰。

9.2.4　红外吸收光谱仪

（1）仪器的基本构造

红外光谱仪是由光源、单色器、吸收池、检测器和记录仪等部分组成。红外光谱仪和紫外可见吸收光谱仪的一个主要区别是，红外光谱仪是样品处于光源和单色器之间，而紫外可见光谱仪是样品处于单色器之后。

红外光源主要使用碳硅棒或者能斯特灯，单色器中的色散元件是光栅，检测器主要有真空热电偶、测热辐射计、气体检测计、光电导检测器和热释电检测器。

（2）红外光谱仪的工作原理

目前常用的双光束红外分光光度计，是将光源发出的光分为两束光，分别通过样品池和参比池。被分开的两束光通过斩光器交替进入单色器色散，通过光栅的转角变化，使色散光按频率由高到低依次通过出射狭缝，聚焦在检测器上。若样品没有吸收，两束光强度相等，检测器上只有稳定的电压，而没有信号输出。当样品吸收了红外线后，两束光的强度不相等，检测器就会产生一个交变的信号。该信号通过记录仪的输出，即得出吸收强度随波数变化的曲线，也就是红外吸收光谱。

（3）样品的准备

① 气体样品：气体样品一般注入真空的玻璃气槽内，气槽两端黏合着氯化钠或者溴化钾窗片。

② 液体样品：液体样品的制备方法主要有液膜法和溶液法两种。前者是样品池之间滴上几滴样品，使之形成液膜；后者是将样品溶于红外溶剂中，然后注入样品池。

③ 固体样品：固体样品的制备方法主要有溶液法、粉末法、压片法等。其中，压片法是较常用的方法。

9.2.5　红外吸收光谱仪的应用

（1）定性分析

红外吸收光谱法是分析药物有机化合物和高分子化合物常用的方法。对于简单化合物的红外吸收光谱，可以与标准物质的红外光谱图进行比较，若吸收峰的位置、强度以及形状基本一致时，就可以初步确定样品的成分。此定性分析过程既简单又准确。然而，工业生产或者实验测试中的样品，结构一般比较复杂，这样与标准谱图对照的方法显然就不适用。在这样的情况下，一方面要结合其他的测试手段对化合物的结构进行确定。另一方面，对红外吸收谱图的解析尤为重要。

红外谱图解析的步骤：

① 如果已知化合物的分子式，就可先计算化合物的不饱和度。不饱和度的计算公式是：

$$\Omega = 1 + n_4 + 0.5(n_3 - n_1)$$

式中，n_1、n_3 和 n_4 分别代表一价、三价和四价的原子数目。一般地，双键和环烷烃类的不饱和度为 1，叁键的不饱和度为 2，苯环的不饱和度为 4。由此来初步确定分子的基本类型。

② 依据红外光谱特征峰和相关峰，进一步确定化合物的官能团及其取代基的结构。同时，注意基团间相互影响导致的峰位置的移动。

③ 结合以上推测出化合物的结构。

例 9-1 某化合物的化学式为 C_6H_{14}，它的红外谱图如图 9.7 所示，试推断该化合物的结构式。

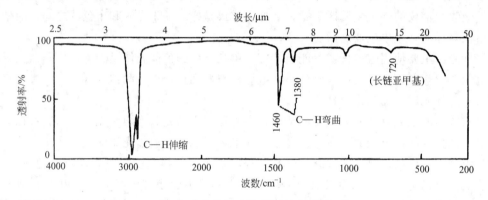

图 9.7 未知化合物的红外光谱图

解 （1）不饱和度：

$$\Omega = 1 + n_4 + 0.5(n_3 - n_1) = 1 + 6 - 7 = 0$$

（2）大于 $3000cm^{-1}$ 的波数没有吸收峰，$2960cm^{-1}$ 和 $2870cm^{-1}$ 左右有较强的峰，代表了烷基的 C—H 伸缩振动，这说明分子为饱和烷烃。

（3）$1380cm^{-1}$ 和 $1460cm^{-1}$ 左右的峰，为饱和烃分子的 C—H 伸缩振动。

（4）$720cm^{-1}$ 左右的峰为长链亚甲基的特征峰。

由以上可得，该分子为正己烷。

例 9-2 某化合物的化学式为 C_8H_{16}，它的红外谱图如图 9.8 所示，试推断该化合物的结构式。

解 （1）不饱和度：

$$\Omega = 1 + n_4 + 0.5(n_3 - n_1) = 1 + 8 - 8 = 1$$

结合分子式，可判断化合物为烯烃或者环烷烃。

（2）大于 $3000cm^{-1}$ 的波数有吸收峰，说明分子中含有不饱和键的 C—H 伸缩振动。同时，$1640cm^{-1}$ 处较强的尖峰代表了 C=C 双键的伸缩振动吸收峰，由此可判断化合物为烯烃。

（3）$995cm^{-1}$ 和 $915cm^{-1}$ 左右的较强峰，说明 —CH=CH₂ 存在。

（4）$1460cm^{-1}$ 左右的峰，代表了 —CH₂— 基团存在。

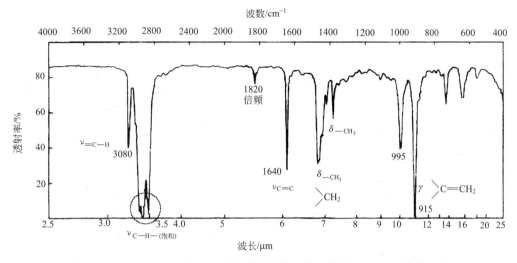

图 9.8　未知化合物的红外光谱图

由以上可得，该分子为辛-1-烯。

（2）定量分析

红外光谱的定量分析主要采用标准曲线法和内标法。化合物的红外吸收符合朗伯-比耳定律，此分析方法的优点是有多个吸收带可供选择。但由于灵敏度较低，实验误差相对较大，所以此方法不适合微量化合物的测定。

9.3　核磁共振谱

核磁共振波谱（Nuclear Magnetic Resonance Spectroscopy，NMR）是能准确测定分子结构的一种谱学技术。目前，核磁共振波谱的研究主要集中在 H（氢谱）和 C（碳谱）两类原子核的波谱，供研究的核磁样品可为液体或固体。

如同红外光谱一样，核磁共振波谱也可以提供分子中官能团的数目和种类，但除此之外，它还可以提供许多红外光谱无法提供的信息。核磁共振波谱对自然科学研究有着深远的影响，人们不仅可以借助它来研究反应机理，还可以用来研究蛋白质和核酸的结构与功能。

9.3.1　核磁共振光谱的基本原理

核磁共振波谱（NMR）和紫外可见吸收光谱、红外吸收光谱一样，均属于微观粒子吸收不同波长的能量后，在不同能级间跃迁的变化的过程。当采用能量较低的电磁波照射物质，此电磁波能与强磁场下的磁性核相互作用，引起磁性核在外磁场中发生核能级共振跃迁而产生的吸收信号，称为核磁共振光谱。我们可根据核磁共振波谱上峰位置和强度来判断分子内各官能团的结构。

核磁共振波谱（NMR），是将核磁共振现象应用于测定分子结构的一种谱学技术。原子核由质子、中子组成，它们具有自旋现象。描述核自旋运动特性的是核自旋量子数 I。不同的原子核在一个外加的强磁场（现代 NMR 仪器由充电的螺旋超导体产生）中将分裂成 $2I+1$ 个核自旋能级（核磁能级），其能量间隔为 ΔE。对于指定的核素再施加一频率为 ν 的属于射频区的无线电短波，其辐射能量 $h\nu$ 恰好与该核的磁能级间隔 ΔE 相等时，核体系将吸收辐射而产生能级跃迁，这就是核磁共振现象。

9.3.2 核磁共振光谱的常用术语

（1）化学位移

在一个分子中，各个质子的化学环境有所不同，或多或少地受到周边原子或原子团的屏蔽效应的影响，因此它们的共振频率也不同，从而导致在核磁共振波谱上各个质子的吸收峰出现在不同的位置上。但这种差异并不大，难以精确测量其绝对值，因此人们将化学位移设成一个无量纲的相对值，即：某一物质吸收峰的频率与标准质子吸收峰频率之间的差异称为该物质的化学位移，常用符号 δ 表示。

目前，四甲基硅烷（TMS）常作为标准物，来测定物质的相对化学位移。选取 TMS 的优点是：①TMS 中 12 个质子所处的化学环境是相同的，对应的共振信号为单一的尖峰；②因为 Si 的电负性比 C 的小，所以 TMS 产生的信号所需磁场一般比有机物中质子所需的磁场强度大，由此不会造成信号干扰；③TMS 的化学性质不活泼，与样品不易发生反应或者分子间配位；④TMS 沸点低，易回收，并且易溶于有机溶剂。

影响化学位移的因素有：诱导效应、共轭效应、杂化效应、氢键效应、溶剂效应、质子交换效应和各向异性效应等。

由于化学位移的大小与分子中氢核所处的化学环境相关，因此可以根据化学位移的大小来研究氢核的化学环境，从而来确定有机化合物的分子结构。图 9.9 给出了有机分子中氢核的化学位移范围。

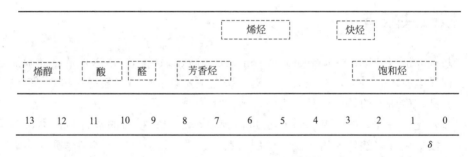

图 9.9 有机分子中氢核的化学位移范围

（2）解谱

通过不同质子的化学位移，人们可以得出这些质子所处的化学环境，从而得出该分子的结构信息，这一过程称为"解谱"。比如乙醇分子，具有三种不同化学环境的质子，即：甲基、亚甲基和羟基。在乙醇分子的 H 谱图上，可以看到 3 个特有的峰信号各自处于特定的化学位移，其中位于 1 的峰信号对应甲基，位于 4 的信号对应亚甲基，位于 2~3 之间的信号对应羟基，其具体化学位移值和采用的 NMR 溶剂有关。另外，从峰信号的强度可以得出相对应的质子数量，比如乙醇分子中的甲基拥有 3 个质子，亚甲基拥有 2 个质子，在谱图上，对应的甲基和亚甲基峰强度比为 3：2。

（3）积分

现代的分析软件可以协助人们通过分析峰信号，从而得出究竟有几个质子形成了此信号。这种方法称作"积分"，即通过计算面积（不单单是高度，还有峰宽度）来得出相关质子数目。但必须指出的是，这种计算方法仅适用于最简单的一维谱，对于更复杂的谱图，比如 C 谱，其积分还与原子核的弛豫速率和偶极偶合常数相关，而这些常常被人误解。因此，用积分法来解析复杂核磁谱图是相当困难的。

（4）偶合和信号峰的劈裂

在一维谱图上，除了峰的数量和峰信号强度之外，还有一个有助于解析分子结构的信息，即磁性原子核之间的 J-偶合。这种偶合来源于邻近磁性原子核的不同自旋状态数的相互作用，这种相互作用会改变原子核自旋在外磁场中进动的能级分布状况，造成能级的裂分，进而造成 NMR 谱图中的信号峰形状发生劈裂。由信号峰的劈裂状态可以得出分子内各原子和官能团之间的连接方式，以及邻近的磁性核数目。

两个相邻的氢核之间的偶合遵循一定的规则，n 个氢核将把相邻磁性核信号峰劈裂成 $n+1$ 个多重峰，并且这 $n+1$ 个多重峰之间的强度关系遵循杨辉三角形规则。例如，乙醇分子中的甲基峰与相邻的亚甲基偶合，呈三重峰状，三重峰之间的强度比为 1∶2∶1。不过如果一个氢核同时与两个不同性质的氢核进行偶合，则不会得到三重峰，而是得到双双重峰（dd）。要注意的是，如果两个磁性核之间相隔 3 个化学键以上，偶合就变得十分微弱，以至于不会出现峰的劈裂，但在芳烃和脂环类化合物中叁键距离以上的长程偶合通常可以得到较复杂的劈裂峰。

9.3.3　核磁共振仪

（1）核磁共振仪的基本构造

核磁共振仪按照工作方式可分为连续波核磁共振仪和脉冲傅里叶变换核磁共振仪。一般连续波核磁共振仪较常用，仪器的主要元件有：磁铁、探头、射频和音频发射单元、频率和磁场扫描单元、信号放大和接收显示单元，后面三个部件装置在光谱仪中。核磁共振仪的磁铁，是用来产生恒定磁场的元件；探头即为检测器，是用来检测核磁共振信号的。

（2）核磁共振仪的工作原理

采用核磁共振仪测定化合物的结构，是一种较准确的测试方法。测试时，将准备好的待测样品管插入两个电磁铁之间，样品管的轴上环绕着接收线圈，同时在电磁铁轴向上缠着扫描线圈，与这两个线圈垂直的方向上，绕着振荡线圈。接通电流，射频振动器通过振荡线圈对样品照射。如若样品对射频振荡器发出的射频能够吸收，并为射频检测器所检测和记录，即可得到核磁共振谱图。

（3）样品的准备

① 液体样品：核磁共振仪的样品管一般是配有塞子的玻璃管。液体样品若黏度不大时，可以直接装入样品管进行测试。若黏度较大，可用去质子溶剂稀释至合适的浓度，再进行测试。溶剂一般选取氘代试剂。

② 固体样品：测试固体样品之前，先要选取合适的氘代试剂对样品进行溶解。常用的氘代试剂有 $CDCl_3$ 和 D_2O。

9.3.4　核磁共振仪的应用

（1）定性分析

核磁共振谱是鉴定化合物常用的方法，也是较精确可靠的方法之一。以常用的核磁共振氢谱为例，解析步骤一般为：

① 根据化合物的分子式，计算化合物的不饱和度初步确定分子的官能团。

② 根据核磁共振谱特征峰的积分面积，计算化合物中氢的质子数。

③ 结合特征峰对应的化学位移，得出化合物的结构。

例 9-3 某化合物的化学式为 C_3H_7Cl，它的核磁共振谱图如图 9.10 所示，试推断该化合物的结构式。

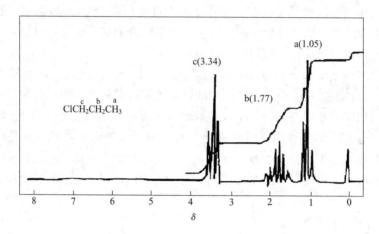

图 9.10 未知化合物的核磁共振氢谱图

解 （1）从化学式可以判断，该化合物属于链式的氯代烷烃。

（2）化学位移为 1~3 之间是饱和碳所连氢的吸收。δ 为 1.05 的三重峰表示有与亚甲基相连的甲基氢存在。

（3）δ 为 3.34 的化学位移相对饱和碳氢向高频发生了移动，说明该氢是氯烷基所含的氢，并且此峰为三重峰，这说明该氯烷基与亚甲基相连。

由以上可得，该分子的结构式为 $ClCH_2CH_2CH_3$。

（2）定量分析

核磁共振谱图中积分曲线高度与该峰的质子数成正比，根据此可以进行定量分析。定量分析的主要方法有内标法、外标法和分子量的测定。

9.4 质谱

质谱（Mass Spectrometry，MS）是依据物质在高真空、高电子流或者强电场作用下，失去外层电子或化学键断裂等方式形成碎片，然后碎片离子在磁场中得以分离从而记录的信号。质谱法分析速度快，可以提供分子或者碎片的分子量等大量信息。利用质谱仪可进行同位素分析、化合物分析、气体成分分析以及金属和非金属固体样品的超纯痕量分析。在有机结构分析研究中，质谱分析法比化学分析法和光学分析法具有卓越的优越性，因此，有机化合物质谱分析在质谱学中占很大比重，全世界约有 3/4 仪器用于有机分析。现在的有机质谱法，不仅可以对小分子进行分析，而且可以分析糖、核酸、蛋白质、细胞等生物大分子。于是生物质谱仪应运而生，生物质谱仪在生命分析科学研究领域越来越重要，为人类研究生命现象提供了一个有力的分析工具。

9.4.1　质谱的基本原理

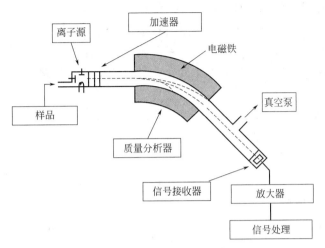

图 9.11　质谱仪的构造

　　质谱法是采用各种电离方法将样品离子化，并变为气态离子混合物，然后按质荷比（m/z）在电磁场中的速度和偏转，实现分离的一门分析技术。运用上述分离技术对物质的结构和含量进行定性定量分析的仪器就是质谱仪（图 9.11）。

9.4.2　质谱的常用术语

　　① 质荷比 m/z：一般 z 为 1，故 m/z 也就认为是离子的质量数，蛋白质等易带多电荷，$z>1$。在质谱中不能用平均分子量计算离子的化学组成，例如，不能用氯的平均分子量 35.5，而用 35 和 37。同理，溴也是如此，用 79 和 81，不用 80。在质谱图中，根本不会出现 35.5 的峰。一氯苯的分子峰应是 112 和 114 而不是 113。

　　② 相对丰度：质谱中最强峰为 100%（称基峰），其他碎片峰与之相比的百分数。

　　③ 总离子流（TIC）：即一次扫描得到的所有离子强度之和，若某一质谱图总离子流很低，说明电离不充分，不能作为一张标准质谱图。

　　④ 本底：未进样时，扫描得到的质谱图。

9.4.3　质谱中离子的种类

　　① 分子离子：$M^{+\cdot}$，也有用 M^{+} 的。中性分子丢失一个电子时，就带有一个正电荷，故用 $M^{+\cdot}$。

　　② 碎片离子：电离后，有过剩内能的分子离子，会以多种方式裂解，生成碎片离子，其本身还会进一步裂解生成质量更小的碎片离子，此外，还会生成重排离子。碎片峰的数目及其丰度则与分子结构有关：数目多表示该分子较容易断裂；丰度高的碎片峰表示该离子较稳定，也表示分子比较容易断裂生成该离子。如果将质谱中的主要碎片识别出来，则能帮助判断该分子的结构。

　　③ 多电荷离子：指带有 2 个或更多电荷的离子，有机小分子质谱中，单电荷离子是绝大多数，只有那些不容易碎裂的基团或分子结构（如共轭体系结构）才会形成多电荷离子。

对于蛋白质等生物大分子，采用电喷雾的离子化技术，可产生带很多电荷的离子，最后经计算机自动换算成单质荷比离子。

④ 同位素离子：各种元素的同位素，基本上按照其在自然界的丰度比出现在质谱中，这对于利用质谱确定化合物及碎片的元素组成有很大方便。如氯 35 和 37，可利用此性质很快鉴定出含氯化合物。也可用这些稳定同位素合成标记化合物，如氚等标记化合物，再用质谱法检出这些化合物，在质谱图外貌上无变化，只是质量数的位移，从而说明化合物结构，反应历程等。

⑤ 负离子：通常碱性化合物适合正离子，酸性化合物适合负离子。某些化合物负离子谱灵敏度很高，可提供很有用的信息。

9.4.4 质谱仪

9.4.4.1 仪器的基本构造

质谱仪由进样系统、离子源、质量分析器、信号接收器、数据处理系统、真空系统和供电系统等部分组成。

（1）进样系统

把分析样品导入离子源的装置，包括：直接进样、GC 联用进样、LC 联用进样、CE 联用进样等。

（2）离子源

使分析样品离子化，并对离子进行加速使其进入分析器装置。根据离子化方式的不同，常用的有如下几种。其中小分子有机化合物常用 EI 源；生物大分子常用 ESI 源。

① EI（Electron Impact Ionization）：电子轰击电离。是最经典常规的方式，其他均属软电离。EI 使用面广，峰重现性好，碎片离子多。缺点：不适合极性大、热不稳定性化合物，且可测定分子量有限，一般≤1000。

$$M+e^- \longrightarrow M^+ +2e^-$$

式中，M 为待测分子，M^+ 为分子离子或母体离子。

② CI（Chemical Ionization）：化学电离。核心是质子转移。与 EI 相比，在 EI 法中不易产生分子离子的化合物，在 CI 中易形成较高丰度的准分子离子。得到碎片少，谱图简单，但结构信息少一些。与 EI 法同样，样品需要汽化，对难挥发性的化合物不太适合。

试剂气通常为甲烷 CH_4。首先用高能电子，使 CH_4 电离产生 CH_5^+ 和 $C_2H_5^+$，即：

$$CH_4+e^- \longrightarrow CH_4^{+\cdot} +2e^-$$
$$CH_4^{+\cdot} \longrightarrow CH_3^+ +H\cdot$$

$CH_4^{+\cdot}$ 和 CH_3^+ 很快与大量存在的 CH_4 分子起反应，即：

$$CH_4^{+\cdot} +CH_4 \longrightarrow CH_5^+ +CH_3\cdot$$
$$CH_3^+ +CH_4 \longrightarrow C_2H_5^+ +H_2$$

小量样品（试样与甲烷之比为 1:1000）导入离子源，试样分子（SH）发生下列反应：

$$CH_5^+ +SH \longrightarrow SH_2^+ +CH_4$$
$$C_2H_5^+ +SH \longrightarrow S^+ +C_2H_6$$

SH_2^+ 和 S^+ 然后可能碎裂，产生质谱。

③ FD（Field Desorption）：场解吸。大部分只有一个峰，适用于难挥发极性化合物，

例如糖。应用较困难，目前基本被 FAB 取代。

④ FAB（Fast Atom Bombardment）：快原子轰击。利用氩、氙或者铯离子枪（LSIMS，液体二次离子质谱）等高速中性原子或离子对溶解在基质中的样品溶液进行轰击，在产生"暴发性"汽化的同时，发生离子-分子反应，从而引发质子转移，最终实现样品离子化。适用于热不稳定以及极性化合物。FAB 法的关键之一是选择适当的（基质）底物，可对较低极性到高极性的范围较广的有机化合物测定。产生的谱介于 EI 与 ESI 之间，接近硬电离技术。生成的准分子离子，一般常见 $[M+H]^+$ 和 $[M+底物]^+$。另外，还有根据底物脱氢以及分解反应产生的负离子 $[M-H]^-$。

⑤ ESI（Electrospray Ionization）：电喷雾电离（图 9.12）。常与 LC、CE 联用，亦可直接进样，属最软的电离方式，混合物直接进样可得到各组分的分子量。

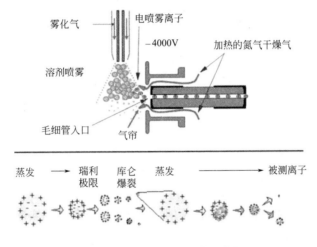

图 9.12　ESI 结构与工作示意图

离子化过程：

a. 荷电液滴的产生。当样品溶液流出毛细管的瞬间，在加热温度、雾化气和强电场（3～5kV）的作用下，溶液迅速雾化并产生高电荷液滴。

b. 荷电液滴中气相离子的产生。带电液滴随着溶剂蒸发不断缩小，液滴表面电荷密度不断增大，发生崩散，形成更小的液滴，小的继续蒸发，以类似的方式崩散，产生单电荷和多电荷离子。

⑥ APCI（Atmospheric Pressure Chemical Ionization）：大气压化学电离。大气压化学电离也是软电离技术，只产生单电荷峰，适合测定质量数小于 2000 的弱极性的小分子化合物。电喷雾与大气压化学电离比较，有以下不同：电喷雾采用离子蒸发，而 APCI 电离是高压放电发生了质子转移而生成 $[M+H]^+$ 或 $[M-H]^-$ 离子；APCI 源的探头处于高温，对热不稳定的化合物就足以使其分解；通常认为电喷雾有利于分析极性大的小分子和生物大分子及其他分子量大的化合物，而 APCI 更适合于分析极性较小的化合物；APCI 源不能生成一系列多电荷离子。

⑦ MALDI（Matrix Assisted Laser Desorption）：基质辅助激光解吸电离。一种用于大分子离子化的电离方法，利用对使用的激光波长范围具有吸收并能提供质子的基质（一般常用小分子液体或结晶化合物），将样品与其混合溶解，并形成混合体，然后在真空下用激光

照射该混合体，基体吸收激光能量，并传递给样品，从而使样品解吸电离。MALDI 的特点是准分子离子峰很强。通常将 MALDI 用于飞行时间质谱联用，特别适合分析蛋白质和DNA 等大分子。

（3）质量分析器

质量分析器是质谱仪中将离子按质荷比分开的部分，离子通过分析器后，按不同质荷比（m/z）分开，将相同的质荷比的离子聚焦在一起，组成质谱图。常见的质量分析器有：单聚焦磁场分析器、双聚焦磁场分析器、四极杆分析器、飞行时间分析器、离子阱分析器、傅里叶变换-离子回旋共振分析器、串列式多级分析器等。

（4）信号接收器

接收离子束流的装置有：二次电子倍增器、光电倍增管、微通道板等。

（5）数据处理系统

将接收来的电信号放大、处理并给出分析结果。包括外围部分，例如终端显示器，打印机等。

（6）真空系统

由机械真空泵（前极低真空泵）、扩散泵或分子泵（高真空泵）组成真空机组，实现离子源和分析器部分的真空状态。只有在足够高的真空下，离子才能从离子源到达接收器，真空度不够则灵敏度低。

（7）供电系统

包括整个仪器各部分的电气控制部件，从几伏低压到几千伏高压。

9.4.4.2 质谱仪的分析原理

质谱仪一般按照其使用质量分析器的不同而命名。其分析原理实际上主要是指质量分析器的分析原理（图 9.13）。

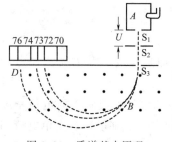

图 9.13 质谱基本原理

磁质谱方程式：

$$m/z = (H_0 R)/v = (H_0^2 R^2)/2V$$

式中，m 为质量；z 为电荷；v 为离子速度；V 为加速电压；R 为磁场半径；H_0 为磁场强度。

单聚焦和双聚焦分析仪的质量分析范围相对宽，分辨率高，但是其体积大，造价高，现在越来越少。

① 四极杆分析器（Q，Quadrupole）是一种被广泛使用的质量分析器，由两组对称的电极组成。电极上加有直流电压和射频电压。相对的两个电极电压相同，相邻的两个电极上电压大小相等，极性相反。带电粒子射入高频电场中，在场半径限定的空间内振荡。在一定的电压和频率下，只有一种质荷比的离子可以通过四极杆达到检测器，其余离子则因振幅不断增大，撞在电极上而被"过滤"掉，因此四极杆分析器又叫四极滤质器。利用电压或频率扫描，可以检测不同质荷比的离子。优点是扫描速度快，比磁式质谱价格便宜，体积小，常以台式形式作为常规检测仪器，缺点是质量范围及分辨率有限。

② 飞行时间分析器（TOF，Time of Flight）是利用从离子源飞出的具有相同能量的带电粒子，在加速电压的作用下，不同质荷比的离子具有不同速度的原理，那么，不同质量的离子到达检测器的时间不同而被检测到。其优点是扫描速度快，灵敏度高，不受质量范围限制，而且结构简单，造价低廉。

③ 离子阱分析器（IT，Ion Trap）通常由一个双曲面截面的环形电极和上下一对双曲面端电极构成。从离子源产生离子进入离子阱内后，在一定的电压和频率下，所有离子均被富集。改变射频电压，可使感兴趣的离子处于不稳定状态，运动幅度增大而被抛出阱外被接收、检测。用离子阱作为质量分析器，不但可以分析离子源产生的离子，而且可以把离子阱当成碰撞室，使阱内的离子碰撞活化解离，分析其碎片离子，得到子离子谱。离子阱不但体积很小，而且具有多级质谱的功能，即做到 MS_n，但动态范围窄，低质量区 1/3 缺失，不太适合混合物定量。

④ 傅里叶变换-离子回旋共振分析器（FT-ICR，Fourier Transform Ion Cyclotron Resonance）是在射频电场和正交横磁场作用下，离子作螺旋回转运动，回旋半径越转越大，当离子回旋运动的频率与补电场射频频率相等时，产生回旋共振现象，测量产生回旋共振的离子流强度，经傅里叶变换计算，最后得到质谱图。其适用于高质量数和多重离子的分析，但使用超导磁铁需要液氦，不能 GC 联用，动态范围稍窄，目前还不太作为常规仪器使用。

⑤ 多级质谱联用仪（MS_n）。MS_n 仪器从原理上可分为两类：第一类仪器利用质谱在空间中的顺序，是由两台质谱仪串联组装而成；第二类利用了一个质谱仪时间顺序上的离子储存能力，由具有存储离子能力的分析器组成，如离子回旋共振仪（ICR）和离子阱质谱仪。这类仪器通过喷射出其他离子而对特定的离子进行选择。在一个选择时间段，这些被选择的离子被激活，发生裂解，从而在质谱图中观测到碎片离子。这一个过程可以反复观测几代碎片的碎片。时间型质谱便于进行多级子离子实验，但另一方面不能进行母离子扫描或中性丢失。

一般采用 ESI、CI 或 FAB 等软离子化方法作为 MS_1 的离子源，使样品离子化后，混合离子通过第一分析器，可选择一定质量的离子作为母体离子，进入碰撞室，室内充有靶子反应气体（碰撞气体：He、Ar、Xe、CH_4 等）对所选离子进行碰撞，发生离子-分子碰撞反应，从而产生子离子，再经 MS_2 的分析器及接收器得到子离子（扫描）质谱（Product Ion Spectrum）。一般称作碰撞诱导裂解谱或者简称为 CID（Collision-Induced Dissociation）谱。其优点非常明显：一是对一些混合物，不必进行色谱分离可直接分析。与色谱法相比，有很快的响应速率，省时、省样品、省费用，而且灵敏度高和效率高；二是通过"子→母"及"母→子"的 MS/MS 谱可以掌握一定的结构信息，作为目前有力的结构解析手段。因此，现在利用串联质谱仪进行药物研究越来越得到重视，特别是在药物代谢以及混合物的微量成分分析和结构测定等方面正在起到越来越重要的作用。比较常用的是三重四极杆 MS/MS，与 LC 联用起来使用方便，操作简单。

9.4.4.3　样品的预处理

进入 MS 的样品需要进行预处理，一是为了防止固体小颗粒堵塞进样管道和喷嘴，二是为了获得最佳的分析结果。比如和 LC 联用时，从 ESI 电离的过程分析：ESI 电荷是在液滴的表面，样品与杂质在液滴表面存在竞争，不挥发物会妨碍带电液滴表面挥发，从而妨碍带电样品离子进入气相状态，另外，大量杂质离子的存在增加电荷中和的可能。

样品的预处理常用方法：a. 超滤；b. 溶剂萃取/去盐；c. 固相萃取；d. 灌注（Perfusion）净化/去盐；e. 色谱分离。

9.4.5　质谱仪的应用

质谱分析检测，在有机化学领域主要应用于推断有机化合物结构；在有机化工合成中主要用于对原料及产品进行杂质分析、中间步骤监测和反应机理的研究方面；在环境监测中用于农药残毒检测、大气污染和水分析等；在食品和香料方面主要用于判断真酒假酒，有无毒害；在生化医药方面，可用于测定几十万分子量的蛋白质和多肽生物大分子，这比氨基酸分析仪快且准。

以常用的质谱为例，介绍如何由质谱推断化合物的结构。

(1) 确定分子离子，即确定分子量

氮规则：含偶数个氮原子的奇电子离子，其质量数是偶数，含奇数个氮原子的奇电子离子，其质量数是奇数。

(2) 确定元素组成，即确定分子式或碎片化学式

利用元素的同位素丰度识别。

(3) 峰强度与结构的关系

丰度大反映离子结构稳定。在元素周期表中自上而下，自右至左，杂原子外层未成键电子越易被电离，容纳正电荷能力越强，$S>N>O$，$n>\pi>\sigma$，含支链的地方易断，这同有机化学基本一致，总是在分子最薄弱的地方断裂。

(4) 各类有机物的裂解方式

不同类型有机物有不同的裂解方式，相同类型有机物有相同的裂解方式，只是质量数的差异，需要经验记忆。这里的裂解规律均是 EI 谱经验总结，质谱解析的一般步骤，也由 EI 谱归纳而来，并非绝对。

质谱解析的一般步骤：

① 核对获得的谱图，扣除本底等因素引起的失真，考虑操作条件是否适当，是哪种离子化法的谱图，是否有基质的峰存在，有否二聚体峰等。

② 综合样品其他知识，例如熔点、沸点、溶解性等理化性质，样品来源，光谱，波谱数据等，多数情况下可给出明确的指导方向。

③ 尽可能判断出分子离子。

④ 假设和排列可能的结构归属。高质量离子所显示的一般是在裂解中失去了中性碎片，如 M−1、M−15、M−18、M−20、M−31…意味着失 H、CH_3、H_2O、HF、OCH_3…

⑤ 假设一个分子结构，与已知参考谱图对照，或取类似的化合物，并做出它的质谱进行对比。

例 9-4 某化合物分子式为 C_3H_7Br，其质谱图如图 9.14 所示，试推测该化合物结构？

解 由图 9.14 可知基峰为 43，可能为丙基，28 的峰说明还容易断裂一个甲基，所以是 1-溴丙烷。

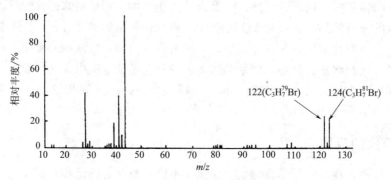

图 9.14 某化合物质谱图

附　　录

附录1　化学试剂纯度的分级

我国的试剂规格基本上按纯度（杂质含量的多少）划分，共有高纯、光谱纯、基准、分光纯、优级纯、分析纯和化学纯7种。

国家和主管部门颁布质量指标的主要有优级纯、分析纯和化学纯3种。

（1）优级纯（GR：Guaranteed Reagent）　又称一级品或保证试剂。这种试剂纯度最高，杂质含量最低，适合于重要精密的分析工作和科学研究工作，使用绿色瓶签。

（2）分析纯（AR：Analytical Reagent）　又称二级试剂。纯度很高，略次于优级纯，适合于重要分析及一般研究工作，使用红色瓶签。

（3）化学纯（CP：Chemical Pure）　又称三级试剂。纯度与分析纯相差较大，适用于工矿、学校一般分析工作，使用蓝色（深蓝色）标签。

除了上述3个级别外，目前市场上尚有以下几种：

（4）基准试剂（PT：Primary Reagent）　专门作为基准物用，可直接配制标准溶液。

（5）光谱纯试剂（SP：Spectrum Pure）　表示光谱纯净。但由于有机物在光谱上显示不出，所以有时主成分达不到99.9%以上，使用时必须注意，作基准物时，必须进行标定。

（6）高纯试剂　纯度远高于优级纯的试剂叫做高纯试剂（≥99.99%）。高纯试剂是在通用试剂基础上发展起来的，它是为了专门的使用目的而用特殊方法生产的纯度最高的试剂。它的杂质含量要比优级试剂低2~4个甚至更多个数量级。因此，高纯试剂特别适用于一些痕量分析，而通常的优级纯试剂就达不到这种精密分析的要求。目前，除对少数产品制定国家标准外（如高纯硼酸、高纯冰乙酸、高纯氢氟酸等），大部分高纯试剂的质量标准还很不统一，在名称上有高纯、特纯（Extra Pure）、超纯、光谱纯等不同叫法。根据高纯试剂工业专用范围的不同，可将其分为以下几种：

① 光学与电子学专用高纯化学品，即电子级试剂（Electronic Grade）。

② 金属-氧化物-半导体（Metal-Oxide-Semiconductor）电子工业专用高纯化学品，即UP-S级或MOS试剂（读作：摩斯试剂）。一般用于半导体、电子管等方面，其杂质最高含量为0.01~10ppm，有的可降低到ppb数量级，金属杂质含量小于1ppb，尘埃等级达到0~2ppb，适合0.35~0.8μm集成电路加工工艺。

③ 单晶生产用高纯化学品。

④ 光导纤维用高纯化学品。此外，还有仪分试剂、特纯试剂（杂质含量低于1ppm~1ppb）、特殊高纯度的有机材料等。

⑤ 等离子体质谱纯级试剂（ICP-Mass Pure Grade）。绝大多数杂质元素含量低于0.1ppb，适合等离子体质谱仪（ICP Mass）日常分析工作。

⑥ 等离子体发射光谱纯级试剂（ICP Pure Grade）。绝大多数杂质元素含量低于 1ppb，适合等离子体发射光谱仪（ICP）日常分析工作。

⑦ 原子吸收光谱纯级试剂（AA Pure Grade）。绝大多数杂质元素含量低于 10ppb，适合原子吸收光谱仪（AA）日常分析工作。

目前，国外试剂厂生产的化学试剂的规格趋向于按用途划分，常见的如下：

生化试剂（BC，Biochemical）；生物试剂（BR，Biological Reagent）；生物染色剂（BS，Biological Stain）；配位滴定用（FCM，For Complexometry）；色谱分析用（FCP，For Chromatography Purpose）；微生物用（FMB，For Microbiologic）；显微镜用（FMP，For Microscopic Purpose）；气相色谱（GC，Gas Chromatography）；高压液相色谱（HPLC，High Pressure Liquid Chromatography）；红外吸收（IR，Infrared Absorption Spectrum）；液相色谱（LC，Liquid Chromatography）；核磁共振（NMR）；有机分析标准（OAS，Organic Analytical Standard）；分析用（PA，Pro Analysis）；实习用（Pract，Practical Use）；特纯（Puriss，Purissmum）；工业用（Tech，Technical Grade）；薄层色谱（TLC，Thin Layer Chromatography）。

附录 2　化学危险品的分类及保管

根据国家 GB 6944—2012《危险货物分类和品名编号》，常用危险化学品按其主要危险特性分为 9 类。第 1 类，爆炸品；第 2 类，气体；第 3 类，易燃气体；第 4 类，易燃固体、自燃物品和遇湿放出易燃气体物品；第 5 类，氧化性物质和有机过氧物质；第 6 类，毒性物质和感染性物质；第 7 类，放射性物质；第 8 类，腐蚀性物质；第 9 类，杂类危险物质和物品，包括危害环境物质。其中前 5 类都是燃爆危险品，后 4 类包含了大量的有毒有害物质，其中的一些物质也具有燃爆危险性。

易燃、易爆危险品的保管原则和方法：

① 易燃、易爆危险品应储存于危险品库内，不得与其他药品同库储存，并远离电源。

② 危险药品室、柜，必须由专人管理。管理人员要有高度的责任感，懂得各种化学药品的危险特性，具有一定的防护知识，并实行"五双管理"，即双人管理、双本账目、双把门锁、双人领发、双人使用。

③ 危险品应分类堆放，特别是性质相抵触的物品（如浓酸与强碱）。灭火方法不同的物品，应该隔离储存。

④ 危险品库应严禁烟火，不准进行明火操作，并应有消防安全设备（如灭火机、沙箱等）。学校主管领导和专管人员要定期检查，节假日安排值班时，要把化学危险品室列为重点防范区。

⑤ 危险品的包装和封口必须坚实、牢固、密封，应定期对化学危险品的包装、标签、状态进行认真检查，并核对库存量，务使账物一致。

⑥ 少量危险品必须与其他药品同库短期储存时，亦应保持一定的安全距离，隔离存放。

⑦ 氧化剂保管应防高热、日晒，与酸类、还原剂隔离，防止冲击、摩擦。钾、钠等金属应存放于煤油中；易燃品、自燃品应与热隔绝，并远离火源，存放于避光阴凉处。

⑧ 使用危险试剂进行实验前，必须向学生提出遵守安全操作规程的要求。教师领用危险品时，必须提前计算用量，填写《危险试剂领用单》，由专管人员和教师送取，不得让学生代替。

⑨ 实验中遗弃的危险品及废液、废渣要及时收集，妥善处理，不得在实验室存留，更不可随意倒入下水道。

附录3 常用元素原子量表

元素	符号	原子量	元素	符号	原子量	元素	符号	原子量
银	Ag	107.8682	钆	Gd	157.25	铂	Pt	195.078
铝	Al	26.98154	锗	Ge	72.61	镭	Ra	226.0254
氩	Ar	39.948	氢	H	1.00794	铷	Rb	85.4678
砷	As	74.9216	氦	He	4.00260	铼	Re	186.207
金	Au	196.9665	汞	Hg	200.59	铑	Rh	102.9055
硼	B	10.811	碘	I	126.9045	钌	Ru	101.072
钡	Ba	137.33	铟	In	114.82	硫	S	32.066
铍	Be	9.01218	钾	K	39.0983	锑	Sb	121.760
铋	Bi	208.9804	氪	Kr	83.80	钪	Sc	44.95591
溴	Br	79.904	镧	La	138.9055	硒	Se	78.963
碳	C	12.011	锂	Li	6.941	硅	Si	28.0855
钙	Ca	40.078	镥	Lu	174.967	钐	Sm	150.36
镉	Cd	112.41	镁	Mg	24.305	锡	Sn	118.710
铈	Ce	140.12	锰	Mn	54.9380	锶	Sr	87.62
氯	Cl	35.453	钼	Mo	95.94	钽	Ta	180.9479
钴	Co	58.9332	氮	N	14.0067	碲	Te	127.60
铬	Cr	51.9961	钠	Na	22.98977	钍	Th	232.0381
铯	Cs	132.9054	钕	Nd	144.24	钛	Ti	47.867
铜	Cu	63.546	氖	Ne	20.1797	铊	Tl	204.383
镝	Dy	162.50	镍	Ni	58.69	铀	U	238.0289
铒	Er	167.26	氧	O	15.9994	钒	V	50.9415
铕	Eu	151.964	磷	P	30.97376	钨	W	183.84
氟	F	18.998403	铅	Pb	207.2	钇	Y	88.90585
铁	Fe	55.845	钯	Pd	106.42	锌	Zn	65.39
镓	Ga	69.723	镨	Pr	140.90765	锆	Zr	91.224

附录4 常用酸碱溶液密度及百分组成表

1. 盐酸

HCl 质量分数/%	密度 d/(g/cm³)	100mL 水溶液中含 HCl/g	HCl 质量分数/%	密度 d/(g/cm³)	100mL 水溶液中含 HCl/g
1	1.0032	1.003	22	1.1083	24.38
2	1.0082	2.006	24	1.1087	26.85
4	1.0181	4.007	26	1.1290	29.35
6	1.0279	6.167	28	1.1392	31.90
8	1.0376	8.301	30	1.1492	34.48
10	1.0474	10.47	32	1.1593	37.10
12	1.0574	12.69	34	1.1691	39.75
14	1.0675	14.95	36	1.1789	42.44
16	1.0776	17.24	38	1.1885	45.16
18	1.0878	19.58	40	1.1980	47.92
20	1.0980	21.96			

2. 硝酸

HNO₃ 质量分数/%	密度 d /(g/cm³)	100mL 水溶液中含 HNO₃/g	HNO₃ 质量分数/%	密度 d /(g/cm³)	100mL 水溶液中含 HNO₃/g
1	1.0036	1.004	65	1.3931	90.43
2	1.0091	2.018	70	1.4134	98.94
3	1.0146	3.044	75	1.4337	107.5
4	1.0201	4.080	80	1.4521	116.2
5	1.0256	5.128	85	1.4686	124.8
10	1.0543	10.54	90	1.4826	133.4
15	1.0842	16.26	91	1.4850	135.1
20	1.1150	22.30	91	1.4873	136.8
25	1.1469	28.67	93	1.4892	138.5
30	1.1800	35.40	94	1.4912	140.2
35	1.2140	42.49	95	1.4932	141.9
40	1.2463	49.85	96	1.4952	143.5
45	1.2783	57.52	97	1.4974	145.2
50	1.3100	65.50	98	1.5008	147.1
55	1.3393	73.66	99	1.5056	149.1
60	1.3667	82.00	100	1.5129	151.3

3. 硫酸

H₂SO₄ 质量分数/%	密度 d /(g/cm³)	100mL 水溶液中含 H₂SO₄/g	H₂SO₄ 质量分数/%	密度 d /(g/cm³)	100mL 水溶液中含 H₂SO₄/g
1	1.0051	1.005	65	1.5533	101.0
2	1.0118	2.024	70	1.6105	112.7
3	1.0184	3.055	75	1.6692	125.2
4	1.0250	4.100	80	1.7272	138.2
5	1.0317	5.159	85	1.7786	151.2
10	1.0661	10.66	90	1.8144	163.3
15	1.1020	16.53	91	1.8195	165.6
20	1.1394	22.79	92	1.8240	167.8
25	1.1783	29.46	93	1.8279	170.2
30	1.2185	36.56	94	1.8312	172.1
35	1.2599	44.10	95	1.8337	174.2
40	1.3028	52.11	96	1.8355	176.2
45	1.3476	60.64	97	1.8364	178.1
50	1.3951	69.76	98	1.8361	179.9
55	1.4453	79.49	99	1.8342	181.6
60	1.4983	89.90	100	1.8305	183.1

4. 发烟硫酸

游离 SO₃ 质量分数/%	密度 d /(g/cm³)	100mL 中游离 SO₃/g	游离 SO₃ 质量分数/%	密度 d /(g/cm³)	100mL 中游离 SO₃/g
1.54	1.860	2.8	10.07	1.900	19.1
2.66	1.865	5.0	10.56	1.905	20.1
4.28	1.870	8.0	11.43	1.910	21.8
5.44	1.875	10.2	13.33	1.915	25.5
6.42	1.880	12.1	15.95	1.920	30.6
7.29	1.885	13.7	18.67	1.925	35.9
8.16	1.890	15.4	21.34	1.930	41.2
9.43	1.895	17.7	25.65	1.935	49.6

5. 乙酸

CH₃COOH 质量 分数/%	密度 d /(g/cm³)	100mL 水溶液中 含 CH₃COOH/g	CH₃COOH 质量 分数/%	密度 d /(g/cm³)	100mL 水溶液中 含 CH₃COOH/g
1	0.9996	0.9996	65	1.0666	69.33
2	1.0012	2.002	70	1.0685	74.80
3	1.0025	3.008	75	1.0696	80.22
4	1.0040	4.016	80	1.0700	85.60
5	1.0055	5.028	85	1.0689	90.86
10	1.0125	10.13	90	1.0661	95.95
15	1.0195	15.29	91	1.0652	96.93
20	1.0263	20.53	92	1.0643	97.92
25	1.0326	25.82	93	1.0632	98.88
30	1.0384	31.15	94	1.0619	99.82
35	1.0438	36.53	95	1.0605	100.7
40	1.0488	41.95	96	1.0588	101.6
45	1.0534	47.40	97	1.0570	102.5
50	1.0575	52.88	98	1.0549	103.4
55	1.0611	58.36	99	1.0524	104.2
60	1.0642	63.85	100	1.0498	105.0

6. 氢溴酸

HBr 质量 分数/%	密度 d /(g/cm³)	100mL 水溶液中 含 HBr/g	HBr 质量 分数/%	密度 d /(g/cm³)	100mL 水溶液中 含 HBr/g
10	1.0723	10.7	45	1.4446	65.0
20	1.1579	23.2	50	1.5173	75.80
30	1.2580	37.7	55	1.5953	87.70
35	1.3150	46.0	60	1.6787	100.7
40	1.3772	56.1	65	1.7675	114.9

7. 氢碘酸

HI 质量 分数/%	密度 d /(g/cm³)	100mL 水溶液中含 HI/g	HI 质量 分数/%	密度 d /(g/cm³)	100mL 水溶液中含 HI/g
20.77	1.1578	24.4	56.78	1.6998	96.6
31.77	1.2962	41.2	61.97	1.8218	112.80
42.7	1.4489	61.9			

8. 氨水

NH₃ 质量 分数/%	密度 d /(g/cm³)	100mL 水溶液中 含 NH₃/g	NH₃ 质量 分数/%	密度 d /(g/cm³)	100mL 水溶液中 含 NH₃/g
1	0.9939	9.94	16	0.9362	149.8
2	0.9895	19.79	18	0.9295	167.3
4	0.9811	39.24	20	0.9229	184.6
6	0.9730	58.38	22	0.9164	201.6
8	0.9651	77.21	24	0.9101	218.4
10	0.9575	95.75	26	0.9040	235.0
12	0.9501	114.0	28	0.8980	251.4
14	0.9430	132.0	30	0.8920	267.6

9. 氢氧化钾

KOH 质量 分数/%	密度 d /(g/cm³)	100mL 水溶液中 含 KOH/g	KOH 质量 分数/%	密度 d /(g/cm³)	100mL 水溶液中 含 KOH/g
1	1.0083	1.008	28	1.2695	35.55
2	1.0175	2.035	30	1.2905	38.72
4	1.0359	4.144	32	1.3117	41.97
6	1.0544	6.326	34	1.3331	45.33
8	1.0730	8.584	36	1.3549	48.78
10	1.0918	10.92	38	1.3765	52.32
12	1.1108	13.33	40	1.3991	55.96
14	1.1299	15.82	42	1.4215	59.70
16	1.1493	19.70	44	1.4443	63.55
18	1.1688	21.04	46	1.4673	67.50
20	1.1884	23.77	48	1.4907	71.55
22	1.2083	26.58	50	1.5143	75.72
24	1.2285	29.48	52	1.5382	79.99
26	1.2489	32.47			

10. 氢氧化钠

NaOH 质量 分数/%	密度 d /(g/cm³)	100mL 水溶液中 含 NaOH/g	NaOH 质量 分数/%	密度 d /(g/cm³)	100mL 水溶液中 含 NaOH/g
1	1.0095	1.010	26	1.2848	33.40
2	1.0207	2.041	28	1.3064	36.58
4	1.0428	4.171	30	1.3279	39.84
6	1.0648	6.389	32	1.3490	43.17
8	1.0869	8.695	34	1.3696	46.57
10	1.1089	11.09	36	1.3900	50.04
12	1.1309	13.57	38	1.4101	53.58
14	1.1530	16.14	40	1.4300	57.20
16	1.1751	18.80	42	1.4494	60.87
18	1.1972	21.55	44	1.4685	64.61
20	1.2191	24.38	46	1.4873	68.42
22	1.2411	27.30	48	1.5065	72.31
24	1.2629	30.31	50	1.5253	76.27

11. 碳酸钠

Na₂CO₃ 质量 分数/%	密度 d /(g/cm³)	100mL 水溶液中 含 Na₂CO₃/g	Na₂CO₃ 质量 分数/%	密度 d /(g/cm³)	100mL 水溶液中 含 Na₂CO₃/g
1	1.0086	1.009	12	1.1244	13.49
2	1.0190	2.038	14	1.1463	16.05
4	1.0398	4.159	16	1.1682	18.50
6	1.0606	6.364	18	1.1905	21.33
8	1.0816	8.653	20	1.2132	24.26
10	1.1029	11.03			

12. 常用的酸和碱

溶　　液	密度 d /(g/cm³)	质量分数 /%	浓度 /(mol/L)	浓度 /[g/(100mL)]
浓盐酸	1.19	37	12.0	44.0
恒沸点盐酸(252mL浓盐酸＋200mL水),沸点110℃	1.10	20.2	6.1	22.2
10％盐酸(100mL浓盐酸＋320mL水)	1.05	10	2.9	10.5
5％盐酸(50mL浓盐酸＋380.5mL水)	1.03	5	1.4	5.2
1mol/L盐酸(41.5mL浓盐酸稀释到500mL)	1.02	3.6	1	3.6
恒沸点氢溴酸(沸点126℃)	1.49	47.5	8.8	70.7
恒沸点氢碘酸(沸点127℃)	1.7	57	7.6	97
浓硫酸	1.84	96	18	177
10％硫酸(25mL浓硫酸＋398mL水)	1.07	10	1.1	10.7
0.5mol/L硫酸(13.9mL浓硫酸稀释到500mL)	1.03	4.7	0.5	4.9
浓硝酸	1.42	71	16	101
10％氢氧化钠	1.11	10	2.8	11.1
浓氨水	0.9	28.4	15	25.9

附录5　常用有机溶剂的性质及纯化

有机溶剂的纯化，是有机合成工作的一项基本操作，市售的普通溶剂在实验室条件下常用的纯化方法如下。

1. 无水乙醚（Absolute Ether）

乙醚性质稳定，是良好的有机溶剂，沸点34.51℃，相对密度0.7138，折射率1.3526，易挥发。普通乙醚中常含有一定量的水、乙醇，若储存不当还会产生少量过氧化物，有发生爆炸的危险。对要求以无水乙醚作溶剂的反应（如Grignard反应），不仅影响反应的进行，且易发生危险。制备无水乙醚时首先要检验有无过氧化物。除去过氧化物可用新配制的硫酸亚铁溶液，除水用浓硫酸作用。具体按照第4部分4.9溶剂处理实验38操作进行精制。

2. 绝对乙醇（Absolute Ethyl Alcohol）

乙醇俗名酒精，沸点78.5℃，相对密度0.7893，折射率1.3611。市售的无水乙醇一般只能达到99.5％的纯度，在许多反应中需用纯度更高的绝对乙醇，经常需自己制备。通常工业用的95.5％的乙醇不能直接用蒸馏法制取无水乙醇，这是因为95.5％乙醇和4.5％的水形成恒沸点混合物。要将水除去，第一步是加入氧化钙（生石灰）煮沸回流，使乙醇中的水与生石灰作用生成氢氧化钙，然后再将无水乙醇蒸出。这样得到无水乙醇，纯度最高约99.5％。纯度更高的无水乙醇可用金属镁或金属钠进行处理。

3. 无水甲醇（Absolute Methyl Alcohol）

市售的甲醇是由合成而来，沸点64.96℃，相对密度0.7914，折射率1.3288，含水量不超过0.5％～1％。由于甲醇和水不能形成共沸混合物，因此可借助于高效的精馏柱将少量水除去。精制甲醇含有0.02％的丙酮和0.1％的水，一般已可应用。如要制得无水甲醇，可用金属镁处理（见"无水乙醇"）。若含水量低于0.1％，亦可用3A或4A型分子筛干燥。甲醇有毒，处理时应避免吸入其蒸气。

4. 无水无噻吩苯（Benzene）

苯是常用的有机溶剂，沸点为80.1℃，相对密度0.8787，折射率1.5011。普通苯含有少量的水（可达 0.02%），由煤焦油加工得来的苯还含有少量噻吩（沸点 84℃），不能用分馏或分步结晶等方法分离除去。为制得无水、无噻吩的苯可采用下列方法：

① 在分液漏斗内将普通苯及相当苯体积 15% 的浓硫酸一起摇荡，摇荡后将混合物静置，弃去底层的酸液，再加入新的浓硫酸，这样重复操作直至酸层呈现无色或淡黄色，且检验无噻吩为止。

② 分去酸层，苯层依次用水、10% 碳酸钠溶液、水洗涤，用氯化钙干燥，蒸馏，收集 80℃ 的馏分。若要高度干燥可加入钠丝（见"无水乙醚"）进一步去水。由石油加工得来的苯一般可省去除噻吩的步骤。

③ 噻吩的检验：取 5 滴苯于小试管中，加入 5 滴浓硫酸及 1～2 滴 1% α,β-吲哚醌-浓硫酸溶液，振荡片刻。如呈墨绿色或蓝色，表示有噻吩存在。

苯是高毒性的化合物，操作需在通风橱内进行，避免吸入其蒸气。

5. 甲苯（Toluene）

甲苯的沸点为 110.2℃，相对密度 0.8660，折射率 1.4969。普通甲苯含少量的水，由煤焦油加工得来的甲苯还可能含有少量甲基噻吩，可采用下列方法精制：

① 用无水氯化钙将甲苯进行干燥，过滤后加入少量金属钠片，再进行蒸馏，即得无水甲苯。

② 除去甲基噻吩是将 1000mL 甲苯加入 100mL 浓硫酸，摇荡约 30min（温度不要超过 30℃），除去酸层。然后再分别用水、10% 碳酸钠水溶液和水洗涤，以无水氯化钙干燥过夜，过滤后进行蒸馏，收集纯品。

6. 丙酮（Acetone）

丙酮沸点为 56.2℃，相对密度 0.7899，折射率 1.3588，普通丙酮中往往含有少量水及甲醇、乙醛等还原性杂质，可用下列方法精制：

① 用 100mL 丙酮中加入 0.5g 高锰酸钾回流，以除去还原性杂质，若高锰酸钾紫色很快消失，需要补加少量高锰酸钾继续回流，直至紫色不再消失为止。蒸出丙酮，用无水碳酸钾或无水硫酸钙干燥，过滤，蒸馏收集 55～56.5℃ 的馏分。

② 于 100mL 丙酮中加入 4mL 10% 硝酸银溶液及 35mL 0.1mol/L 氢氧化钠溶液，振荡 10min，除去还原性杂质。过滤，滤液用无水硫酸钙干燥后，蒸馏收集 55～56.5℃ 的馏分。

7. 乙酸乙酯（Ethyl Acetate）

乙酸乙酯的沸点为 77.06℃，相对密度 0.9003，折射率 1.3723，市售的乙酸乙酯中含少量水、乙醇和乙酸，可用下述方法精制：

① 于 100mL 乙酸乙酯中加入 10mL 乙酸酐，1 滴浓硫酸，加热回流 4h，除去乙醇及水等杂质，然后进行分馏。馏出液用 2～3g 无水碳酸钾振荡干燥后蒸馏，最后产物的沸点为 77℃，纯度达 99.7%。

② 将乙酸乙酯先用等体积 5% 碳酸钠溶液洗涤，再用饱和氯化钙溶液洗涤，然后用无水碳酸钾干燥后蒸馏。

8. 二硫化碳（Carbon Disulfide）

二硫化碳沸点为 46.25℃，相对密度 1.2661，折射率 1.6319，是有较高毒性的液体（能使血液和神经中毒）。它具有高度的挥发性和易燃性，所以使用时必须十分小心，避免吸入其蒸气。一般有机合成实验中对二硫化碳要求不高，可在普通二硫化碳中加入少量研碎的无水氯化钙，干燥后滤去干燥剂，然后在水浴中蒸馏收集。

若要制得较纯的二硫化碳，则需将试剂级的二硫化碳用 0.5% 高锰酸钾水溶液洗涤 3

次，除去硫化氢，再用汞不断振荡除去硫，最后用 2.5％硫酸汞溶液洗涤，除去所有恶臭（剩余的硫化氢），再经氯化钙干燥，蒸馏收集。

9. 氯仿（Chloroform）

氯仿的沸点为 61.7℃，相对密度 1.4832，折射率 1.4459，普通用的氯仿含有 1％的乙醇，这是为了防止氯仿分解为有毒的光气，作为稳定剂加进去的。为了除去乙醇，可以将氯仿用一半体积的水振荡数次，然后分出下层氯仿，用无水氯化钙干燥数小时后蒸馏。

另一种精制方法是将氯仿与少量浓硫酸一起振荡两三次。每 100mL 氯仿，用浓硫酸 5mL。分去酸层以后的氯仿用水洗涤，干燥，然后蒸馏。除去乙醇的无水氯仿应保存于棕色瓶子里，并且不要见光，以免分解。

10. 石油醚（Petroleum Ether）

石油醚为轻质石油产品，是低分子量烃类（主要是戊烷和己烷）的混合物。其沸程为 30～150℃，收集的温度区间一般为 30℃左右，如有 30～60℃、60～90℃、90～120℃等沸程规格的石油醚。石油醚中含有少量不饱和烃，沸点与烷烃相近，用蒸馏法无法分离，必要时可用浓硫酸和高锰酸钾将其除去。通常将石油醚用其体积十分之一的浓硫酸洗涤两三次，再用 10％的硫酸加入高锰酸钾配成的饱和溶液洗涤，直至水层中的紫色不再消失为止。然后再用水洗，经无水氯化钙干燥后蒸馏。如要绝对干燥的石油醚则加入钠丝（见"无水乙醚"）。

11. 四氢呋喃（Tetrahydrofuran）

四氢呋喃沸点 67℃，相对密度 0.8892，折射率 1.4050，系具乙醚气味的无色透明液体。市售的四氢呋喃常含有少量水分及过氧化物。如要制得无水四氢呋喃可与氢化铝锂在隔绝潮气下回流（通常 1000mL 约需 2～4g 氢化铝锂）除去其中的水和过氧化物，然后在常压下蒸馏，收集 66℃的馏分。精制后的液体应在氮气氛中保存，如需较久放置，滴加 0.025％ 2,6-二叔丁基-4-甲基苯酚作抗氧剂。处理四氢呋喃时，应先用少量进行试验，以确定只有少量水和过氧化物，作用不致过于猛烈时，方可进行。

四氢呋喃中的过氧化物可用酸化的碘化钾溶液来试验。如过氧化物较多，可用硫酸亚铁溶液除去（详见"无水乙醚"）。

12. 二甲亚砜（Dimethyl Sulfoxide）

二甲亚砜沸点为 189℃，熔点 18.5℃，相对密度 1.0954，折射率 1.4783，是无色、无臭、微带苦味的吸湿性液体。常压下加热至沸腾可部分分解。市售试剂级二甲亚砜含水量约为 1％，通常先减压蒸馏，然后用 4A 型分子筛干燥，或用氢化钙粉末搅拌 4～8h，再减压蒸馏收集 64～65℃/533Pa（4mmHg）馏分。蒸馏时，温度不宜高于 90℃，否则会发生歧化反应生成二甲砜和二甲硫醚。二甲亚砜与某些物质混合时可能发生爆炸，例如，氢化钠、高碘酸或高氯酸镁等，应予以注意。

13. 二噁烷（Dioxane）

二噁烷沸点 101.523℃，熔点 12℃，相对密度 1.0336，折射率 1.4224，与醚相似，可与水任意混合。普通二噁烷中含有少量二乙醇缩醛与水，久贮的二噁烷还可能含有过氧化物。

二噁烷的纯化，一般加入 10％（质量分数）浓盐酸与之回流 3h，同时慢慢通入氮气，以除去生成的乙醛，冷至室温，加入粒状氢氧化钾直至不再溶解。然后分去水层，用粒状氢氧化钾干燥过夜后，过滤，再加金属钠加热回流数小时，蒸馏后压入钠丝保存。

14. 1,2-二氯乙烷（1,2-Dichloroethane）

1,2-二氯乙烷为无色油状液体，沸点 83.4℃，相对密度 1.2531，折射率 1.4448，有芳香味，溶于 120 份水中。可与水形成恒沸混合物，沸点 72℃，其中含 81.5% 的 1,2-二氯乙烷。可与乙醇、乙醚、氯仿等相混溶。在结晶和提取时是极有用的溶剂，比常用的含氯有机溶剂更为活泼。

一般纯化可依次用浓硫酸、水、稀碱溶液和水洗涤，用无水氯化钙干燥或加入五氧化二磷分馏即可。

15. 正己烷（Hexane）

正己烷沸点为 68.7℃，相对密度 0.6600，折射率 1.3751，来自石油的精密分馏产品，往往含有不饱和烃和苯等杂质，故先用 $KMnO_4$ 溶液洗至紫色不变以除去不饱和烃类；第二步用含 20%～30% SO_3 的发烟硫酸洗至酸层不变颜色以洗去苯。分去酸层后，用水洗去残留酸，再用 5%～10% NaOH（或 Na_2CO_3）洗至酚酞呈粉红色，加无水氯化钙干燥。过滤后用金属钠进一步脱水和保护。使用前蒸馏，收集所需馏分。

附录 6　部分二元及三元共沸混合物性质

1. 二元共沸物

混合物组分	101.325kPa 时的沸点/℃		质量分数/%	
	纯组分	共沸物	第一组分	第二组分
水①	100			
甲苯	110.8	84.1	19.6	80.4
苯	80.2	69.3	8.9	91.1
乙酸乙酯	77.1	70.4	8.2	91.8
正丁酸丁酯	125	90.2	26.7	73.3
异丁酸丁酯	117.2	87.5	19.5	80.5
苯甲酸乙酯	212.4	99.4	84.0	16.0
2-戊酮	102.25	82.9	13.5	86.5
乙醇	78.4	78.1	4.5	95.5
正丁醇	117.8	92.4	38	62
异丁醇	108.0	90.0	33.2	66.8
仲丁醇	99.5	88.5	32.1	67.9
叔丁醇	82.8	79.9	11.7	88.3
苄醇	205.2	99.9	91	9
烯丙醇	97	88.2	27.1	72.9
甲酸	100.8	107.3(最高)	22.5	77.5
硝酸	86.0	120.5(最高)	32	68
氢碘酸	−34	127(最高)	43	57
氢溴酸	−67	126(最高)	52.5	47.5
氢氟酸	−84	110(最高)	79.76	20.24
乙醚	34.5	34.2	1.3	98.7
丁醛	75.7	68	6	94
三聚乙醛	115	91.4	30	70
乙酸乙酯	77.1			

续表

混合物组分	101.325kPa 时的沸点/℃		质量分数/%	
	纯组分	共沸物	第一组分	第二组分
二硫化碳	46.3	46.1	7.3	97.2
己烷	69			
苯	80.2	68.8	95	5
氯仿	61.2	60.8	28	72
丙酮	56.5			
二硫化碳	46.3	39.2	34	66
异丙醚	69.0	54.2	61	39
氯仿	61.2	65.5	20	80
四氯化碳	76.8			
乙酸乙酯	77.1	74.8	57	43
环己烷	80.8			
苯	80.2	77.8	45	55

① 有 "〰〰" 符号者为第一组分。

2. 三元共沸物

第一组分		第二组分		第三组分		沸点/℃
名称	质量分数/%	名称	质量分数/%	名称	质量分数/%	
水	7.8	乙醇	9.0	乙酸乙酯	83.2	70.0
水	4.3	乙醇	9.7	四氯化碳	86.0	61.8
水	7.4	乙醇	18.5	苯	74.1	64.9
水	7.0	乙醇	17	环己烷	76	62.1
水	3.5	乙醇	4.0	氯仿	92.5	55.5
水	7.5	异丙醇	18.7	苯	73.8	66.5
水	0.81	二硫化碳	75.21	丙酮	23.98	38.04

附录 7   反应原料化学安全信息表

名称	外观	CAS 号	分子量	m.p./℃	折射率	溶解性		
				b.p./℃		水	醇	醚
浓硫酸	无色黏稠油状液体	7664-93-9	98.078	10 / 338	1.41827	互	—	—
	S26:万一接触眼睛,立即使用大量清水冲洗并送医诊治;S30:千万不可将水加入此产品;S45:出现意外或者感到不适,立刻到医生那里寻求帮助(最好带去产品容器标签) (注:本栏为安全性描述)							
	第 8.1 类酸性腐蚀品 R35:会导致严重灼伤 (注:本栏为危险性描述)							

名称	外观	CAS 号	分子量	m.p./℃ b.p./℃	折射率	溶解性		
						水	醇	醚
磷酸	透明无色液体	7664-38-2	98	42.35 / 261 (分解)	1.433	互	溶	
	S7:保存在严格密闭容器中;S16:远离火源,禁止吸烟;S26:眼睛接触后,立即用大量水冲洗并征求医生意见;S36/37:穿戴适当的防护服和手套;S45:发生事故时或感觉不适时,立即求医(可能时出示标签);S36/37/39:穿戴适当的防护服、手套和眼睛/面保护;S1/2:上锁保管并避免儿童触及;S24/25:避免皮肤和眼睛接触							
	R34:引起灼伤							
硝酸	纯硝酸是无色液体。一般带有微黄色。发烟硝酸是红褐色液体,在空气中猛烈发烟并吸收水分	7697-37-2	63.01	−42 / 83	—	易	—	—
	S23:切勿吸入蒸汽;S26:不慎与眼睛接触后,请立即用大量清水冲洗并征求医生意见。S36:穿戴适当的防护服;S45:若发生事故或感不适,立即就医(可能的话,出示其标签)							
	R8:与可燃物料接触可能引起火灾;R35:引起严重灼伤							
盐酸	无色或微黄色发烟液体,有刺鼻的酸味	7647-01-0	36.5	— / 110,20.2% 溶液;48, 38% 溶液	—	—	混	
	S1/2:上锁保管并避免儿童触及;S26:不慎与眼睛接触后,请立即用大量清水冲洗并征求医生意见;S45:若发生事故或感不适,立即就医(可能的话,出示其标签)							
	R34:引起灼伤;R37:刺激呼吸系统							
氨水	无色透明液体	1336-21-6	35.0458	/ 165	—	易	混	混
	S26:不慎与眼睛接触后,请立即用大量清水冲洗并征求医生意见;S36/37/39:穿戴适当的防护服、手套和护目镜或面具;S45:若发生事故或感不适,立即就医(可能的话,出示其标签);S61:避免释放至环境中。参考特别说明/安全数据说明书							
	R34:引起灼伤;R50:对水生生物有极高毒性							
氢氧化钠	无色透明晶体	1310-73-2	40.00	318.4 / 1390	—	易	易	不
	S24/25:避免与皮肤和眼睛接触;S37/39:戴适当的手套和护目镜或面具;S45:若发生事故或感不适,立即就医(可能的话,出示其标签)							
	R35:引起严重灼伤							

续表

名称	外观	CAS 号	分子量	m. p. /℃ b. p. /℃	折射率	溶解性 水	溶解性 醇	溶解性 醚
氢氧化钾	白色粉末或片状固体	1310-58-3	56.1	360 / 1324	—	易	溶	微
氢氧化钾	S26:不慎与眼睛接触后,请立即用大量清水冲洗并征求医生意见;S36/37/39:穿戴适当的防护服、手套和护目镜或面具;S45:若发生事故或感不适,立即就医(可能的话,出示其标签)							
氢氧化钾	R22:吞食有害;R35:引起严重灼伤							
镁	银白色金属	7439-95-4	24.3050	651 / 1107	—	不		
镁	S43:着火时使用(指明具体的消防器材种类,如果用水增加危险,注明"禁止用水";S7/8:保存在严格密闭容器中,保持干燥							
镁	R11:高度易燃的;R15:与水接触释放出极易燃气体							
铁	银白色,有金属光泽固体	7439-89-6	55.845	1538 / 2750	—	不	不	不
铁	S16:远离火源,禁止吸烟;S33:对静电采取预防措施							
铁	R11:高度易燃的							
钠	银白色有金属光泽固体	7440-23-5	22.9898	97.72 / 883	—			微溶
钠	S6A:将该物质保持在氮气中;S26:眼睛接触后,立即用大量水冲洗并征求医生意见;S43:着火时使用(指明具体的消防器材种类,如果用水增加危险,注明"禁止用水";S45:若发生事故或感不适,立即就医(可能的话,出示其标签);S8:保持容器干燥;S53:避免接触,使用前获得特别指示说明							
钠	R14/15:与水猛烈反应,释放出极易燃气体;R34:引起灼伤							
氧化钙	白色固体	1305-78-8	56.077	2572 / 2850	—	反应	不	不
氧化钙	S25:避免眼睛接触;S26:不慎与眼睛接触后,请立即用大量清水冲洗并征求医生意见;S36/37/39:穿戴适当的防护服、手套和护目镜或面具;S45:若发生事故或感不适,立即就医(可能的话,出示其标签)							
氧化钙	R34:引起灼伤							
溴化钠	无色立方晶系晶体或白色颗粒状粉末	7647-15-6	102.89	755 / 1390(常压)	—	易	微	不
溴化钠	S24/25:避免皮肤和眼睛接触							
溴化钠	R36/37/38:刺激眼睛、呼吸系统和皮肤							
硫酸钠	无色透明晶体	7757-82-6	142.04	884 / 1404	—	溶	不	不
硫酸钠	S24/25:避免与皮肤和眼睛接触							
硫酸钠	R36:刺激眼睛							
重铬酸钠	橘红色结晶,易潮解	10588-01-9	298	357 / 400	—	溶	不	

续表

名称	外观	CAS号	分子量	m. p. /℃ / b. p. /℃	折射率	溶解性 水	醇	醚
重铬酸钠	含六价铬的有毒产品。长期吸入能破坏鼻黏膜,引起鼻膜炎和鼻中隔软骨穿孔,使呼吸器官受到损伤。皮肤接触重铬酸钠溶液和粉末时易引起铬疮和皮炎,当破伤的皮肤与之接触时,会造成不易痊愈的溃扬。眼睛受到沾染时,将引起结膜炎,甚至失明。因此,如有重铬酸钠溶液或粉末溅到皮肤上,应立即用大量水冲洗干净,如不慎溅入眼睛内,应立即用大量水冲洗15min以上,并滴入鱼肝油和30%乙酰磺胺溶液进行处理。误食铬盐会引起急性铬中毒,出现腹痛、呕吐、便血,严重者会出现血尿、抽搐、精神失常等。应立即用亚硫酸钠溶液洗胃解毒。口服1%氧化镁稀溶液,喝牛奶和蛋清等。铬酸盐、重铬酸盐(按 CrO_3 计)最高容许浓度为 $0.01mg/m^3$。当空气中重铬酸钠超过此浓度时,吸入会引起鼻黏膜溃烂。工作前必须穿着符合标准规范的工作服、橡皮围裙、乳胶手套,使用个人专用的保护面罩。工作时,要求生产设备密闭,通风良好,防止气体外逸和粉尘飞扬。要遵守个人卫生规则,下班后,务必淋浴,皮肤上有破伤处,应涂敷防护药膏。应定期进行体检,每两年复查一次							
	1. 急性毒性 LD_{50}:50mg/kg(大鼠经口) 2. 刺激性 暂无资料 3. 致突变性(微生物致突变):鼠伤寒沙门菌50μg/皿。DNA损伤:大鼠肝 10μmol/L。姐妹染色单体交换:仓鼠肺 140μg/L 4. 致癌性 IARC致癌性评论:组1,对人类是致癌物 5. 其他:大鼠腹腔注射最低中毒剂量(TDLo):20mg/kg(染毒8周,雄性),影响精子生成							
高锰酸钾	深紫色细长斜方柱状结晶,有金属光泽	7722-64-7	158.034	240 / 分解	—	溶	—	—
	S60:该物质及其容器需作为危险性废料处置;S61:避免释放至环境中。参考特别说明/安全数据说明书							
	R22:吞食有害;R50/53:对水生生物有极高毒性,可能对水体环境产生长期不良影响 R8:与可燃物料接触可能引起火灾							
氯化钠	无色晶体或白色粉末	7647-14-5	58.44	801 / 1465	—	易	微	不
	S24/25:避免与皮肤和眼睛接触							
	R36:刺激眼睛							
亚硝酸钠	白色或淡黄色结晶	7632-00-0	68.995	271 / 320(分解)	—	易	微	微
	S45:若发生事故或感不适,立即就医(可能的话,出示其标签);S61:避免释放至环境中。参考特别说明/安全数据说明书							
	R25:吞食有毒;R50:对水生生物有极高毒性;R8:与可燃物料接触可能引起火灾							
碳酸铵	无色立方晶体	506-87-6	96.09	58 / —	—	易	不	不
	S24/25:避免与皮肤和眼睛接触							
碳酸钠	白色结晶性粉末	497-19-8	105.99	851 / 1600	—	溶	不	不
	S22:切勿吸入粉尘;S26:不慎与眼睛接触后,请立即用大量清水冲洗并征求医生意见							
	R36:刺激眼睛							

名称	外观	CAS 号	分子量	m. p. /℃ b. p. /℃	折射率	溶解性		
						水	醇	醚
碳酸钾	白色结晶性粉末	584-08-7	138.206	891 —	—	易	不	不
	S26:不慎与眼睛接触后,请立即用大量清水冲洗并征求医生意见;S36:穿戴适当的防护服;S37/39:戴适当的手套和护目镜或面具							
	R22:吞食有害;R36/37/38:刺激眼睛、呼吸系统和皮肤							
硫酸镁	无色或白色晶体或粉末,无臭,味苦,有潮解性	7487-88-9	120.3676	1124 —	—	溶	溶	微
	S24/25:避免与皮肤和眼睛接触							
碳酸氢钠	白色晶体,或不透明单斜晶系细微结晶	144-55-8	84.01	270 851	—	易	不	不
	S24/25:避免与皮肤和眼睛接触							
正丁醇	无色透明液体	71-36-3	74.12	— 117-118	1.3971	微	混	混
	S13:远离食品、饮料和动物饲料保存;S26:眼睛接触后,立即用大量水冲洗并征求医生意见;S37/39:穿戴适当的手套和眼睛/面保护;S46:食入时,立即求医并出示容器/标签;S7/9:将容器严格密闭保存在阴凉、通风良好的场所;S45:发生事故或感觉不适时,立即求医(可能时出示标签);S36/37:穿戴适当的防护服和手套;S16:远离火源,禁止吸烟;S7:保存在严格密闭容器中							
	R10:易燃的;R22:吞食是有害的;R37/38:刺激呼吸系统和皮肤;R41:对眼睛有严重损害的风险;R67:蒸气可能导致嗜睡和昏厥							
环己醇	无色透明油状液体或白色针状结晶	108-93-0	100.158	— 160.84	1.4641	溶	混	混
	S24/25:避免皮肤和眼睛接触							
	R20/22:吸入和吞食是有害的;R37/38:刺激呼吸系统和皮肤							
正溴丁烷	无色透明液体	109-65-9	137.03	— 101.6	1.4398	不	易	易
	S16:远离火源;S26:不慎与眼睛接触后,请立即用大量清水冲洗并征求医生意见;S37/39:戴适当的手套和护目镜或面具							
	R10:易燃;R36/37/38:刺激眼睛,呼吸系统和皮肤							
丙酮	常温下无色液体	67-64-1	58.08	— 56.53	1.3585	混	易	易
	S9:保持容器在通风良好的场所;S16:远离火源,禁止吸烟;S23:不要吸入气体/烟雾/蒸汽/喷雾;S26:眼睛接触后,立即用大量水冲洗并征求医生意见;S33:对静电采取预防措施;S36/37:穿戴适当的防护服和手套;S45:发生事故或感觉不适时,立即求医(可能时出示标签)							
	R11:高度易燃;R36:刺激眼睛;R66:长期接触可能引起皮肤干裂;R67:蒸气可能引起困倦和眩晕;R23/24/25:吸入、与皮肤接触和吞食是有毒的;R39/23/24/25:有毒的,经吸入、与皮肤接触和吞食有极严重不可逆作用危险							
硝基苯	无色或淡黄色(含二氧化氮杂质)的油状液体,有像杏仁油的特殊气味	98-95-3	123.11	— 210.9	1.5503	微	溶	溶

续表

名称	外观	CAS号	分子量	m. p. /℃ b. p. /℃	折射率	溶解性 水	溶解性 醇	溶解性 醚
硝基苯	S36/37:穿戴适当的防护服和手套;S45:若发生事故或感不适,立即就医(可能的话,出示其标签);S61:避免释放至环境中。参考特别说明/安全数据说明书							
	R23/24/25:吸入、皮肤接触及吞食有毒;R40:少数报道有致癌后果;R51/53:对水生生物有毒,可能对水体环境产生长期不良影响;R62:有损害生育能力的危险							
苯甲醛	纯品为无色液体,工业品为无色至淡黄色液体,有苦杏仁气味	100-52-7	106.12	— 179	1.5455	微	混	混
	S24:避免皮肤接触							
	R22:吞食有害							
呋喃甲醛	无色至黄色液体,在光、热、空气和无机酸的作用下很快变为黄褐色并发生树脂化,有杏仁气味	98-01-1	96.08	— 161.8	1.52608	微溶于冷水,溶于热水	溶	溶
	S1/2:上锁保存,并避免儿童触及;S26:不慎与眼睛接触后,请立即用大量清水冲洗并征求医生意见;S36/37/39:穿戴适当的防护服、手套和护目镜或面具;S45:若发生事故或感不适,立即就医(可能的话,出示其标签)							
	R21:与皮肤接触有害;R23/25:吸入及吞食有毒;R36/37:刺激眼睛和呼吸系统;R40:少数报道有致癌后果							
异戊醇	无色液体,有不愉快的气味	123-51-3	88.15	— 132.5	1.405	微	混	混
	S16:远离火源							
	R10:易燃;R20/22:吸入及吞食有害							
乙酸酐	无色透明液体,有强烈的乙酸气味	108-24-7	102.09	— 139.8	1.393 (15℃)	易	溶	混
	S16:远离火源,禁止吸烟;S26:不慎与眼睛接触后,请立即用大量清水冲洗并征求医生意见;S33:对静电采取预防措施;S36/37/39:穿戴适当的防护服、手套和护目镜或面具;S39:戴眼镜/面孔保护装置;S45:若发生事故或感不适,立即就医(可能的话,出示其标签)							
	R10:易燃;R11:高度易燃的;R20/21:吸入及皮肤接触有害;R20/21/22:吸入、与皮肤接触和吞食是有害的;R37/38:刺激呼吸系统和皮肤;R34:引起灼伤;R41:对眼睛有严重损害的风险							
水杨酸	白色针状结晶或单斜棱晶,有辛辣味	69-72-7	138.12	159 210	—	微	溶	溶
	S26:不慎与眼睛接触后,请立即用大量清水冲洗并征求医生意见;S39:戴眼镜/面孔保护装置;S37/39:戴适当的手套和护目镜或面具							
	R22:吞食有害;R36/37/38:刺激眼睛、呼吸系统和皮肤;R41:对眼睛有严重伤害							

续表

名称	外观	CAS 号	分子量	m. p. /℃ b. p. /℃	折射率	溶解性		
						水	醇	醚
对氨基苯磺酸	白色至灰白色粉末	121-57-3	173.19	100℃时失去结晶水 300℃时开始分解炭化	—	微溶于冷水,溶于热水	不	不
	S24:避免皮肤接触;S37:戴适当手套;S26:不慎与眼睛接触后,请立即用大量清水冲洗并征求医生意见;S45:若发生事故或感不适,立即就医(可能的话,出示其标签);S36/37/39:穿戴适当的防护服、手套和护目镜或面具							
	R36/38:刺激眼睛和皮肤;R43:与皮肤接触可能致敏;R34:引起灼伤							
N,N-二甲苯胺	浅黄色至浅褐色油状液体,可燃,有刺激性气味	121-69-7	122.187	— 193.5℃ (760mmHg)	1.5582	不	溶	溶
	S36/37:穿戴适当的防护服和手套;S45:若发生事故或感不适,立即就医(可能的话,出示其标签);S61:避免释放至环境中。参考特别说明/安全数据说明书							
	R23/24/25:吸入、皮肤接触及吞食有毒;R40:少数报道有致癌后果;R51/53:对水生生物有毒,可能对水体环境产生长期不良影响							
邻氨基苯甲酸	黄色片状结晶,有甜味	118-92-3	137.14	144～146 285	—	溶于热水	溶	溶
	S26:不慎与眼睛接触后,请立即用大量清水冲洗并征求医生意见;S39:戴护目镜或面具							
	R36:刺激眼睛;R37:刺激呼吸系统							
乙醇	无色液体,黏稠度低	64-17-5	46.07	— 78	1.3611	混	混	混
	极易燃,储备运输远离火源、热源等							
	R11:高度易燃的							
溴乙烷	无色易挥发油状液体	74-96-4	108.9651	— 38.4	1.4225	不	溶	溶
	S36/37:穿戴适当的防护服和手套							
	R11:高度易燃;R20/22:吸入及吞食有害;R40:少数报道有致癌后果							
苯酚	无色或白色晶体,有特殊气味。在空气中及光线下变为粉红色	108-95-2	94.11	43 181.9	—	微溶于冷水,在65℃与水混溶	混	混
	S36/37:穿戴适当的防护服和手套;S45:若发生事故或感不适,立即就医(可能的话,出示其标签)							
	R23/24/25:吸入、皮肤接触及吞食有毒;R34:引起灼伤;R40:少数报道有致癌后果;R68:可能有不可逆后果的危险							
丙二酸二乙酯	无色液体,具有甜的醚气味	105-53-3	160.17	— 199.3	1.4135	微	混	混
	S24/25:避免与皮肤和眼睛接触							
	遇明火、高热可燃							

名称	外观	CAS 号	分子量	m. p. /℃	折射率	溶解性		
				b. p. /℃		水	醇	醚
尿素	无色或白色针状或棒状结晶体	57-13-6	60.06	132.7	—	溶	溶	微
				196.6				
	S26:眼睛接触后,立即用大量水冲洗并征求医生意见;S36:穿戴适当的防护服;S24/25:避免皮肤和眼睛接触							
	R36/37/38:刺激眼睛、呼吸系统和皮肤;R40:可能有不可逆作用的风险							
乙酸钾	白色粉末状	127-08-2	98.14	292	—	易	溶	不
				—				
	S24/25:避免与皮肤和眼睛接触							
苯乙酮	无色具有高折射率液体,有愉快的芳香气味	98-86-2	120.15		1.5372	不	易	易
				202.6				
	S26:不慎与眼睛接触后,请立即用大量清水冲洗并征求医生意见							
	R22:吞食有害;R36:刺激眼睛							
α-苯乙胺	无色液体	618-36-0	121.18		1.526	微	混	混
				187				
	S26:不慎与眼睛接触后,请立即用大量清水冲洗并征求医生意见;S36/37/39:穿戴适当的防护服、手套和护目镜或面具;S45:若发生事故或感不适,立即就医(可能的话,出示其标签)							
	R21/22:皮肤接触及吞食有害;R34:引起灼伤							
(+)-酒石酸	无色或白色晶体	87-69-4	148.072	—		溶	溶	溶
				399.3				
	S26:不慎与眼睛接触后,请立即用大量清水冲洗并征求医生意见;S37/39:戴适当的手套和护目镜或面具							
	R36/37/38:刺激眼睛、呼吸系统和皮肤							
联萘酚	白色针状结晶或粉末	602-09-5	286.32	215~218	—	不	微	溶
				462.1				
	S26:不慎与眼睛接触后,请立即用大量清水冲洗并征求医生意见;S37/39:戴适当的手套和护目镜或面具;S45:若发生事故或感不适,立即就医(可能的话,出示其标签)							
	R25:吞食有毒;R36/37/38:刺激眼睛、呼吸系统和皮肤							
N-苄基氯化辛可宁		69221-14-3	456.42726	—				
				—				
	R36/37/38:对眼睛、呼吸道和皮肤有刺激作用							
L-脯氨酸	无色至白色晶体或结晶性粉末	147-85-3	115.130	228~233	—	易	易	不
				252.2				
	S24/25:避免与皮肤和眼睛接触							
	R36/37/38:刺激眼睛、呼吸系统和皮肤							

续表

名称	外观	CAS 号	分子量	m. p. /℃ / b. p. /℃	折射率	溶解性 水	溶解性 醇	溶解性 醚
甲苯	无色透明液体	108-88-3	92.14	— / 110.60	1.499	不	溶	溶
	S36/37:穿戴适当的防护服和手套;S46:若不慎吞食,立即求医并出示其容器或标签;S62:若吞食,切勿催吐,立即求医,并出示其容器或标签							
	R11:高度易燃;R38:刺激皮肤;R63:可能有对胎儿造成伤害的危险;R65:吞食可能造成肺部损伤;R67:蒸气可能引起困倦和眩晕							
乙腈	无色液体,有刺激性气味	75-05-8	41.06	— / 81.6	1.343	混	混	混
	S16:远离火源;S36/37:穿戴适当的防护服和手套							
	R11:高度易燃;R20/21/22:吸入、皮肤接触及吞食有害;R36:刺激眼睛							
乙酸乙酯	无色液体	141-78-6	88.11	— / 77.2	1.3720	混	混	混
	S16:远离火源;S26:不慎与眼睛接触后,请立即用大量清水冲洗并征求医生意见;S33:采取措施,预防静电发生							
	R11:高度易燃;R36:刺激眼睛;R66:长期接触可能引起皮肤干裂;R67:蒸气可能引起困倦和眩晕							
二氯甲烷	无色透明易挥发液体	75-09-2	84.93	— / 39.75	1.4244	微	溶	溶
	S23:切勿吸入蒸气;S24/25:避免与皮肤和眼睛接触;S36/37:穿戴适当的防护服和手套							
	R40:少数报道有致癌后果							
甘氨酸	白色至灰白色结晶粉末	56-40-6	75.07	182 / 233	—	易	极难	不
	S22:切勿吸入粉尘;S24/25:避免与皮肤和眼睛接触							
乙醛	无色易流动液体	75-07-0	44.05	— / 20.8	1.3316	溶	混	混
	S16:远离火源;S33:采取措施,预防静电发生;S36/37:穿戴适当的防护服和手套							
	R12:极度易燃;R36/37:刺激眼睛和呼吸系统;R40:少数报道有致癌后果							
乙醚	无色透明液体	60-29-7	74.12	— / 34.5	1.351	微	溶	混
	S16:远离火源;S29:切勿倒入下水道;S33:采取措施,预防静电发生;S9:保持容器置于良好通风处							
	R12:极度易燃;R19:可能生成爆炸性过氧化物;R22:吞食有害;R66:长期接触可能引起皮肤干裂;R67:蒸气可能引起困倦和眩晕							
对硝基苯甲醛	白色或淡黄色棱状结晶	555-16-8	151.12	103~107 / 299.6	—	不	易	微
	S24/25:避免与皮肤和眼睛接触							
	R36/37/38:刺激眼睛、呼吸系统和皮肤							

续表

名称	外观	CAS 号	分子量	m. p. /℃	折射率	溶解性		
				b. p. /℃		水	醇	醚
乙二醇	无色,有甜味,黏稠液体	107-21-1	62.068	— 197.3	1.4318	混	混	微
	S26:眼睛接触后,立即用大量水冲洗并征求医生意见							
	R22:吞食有害							
二苯甲酮	白色有光泽的棱形结晶,似玫瑰香甜味	119-61-9	182.218	47~49 305.4	—	不	溶	溶
	S26:不慎与眼睛接触后,请立即用大量清水冲洗并征求医生意见;S29:切勿倒入下水道;S37/39:戴适当的手套和护目镜或面具;S61:避免释放至环境中。参考特别说明/安全数据说明书							
	R36/37/38:刺激眼睛、呼吸系统和皮肤;R50/53:对水生生物有极高毒性,可能对水体环境产生长期不良影响							
异丙酮	无色透明具有乙醇气味的易燃性液体	67-63-0	60.06	−87.9 82.45	1.3772	混	混	混
	S16:远离火源;S24/25:避免与皮肤和眼睛接触;S26:不慎与眼睛接触后,请立即用大量清水冲洗并征求医生意见;S7:保持容器密封							
	R11:高度易燃;R36:刺激眼睛;R67:蒸气可能引起困倦和眩晕							
乙酸	无色透明液体,有刺激性气味	64-19-7	60.05	16.6 117.9	1.3716	混	混	混
	S23:切勿吸入蒸气;S26:不慎与眼睛接触后,请立即用大量清水冲洗并征求医生意见;S45:若发生事故或感不适,立即就医(可能的话,出示其标签)							
	R10:易燃;R35:引起严重灼伤							
马来酸酐	斜方晶系,无色针状或片状结晶体	108-31-6	98.06	52.8 202	—	溶	溶	
	S22:切勿吸入粉尘;S26:不慎与眼睛接触后,请立即用大量清水冲洗并征求医生意见;S36/37/39:穿戴适当的防护服、手套和护目镜或面具;S45:若发生事故或感不适,立即就医(可能的话,出示其标签)							
	R22:吞食有害;R34:引起灼伤;R42/43:吸入及皮肤接触可能致敏							
乙酰乙酸乙酯	无色液体,具有愉快的水果香气	141-97-9	130.134	— 236.3	1.4194	易	混	混
	S24/25:避免与皮肤和眼睛接触							
	刺激性物品							
苯胺	无色至浅黄色透明液体	62-53-3	93.13	−6.2 184.4	1.5863	微	溶	溶
	S26:不慎与眼睛接触后,请立即用大量清水冲洗并征求医生意见;S27:一旦衣物受到污染,请立即脱去;S36/37/39:穿戴适当的防护服、手套和护目镜或面具;S45:若发生事故或感不适,立即就医(可能的话,出示其标签);S46:若不慎吞食,立即就医并出示其容器或标签;S61:避免释放至环境中。参考特别说明/安全数据说明书							
	R23/24/25:吸入、皮肤接触及吞食有毒;R40:少数报道有致癌后果;R41:对眼睛有严重伤害;R43:与皮肤接触可能致敏;R50:对水生生物有极高毒性;R68:可能有不可逆后果的危险							

续表

名称	外观	CAS 号	分子量	m. p. /℃	折射率	溶解性		
				b. p. /℃		水	醇	醚
乙酰苯胺	白色有光泽片状结晶或白色结晶粉末	103-84-4	135.16	114.3	—	微	溶	溶
				304				
	S22:切勿吸入粉尘;S26:不慎与眼睛接触后,请立即用大量清水冲洗并征求医生意见;S36:穿戴适当的防护服							
	R22:吞食有害;R36/37/38:刺激眼睛、呼吸系统和皮肤							
氯磺酸	透明至淡黄色液体	7790-94-5	116.524	—	1.501	反应	分解	
				158				
	S26:不慎与眼睛接触后,请立即用大量清水冲洗并征求医生意见;S45:若发生事故或感不适,立即就医(可能的话,出示其标签)							
	R14:遇水反应剧烈;R35:引起严重灼伤;R37:刺激呼吸系统							
对甲基苯胺	无色、光泽片状结晶体	106-49-0	107.153	41~46	—	微	溶	溶
				97.4				
	S36/37:穿戴适当的防护服和手套;S45:若发生事故或感不适,立即就医(可能的话,出示其标签);S61:避免释放至环境中。参考特别说明/安全数据说明书							
	R23/24/25:吸入、皮肤接触及吞食有毒;R36:刺激眼睛;R40:少数报道有致癌后果;R43:与皮肤接触可能致敏;R50:对水生生物有极高毒性							
维生素 B_1	白色针状结晶性粉末,有微弱米糠似的特异臭,味苦	59-43-8	300.808	248~250 (分解)	—	易	微	不
				—				
安息香	白色或淡黄色棱柱体结晶	119-53-9	212.244	133	—	不溶于冷水,微溶于热水	微	微
				344				
	S24/25:避免与皮肤和眼睛接触							
二苯基乙二酮	黄色棱形结晶粉末	134-81-6	210.23	95	—	不	溶	溶
				346~348 (分解)				
	S26:不慎与眼睛接触后,请立即用大量清水冲洗并征求医生意见 S36/37/39:穿戴适当的防护服、手套和护目镜或面具							
	R22:吞食有害							
石油醚	无色透明液体,有煤油气味	8032-32-4	—	—	—	不	溶	溶
				40~80				
	其在人体内有蓄积性,为神经性毒剂;其蒸气或雾对眼睛、黏膜和呼吸道有刺激性。中毒表现可有烧灼感、咳嗽、喘息、喉炎、气短、头痛、恶心和呕吐。该品可引起周围神经炎,对皮肤有强烈刺激性;对环境有危害,对水体、土壤和大气可造成污染;极度易燃,具强刺激性							

名称	外观	CAS 号	分子量	m. p. /℃	折射率	溶解性		
				b. p. /℃		水	醇	醚
三氯甲烷	无色透明重质液体	67-66-3	119.38	—	1.4422	微	混	混
				61.2				
	S36/37：穿戴适当的防护服和手套							
	R22：吞食有害；R38：刺激皮肤；R40：少数报道有致癌后果							
邻苯二甲酰亚胺	纯品为白色松脆的结晶状粉末，工业品为浅黄色无定形的块状物	85-41-6	147.13	233.5～235	—	微	微	微
				366				
	S24/25：避免与皮肤和眼睛接触							
1,3-二溴丙烷	无色或淡黄色透明液体	109-64-8	201.887	—	1.5249	不	溶	溶
				167				
	S16：远离火源；S24/25：避免与皮肤和眼睛接触							
	R10：易燃；R36/37/38：刺激眼睛、呼吸系统和皮肤							

附录 8　部分实验产物红外光谱图

实验 18　乙酰二茂铁

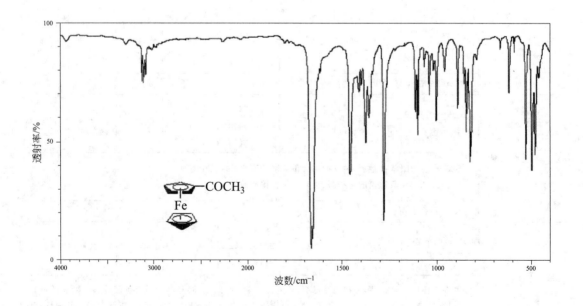

实验 19　溴乙烷

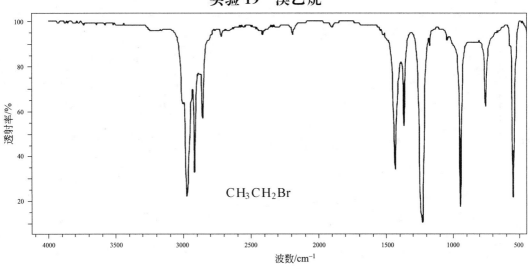

CH_3CH_2Br

实验 20　正溴丁烷

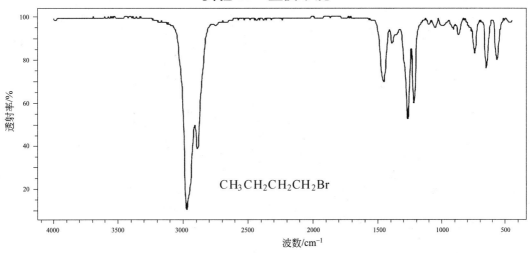

$CH_3CH_2CH_2CH_2Br$

实验 21　环己烯

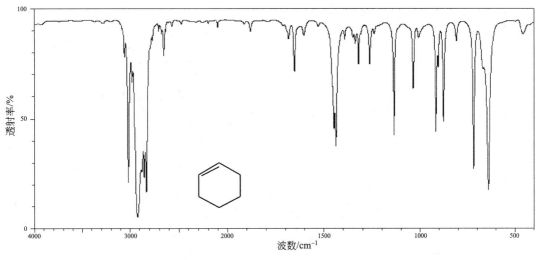

实验 22　2-甲基己-2-醇

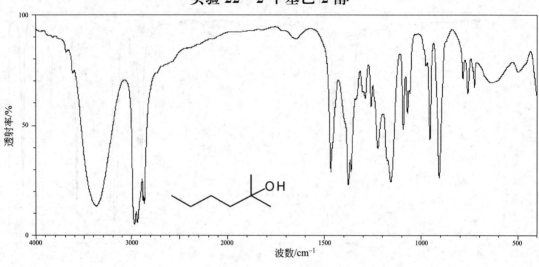

实验 23　正丁醛

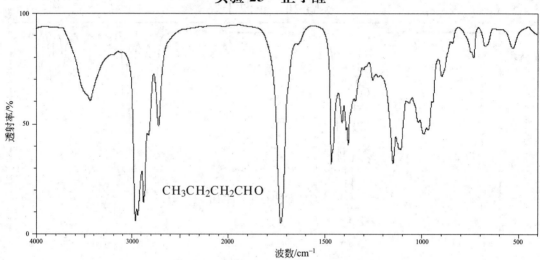

实验 24　环己酮

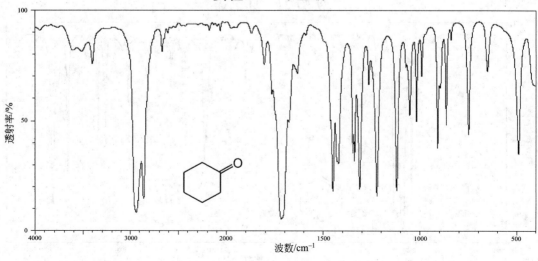

实验 25　己二酸

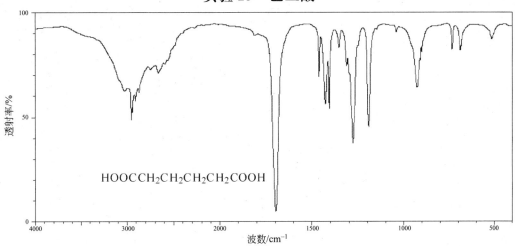

实验 26　苯胺

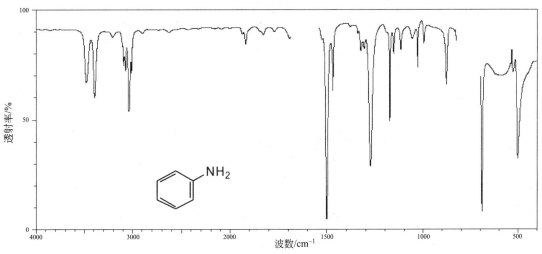

实验 27　苯甲醇和苯甲酸

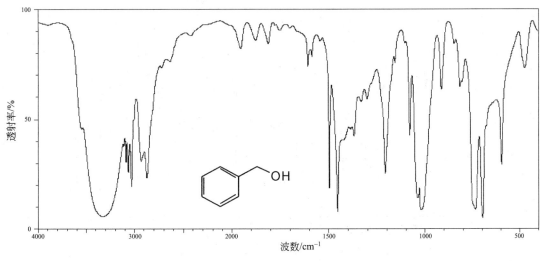

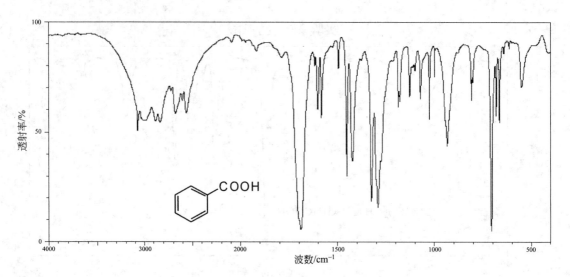

实验 28　呋喃甲醇和呋喃甲酸

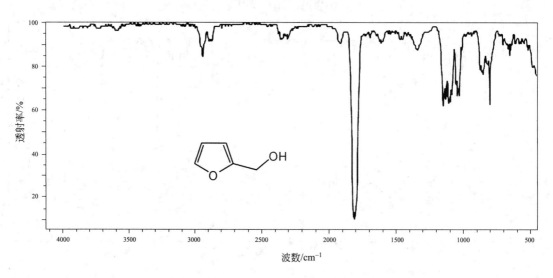

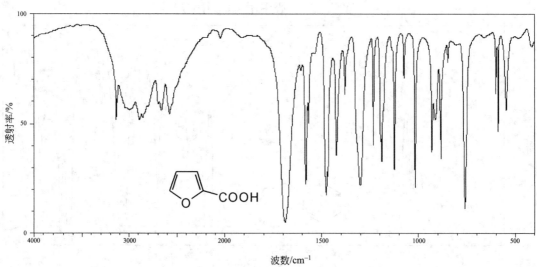

实验 29　乙酸异戊酯

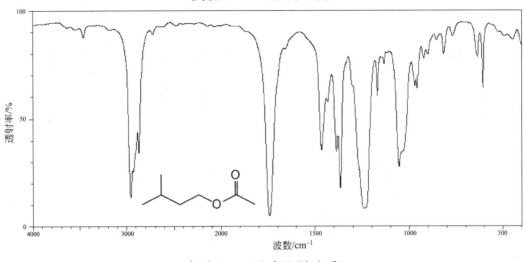

实验 30　亚硝酸异戊酯

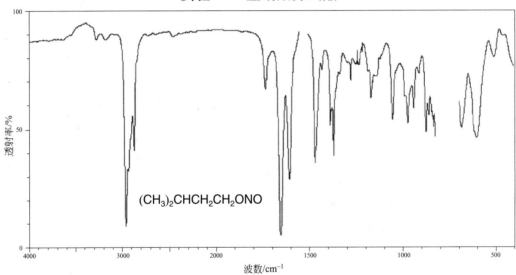

实验 31　乙酰水杨酸

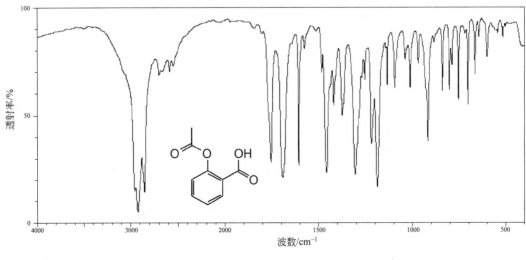

实验 32 甲基橙

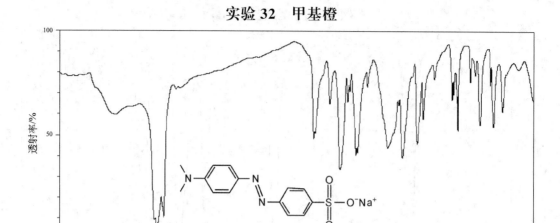

实验 33 甲基红

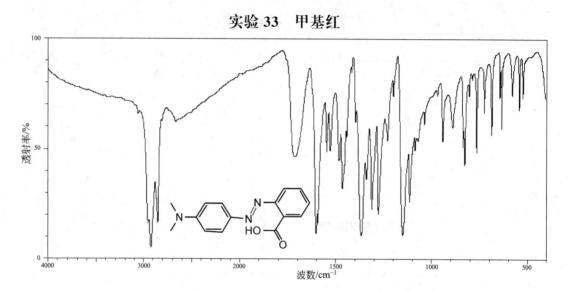

实验 35 正丁醚

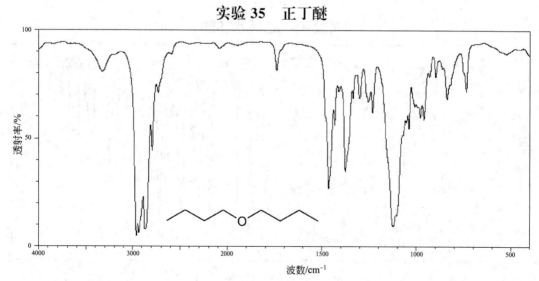

实验 36　苯乙醚

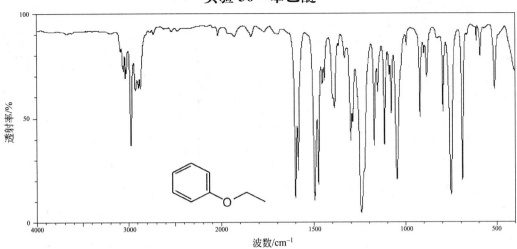

实验 37　巴比妥酸

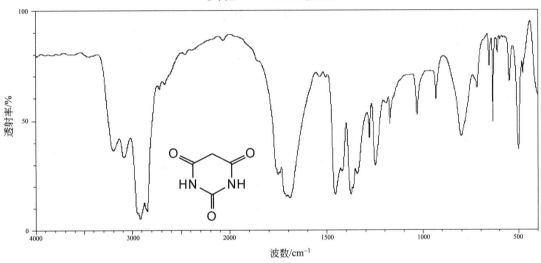

实验 38　肉桂酸

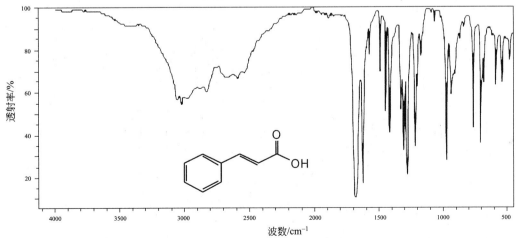

实验 39　二苯亚甲基丙酮

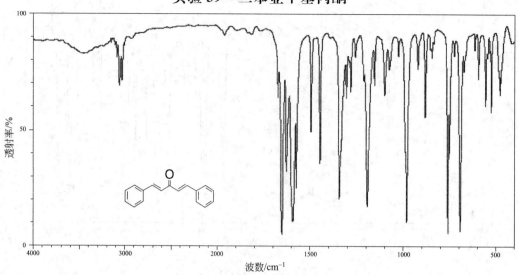

实验 40　查耳酮

实验 42　1,1′-联萘-2,2′-二酚

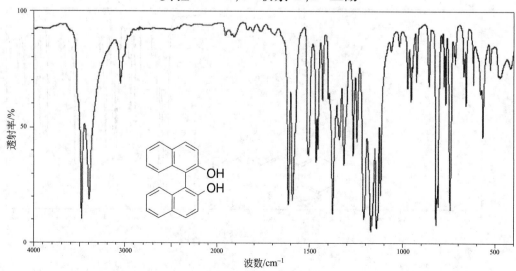

实验 43　DL-苏氨酸

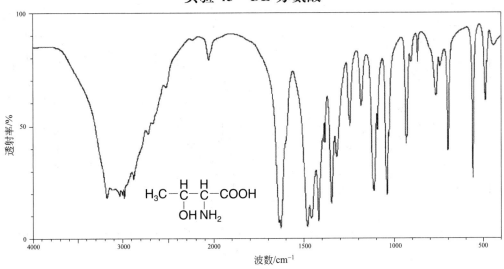

实验 46　对苯二甲酸

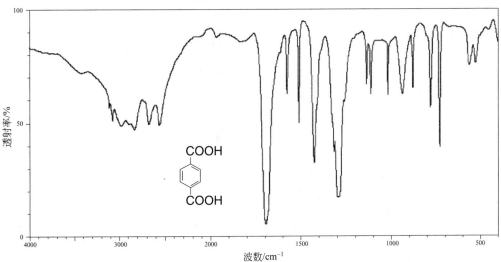

实验 47　苯频哪醇

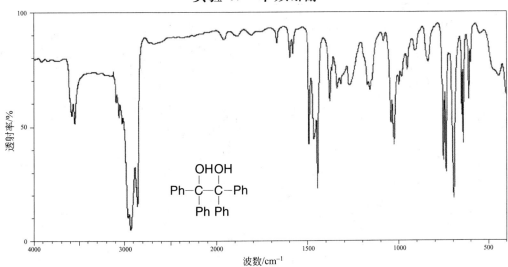

实验 50 乙酰苯胺

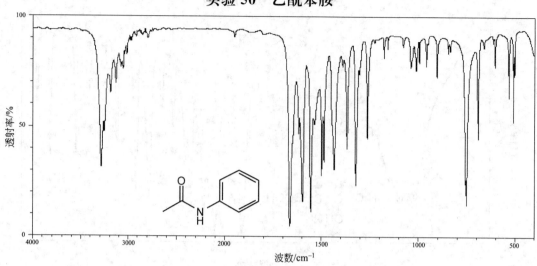

实验 51 对氨基苯磺酰胺

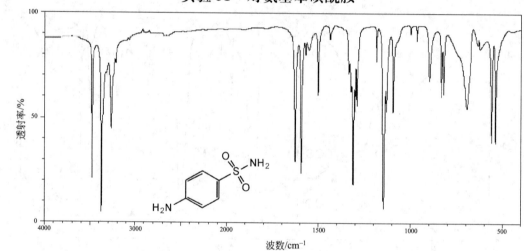

实验 52 对氨基苯甲酸乙酯

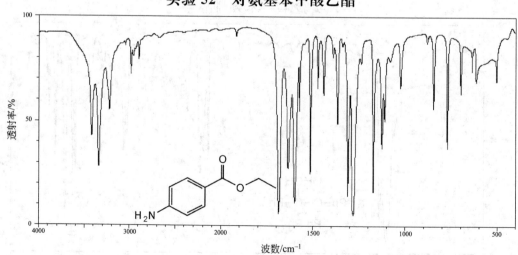

实验 53　安息香

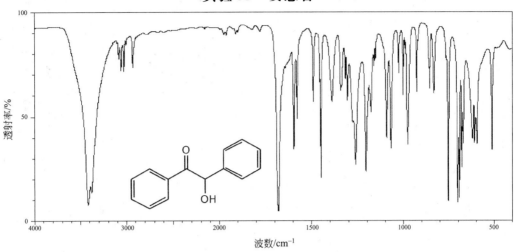

实验 54　二苯基乙二酮

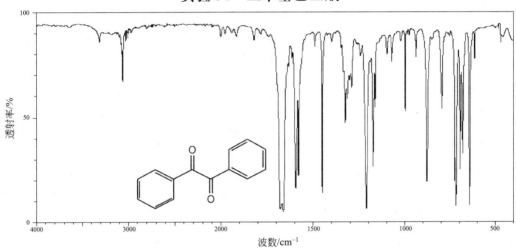

实验 55　二苯基羟乙酸

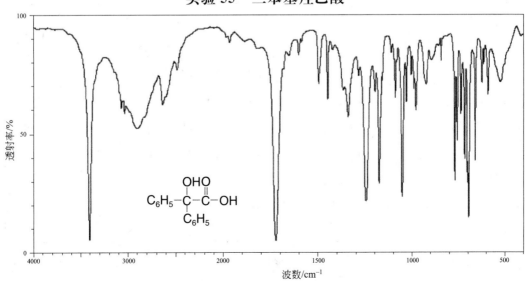

实验 56　5,5-二苯基乙内酰脲

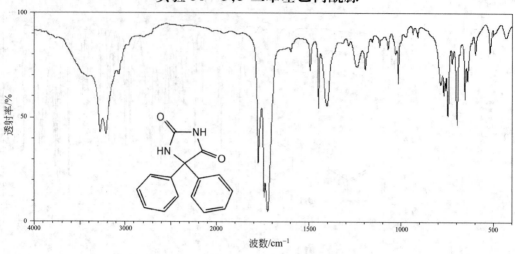

实验 57　乙酰乙酸乙酯

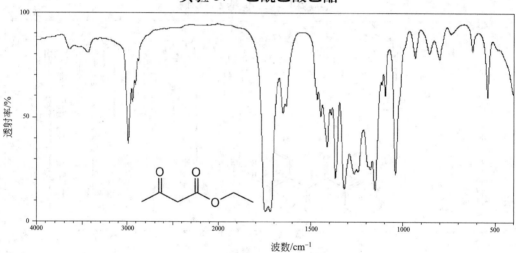

实验 58　庚-2-酮

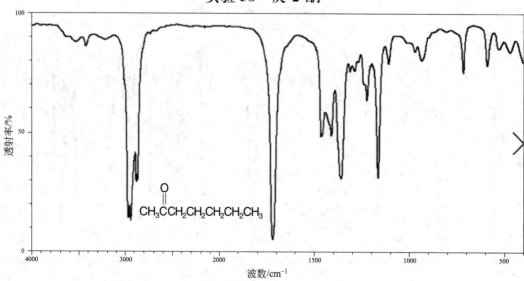

实验 60　咖啡因

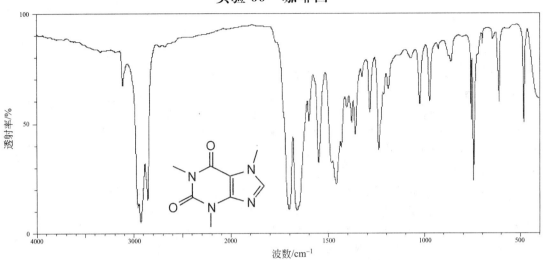

实验 62　芦丁

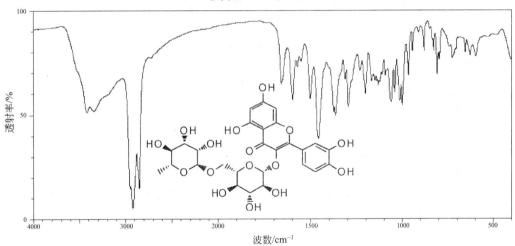

实验 64　褪黑激素

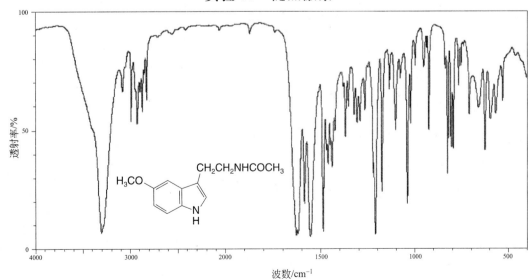

参 考 文 献

[1] 兰州大学．有机化学实验．3 版．北京：高等教育出版社，2010.

[2] 樊能廷．有机合成事典．北京：北京理工大学出版社，1992.

[3] 徐克勋．精细有机化工原料及中间体手册．北京：化学工业出版社，1998.

[4] 北京大学化学学院有机化学研究所．有机化学实验．3 版．北京：北京大学出版社，2015.

[5] 王玉良，陈华．有机化学实验．北京：化学工业出版社，2009.

[6] 张小林，余淑娴，彭在姜．化学实验教程．北京：化学工业出版社，2006.

[7] 李吉海，刘金庭．基础化学实验（Ⅱ）：有机化学实验．北京：化学工业出版社，2007.

[8] 曾昭琼．有机化学实验．3 版．北京：高等教育出版社，2000.

[9] 傅春玲．有机化学实验．3 版．杭州：浙江大学出版社，2000.

[10] 张和安，黎玉．有机化学（实验部分）．3 版．南昌：江西高等教育出版社，2008.

[11] 蔡会武．有机化学实验．西安：西北工业大学出版社，2007.

[12] 李楠，张曙生．基础有机化学实验．北京：中国农业大学出版社，2002.

[13] 谷珉珉，贾韵仪，姚子鹏．有机化学实验．上海：复旦大学出版社，1991.

[14] 刘天穗，陈亿新．基础化学实验（Ⅱ）——有机化学实验．北京：化学工业出版社，2010.

[15] 廖晓垣．氨基酸和生物资源，1995，17（4）：4-8.

[16] 章建东，张颖，姜文清，贾定先．化学教育，2014，2：21-24.

[17] 杨新斌，钟国清，曾仁权．精细石油化工，2003，4：17-18.

[18] 陆大东，于海燕，叶涛，杭传亭，吴美芳．大学化学，2014，29（6）：34-36.

[19] 庄俊鹏．大学化学，2013，8（5）：51-54.

[20] Chiara Ghiron, Russell J Thomas. Exercises in Synthetic Organic Chemistry. New York：Oxford University Press，1997.

[21] Brian S Furniss, Antony J Hannaford, Peter W G Smith, Austin R Tatchell. Vogel's Textbook of Practical Organic Chemistry. 5th ed. New York：John Wiley & Sons Inc.，1989.

[22] Organic Synthesis. http：//www.orgsyn.org/.

[23] SciFinder. https：//scifinder.cas.org. American Chemical Society.